女上装
结构原理与设计

许勃◎编著

中国纺织出版社有限公司

内 容 提 要

本书从平面制图和立体裁剪两个角度，探讨女上装衣身、领子、袖子结构设计原理，并相应地进行了立体裁剪实验、数据分析和样衣验证。通过立体裁剪和样衣实验的直观性，使相对抽象的结构制图更易于理解；通过对基础型的系统性分析和相关造型实验，使初学者更易于依托基础型，展开成衣结构设计。

本书图文并茂，可供高等院校服装专业学生学习参考，也可供服装企业设计人员、技术人员阅读参考。

图书在版编目（CIP）数据

女上装结构原理与设计 / 许勃编著 . -- 北京：中国纺织出版社有限公司，2022.6
ISBN 978-7-5180-9368-7

Ⅰ . ①女…　Ⅱ . ①许…　Ⅲ . ①女服－结构设计　Ⅳ .
①TS941.717

中国版本图书馆 CIP 数据核字（2022）第 034701 号

责任编辑：张晓芳　　特约编辑：温 民　　责任校对：寇晨晨
责任印制：何 建

中国纺织出版社有限公司出版发行
地址：北京市朝阳区百子湾东里A407号楼　邮政编码：100124
销售电话：010 — 67004422　传真：010 — 87155801
http://www.c-textilep.com
中国纺织出版社天猫旗舰店
官方微博http://www.weibo.com/2119887771
北京通天印刷有限责任公司印刷　各地新华书店经销
2022年6月第1版第1次印刷
开本：787 × 1092　1/16　印张：19.25
字数：311千字　定价：79.00元

序

　　服装结构设计也可称为制板、打板，最初老裁缝不画纸样，便能将一块布裁剪成服装造型的平面结构。我国传统服饰一直采用平面裁剪的方式，加之民国时期西式服装平面裁剪方式的普及，使近代以来我国服装的制板方式以平面裁剪为主。随着服装产业化的发展，为了服装批量化生产的便利性和高效性，纸样更是成为服装设计与生产必不可少的关键要素。于是在高校的服装设计教学中，平面裁剪，也就是平面制图，成为学习服装结构的主干课程。此外，西方近世纪根据女装的造型特点发展出成熟的立体裁剪技艺，这种裁剪方法对造型的塑造具有更多的偶然性、创新性和多变性。在我国，立体裁剪在生产和教学上的应用与普及是在改革开放之后，它的发展与完善相对于平面裁剪较为滞后。

　　长时期以来平面制图和立体裁剪课程都是分开教学，各自具有相对成熟和独立的教学体系。近年来，随着服装流行周期的迅速变化以及市场需求，小批量、多品类的服装生产模式替代了单一品类、大批量的生产模式，一些服装公司的制板师开始将平面裁剪、立体裁剪两种方法结合起来设计服装的板型，使之更能适应个性多变的现代时尚模式。那么在教学过程中若能将两种方法结合起来，平面制图中难以理解的数据、公式和平面图形，以及立体裁剪中难以操作准确的立体造型，是否都将得到解决？基于此，作者在2018年结合北京服装学院女装结构设计课程的授课经验，着手撰写此书，以女上装结构设计为出发点，运用立体裁剪和平面制图的方式对女上装衣身、领子、袖子等部位展开深入研究和造型实验。因服装结构设计过程中人体、材料等因素对成衣结果影响较大，因此在实际应用中，各位读者可将制图方式、相关数据作为参考，进而从二维、三维两个角度深刻理解女上装衣身的结构原理，启发结构设计思维。

　　作者从事服装结构和立体裁剪方面的教学将近9年，本书是她个人出版的第一本服装结构设计的书籍，蕴含其多年的学习和教学经验。本书中大量的图片、照片案例均为作者本人绘制和拍摄，希望此书的出版能够对广大读者在女装结构设计方面有所帮助。

北京服装学院

刘娟

2021年10月

目　录

第3章 衣身结构设计原理 ························ **097**

第 1 章 | 女上装结构设计概述

1.1 服装结构与结构设计

结构是构成物体整体的各个部分及其组合方式，对于可视化的物体来说，不同的物体材料不同，就具有不同的构成方式和视觉表现形式。

服装是可视化的人工造物，构造、色彩和材料是构成服装的三大要素，其中构造是服装结构设计研究的主题，材料及其特性决定服装结构设计的方式和方法。本书中所述女上装结构设计，材料以机织面料为主，分平纹、斜纹、缎纹三种基本组织（图1-1）。机织面料组织结构相对稳定、平面、柔韧、可裁切、可缝制，具有一定的热塑性，这些特点决定了服装造型的裁片分割特性，又进一步影响服装结构设计的方式和方法。

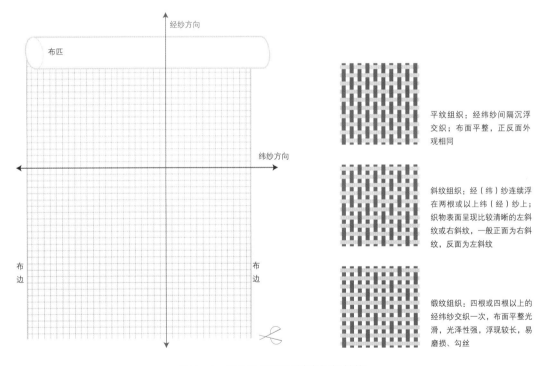

图1-1　机织面料及其基本组织结构

服装结构指服装整体与局部的组合关系。一方面，从立体形态上看，可理解为整体廓型与局部廓型、各局部缝合线或造型线，以及内层服装与外层服装在三维空间中的组合、排列关系；另一方面，服装由平面的面料所缝制，按照缝合线将服装拆分、展平就得到了它的裁片，或称布样，在纸或纸板上画出来，就是这件服装的纸样，也称作样板（Pattern）。不同款式的服装，对应不同形状的裁片，同一造型的服装由于分割方式不同，其裁片形状也不同，因此，从平面的角度看，服装是由可拆解的片状材料组成，服装结构表现为裁片的二维特征、各裁片之间的组合关系和构成关系。裁片和纸样的形状影响服装最终所呈现的立体造型，立体造型的设计也影响裁片和纸样的二维形状，立体和平面是服装结构分析的两个方面，缺一不可。

　　裁片和纸样的共同特征在于它所展现的二维形状，但是纸样的意义则比裁片更丰富。纸样一般包括完成线、辅助线、贴边线、对位点以及工艺符号等，没有缝份的纸样称"净板"，带有缝份的纸样称"毛板"。在服装工业化生产中，纸样还分面板（裁剪面料的纸样）、衬板（裁剪黏合衬或其他里衬的纸样）、里板（裁剪里料即里子的纸样）（图1-2），体现出对服装造型、面料材质特性、工艺细节设计、完整的工艺流程的综合把握等。

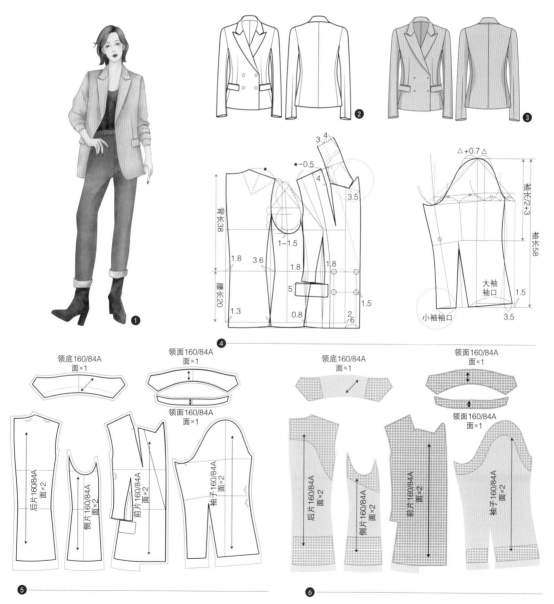

图1-2

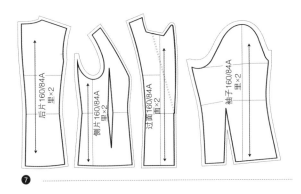

以西服上衣为例：

❶ 设计（服装）效果图

❷ 服装款式图

❸ 彩色服装款式图

❹ 结构设计图或纸样设计图

❺ 裁剪用纸样（毛板、面板）

❻ 黏合衬纸样（衬板）

❼ 里子纸样（毛板、里板）

图1-2　结构设计过程中的图示类别

服装结构设计是在理解服装结构的基础上，对服装整体与局部各要素的数量、大小、次序、内外层关系进行设定。

广义的服装结构设计包括款式设计、制板和成衣实验。款式设计是从立体造型的角度，运用美的法则进行服装的廓型和内部细节设计，包括廓型量感的设计、整体廓型与局部廓型的空间层次关系、廓型线与内部结构线、结构线与结构线之间的块面、比例关系等。款式设计一般以服装效果图、款式图（图1-2）来表现。制板就是制作纸样，"板"即"纸样"，制板也叫打板，板（纸样）的制作方法分立体裁剪和平面裁剪两种，平面裁剪也叫结构制图（立体裁剪与平面裁剪介绍详见下一节）。制板是整个服装结构设计的关键环节，是将设计理念转化为实物的重要过程，制板者通过对款式的理解，结合人体尺寸、机能运动、个人审美、时代风尚、市场等因素设计服装与人体的空间关系，明确服装各局部的尺寸数据，设计服装纸样。成衣实验是在纸样完成后，采用代用面料或成衣面料裁剪、缝制样衣，检验服装结构是否符合款式图的设计效果、服装在三维空间中的造型是否合适、人体与服装之间的空间是否理想、人体在着装后生理和心理方面的需求是否得到满足等。狭义的服装结构设计即"打板"，在理解款式的基础上，还原设计图或设计理念，设计成衣尺寸，采用平面制图的方式来获得纸样。

1.2　服装结构设计的方法

服装结构设计的过程是三维立体和二维平面不断转化的过程，制板是结构设计的关键环节，制板中的立体裁剪和平面裁剪，在结构从二维到三维、三维到二维的转化过程中起着非常重要的作用。立体裁剪和平面裁剪各有自己的优缺点，在结构设计过程中常将两种方法组合起来，形成最优的制板方案。立体裁剪与平面裁剪优缺点比较见表1–1。

表 1–1 立体裁剪与平面裁剪优缺点比较

项目	立体裁剪	平面裁剪
方法	直观：设计过程中对造型的把握较为直观	间接：设计过程中通过数据把握造型
操作	困难：需要操作者具有较高的造型判断能力和操作能力	简单：通过计算好的数据和确定的制图方法直接画图
技术难度	从技术角度来看，立体裁剪是服装设计图的二次设计，在人台上将设计具体地体现出来，设计感觉非常重要，这种感觉一方面是天资，另一方面也在于勤奋练习，是一个立体的、在三维空间中表现服装设计的过程	平面制图是通过数据计算、二维制图得出纸样的过程，包含着非常高度的制图学方面的知识。要求设计者能够深刻理解平面制图的规律，并且具有预测新造型的平面展开图的能力，以及对立体与平面展开图之间的构造理论的理解，对材料性能的正确理解与合理运用等
效率	比较耗时	方便快捷
准确度	准确度高	需要通过试制样衣进行板型修正
经济成本	较高	较低

1.2.1 立体裁剪法

立体裁剪是运用选定好的材质（一般是代用材料、坯布等），借助大头针、粘胶、针线、棉花等辅助工具，在人台上通过裁剪、塑形、固定等手法塑造出理想的服装造型，人台是仿制人体形态的代用品。在服装技术史中，立体裁剪是最初的服装成型技术，作为服装的构成方法之一，是伴随人类衣着文明而产生、发展和逐步完善的，它的起源可追溯到原始社会，当时人类将打猎获得的兽皮晒干、咀嚼搓软，简单裁切包裹在人体上御寒，用动物筋腱等材料缝合固定，形成最古老的服装，原始的立体裁剪技术便产生了。随着纺织技术的进步，人类通过数值计算，在纸上或布料上画出矩形、椭圆形等几何图形再进行裁制，通过简单的加工缝制和多变的着装方式形成最终的穿衣样式，例如古希腊的chiton，是用一块长方形的布通过缝接形成的，又由于系扎方式的不同，形成各异的造型；古罗马的toga是一块硕大的椭圆形布料将人体包裹、缠绕、系扎形成的（图1–3左）；一直到今天，很多民俗衣装仍然是将布料进行简单的加工，在人体上直接围裹、缠绕形成不同的服装造型，例如印度的"沙丽"、泰国的裙装"帕弄"。❶13世纪以后，欧洲服装在裁剪、制作

---

❶《世界民俗衣装》田中千代著　李当岐译。

以及形态上，开始注重立体造型，塑造符合人体曲线的服装，服装的裁片形状与人的躯体息息相关。由于立体的强化，人们开始运用立体裁剪的手法，将布料披覆于人体，通过捏省、分割布片塑造合体的曲面结构，并在衣身、袖子、裙子上堆叠大量的皱褶，形成文艺复兴以后欧洲古典女装庞大、繁复、华丽的风格，一直到19世纪中期，欧洲女装才开始借鉴男装裁剪的方式，这在一定程度上促进了女装成衣业的发展，女装款式也趋于简洁、实用（图1-3）。

左：古罗马皇帝提比略　公元前1世纪古罗马服装toga，一般以半圆形的布料对折，采用缠绕手法将其披裹在身上

中：阿尔诺芬尼夫妇像（1434）中世纪后期的女装开始强调合体的上半身、宽松膨大的下半身造型，形成了西方服装三维立体造型的构成基础

右：蓬帕杜夫人像（1759）洛可可时期的服装强调夸张的造型和精致华丽的装饰，着重表现服装的立体感

图1-3　不同历史时期的服装形态特点

立体裁剪具体的操作步骤包括：尺寸设计—修正人台—坯布准备—别样—做标记—描图整理—获得布样—拷贝纸样—裁剪面料—成衣检验（图1-4）。立体裁剪过程所使用的布料一般以平纹纯棉白坯布居多，也有采用代用面料的情况。成衣面料性能与白坯布相差

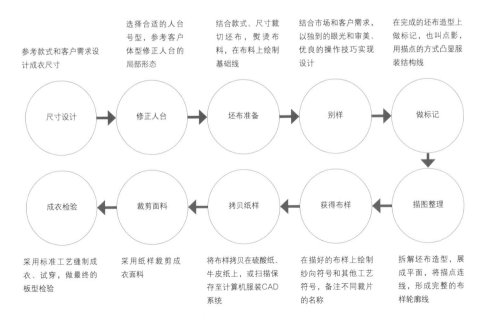

图1-4　立体裁剪的步骤

较大，因此纸样拷贝完成后，可用面料缝制成衣，再一次检验板型是否合适。立体裁剪避免了由平面向立体转化的过程中，由于计算或制图造成的视觉和感觉之差，它可以直接在三维空间中修正完成服装结构设计，并依据人体结构进行塑形，使得出的样板结构比较容易达到理想的服装造型。另外，立体裁剪的造型过程比较直观，制作的过程也是构思造型是否合适的过程；为使造型更准确美观，对人台的品质要求会更高，并且立体裁剪直接使用布料进行结构设计，使立体裁剪的过程相对耗时，经济成本也较高。因此，对一些造型性、创新性要求高的款式，一般采用立体裁剪的方式会较多，尤其是定制类女装，不仅服装款式单量单做，也会针对定制客户的体型单独设计和生产人台。表1-2是立体裁剪过程中常用的工具，部分工具在平面的结构制图中也较常用。立体裁剪中人台是结构设计的关键（人台将在本章第3节详细介绍），人台形态是否优美、比例是否合适，在很大程度上影响服装最终的造型。在立体裁剪过程中，平纹纯棉白坯布应用较多，棉布手感柔韧，易于操作；平纹组织是机织面料常用的织物组织结构，经纬纱一上一下相互交织，结构清晰，容易识别。此外，平纹方格坯布在立体裁剪中也较为常用，织物经纱方向间隔5cm织入一根红线，纬纱方向间隔5cm织入一根蓝线，在立体裁剪中更易通过经纬纱线观察三维立体造型与二维平面结构的关系。

1.2.2　平面裁剪法

我国传统服装的制作是通过获得人体主要部位的尺寸，在布料上直接画线、裁剪缝制而成。服装的结构线以直线为主，所形成的裁片形状规矩、单纯，由于服装结构直线较多，不塑造人体的曲线，所以服装形态大多宽松肥大，多余的量集中在人体上形成自然的皱褶，这就是最初的平面裁剪技术（图1-5）。19世纪初，欧洲出现了运用几个尺寸、借助辅助线直接画出服装裁片的制图方法，这种方法不仅能画出不规则的服装裁片形状，表现省道、分割线和人体曲线，还能根据制图规律进行简单的款式变化，使服装的裁剪与制作变得更加简便、快捷、合理。

因此平面裁剪的概念可以理解为：参照预先测量好的人体尺寸和款式需求，运用数据和公式，在平面上以画线的方式画出立体造型的平面展开图，再将平面展开图按照缝合线缝制起来，形成设计的款式。与立体裁剪直接在人台模特上边看边做相比，这种方法操作容易，并且可再现均一质量的纸样。但是从技术角度来看，平面制图比较难，其中包含着非常高度的制图学方面的知识，面对创新款式的服装，若想一次达到高度适体、造型美观，并且充分表现面料的性能是较困难的，这要求设计者能够深刻理解平面制图的规律、具有预测新造型的平面展开图的能力、对立体造型与平面展开图之间构造理论的正确理解、对材料性能的合理运用、对动态人体放松量的充分考虑等，这个过程需要进行不断的实际操作和经验总结，以求得平面制图采寸配比及计算公式的准确性。

表 1-2　立体裁剪的常用工具

项目	名称	说明	图例
人台	❶ 立裁人台 ❷ 棉花 ❸ 棉片 ❹ 垫肩 ❺ 胸垫	立裁人台有不同的规格、号型、比例；选择好合适号型的人台后，需参考设计款式和客户体型，利用棉花、棉片、垫肩、胸垫等辅助工具对人台进行补正	
标记	❻ 水平仪 ❼ 标记带	利用水平仪在人台上找准基准垂直线和水平线，使用标记带在人台上粘贴标记	
剪刀	❽ 裁布剪刀 ❾ 纱剪	裁布剪刀用来裁剪布料、立体裁剪操作；纱剪修剪线头	
布料	❿ 熨烫设备 ⓫ 白坯布 ⓬ 方格坯布	平纹白坯布分厚、薄款，依据款式选择不同厚度的白坯布；方格坯布有经、纬纱标识，便于操作；布料在使用前需熨烫平整	
针	⓭ 立裁针 ⓮ 珠针 ⓯ 针插	常用立裁针为0.5mm粗细的细长光滑平头针；珠针稍粗，针头带有圆珠，可用来固定局部点位；针插分充棉针插包和磁力针盒，便于立裁针的储存和取用	
线	⓰ 手缝针 ⓱ 缝纫线 ⓲ 棉线	针、线用来手缝局部造型；缝纫线一般为涤纶，细长、结实；棉线稍粗，手感较涩、强度弱，做缝缩工艺较好	
尺	⓳ 直方格尺 ⓴ 弯尺 ㉑ 曲线板 ㉒ 直角尺 ㉓ 软尺 ㉔ 三角板	直方格尺、直角尺、三角尺用来绘制基准垂直线、角度线和直线；曲线板、弯尺用来画曲线，一般在标记点完成后，描图整理使用；软尺也称卷尺、皮尺，用来测量人体或服装尺寸	
笔	㉕ 记号笔 ㉖ 消失笔 ㉗ 铅笔	可按需求在白坯布上使用记号笔、消失笔或铅笔做标记；记号笔标记较为显眼，消失笔笔迹随时间或温度、湿度而消失，铅笔笔迹相对较淡，但画线干净整洁	
纸样	㉘ 齿轮刀 ㉙ 硫酸纸 ㉚ 拷板纸 ㉛ 数字化仪	手工拷贝纸样一般用齿轮刀将布样的轮廓线、辅助线压印在拷板纸上，纸一般为牛皮纸或白纸，也可使用透明硫酸纸描图拷贝；数字化仪可将布样扫描输入计算机服装CAD系统储存使用	

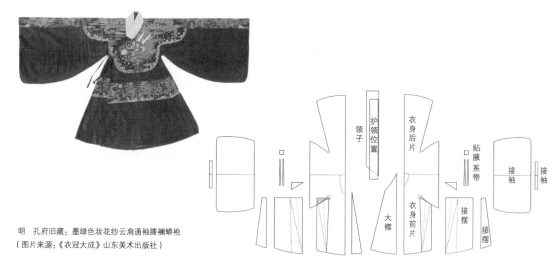

明 孔府旧藏：墨绿色妆花纱云肩通袖膝襕蟒袍
（图片来源：《衣冠大成》山东美术出版社）

图1-5 传统服装的结构和裁片特征

　　平面裁剪具体的操作步骤包括：尺寸设计—结构制图—制作纸样—白坯布样衣实验—修改板型—裁剪面料—成衣检验（图1-6）。平面裁剪的制图方法较多，可分为直接制图和间接制图两大类。直接制图包括实测尺寸法、比例制图法，实测尺寸法是测量人体或服装各部位的尺寸，设计放松量或造型量，直接画出各裁片的形状，实测尺寸法适合单量单做，能够更精准地把握服装细部的结构；比例制图法是将人体某部位的尺寸（如身高、胸围）作为基准数值来设计比例关系式，计算出其他部位的制图尺寸，比例制图法适合成衣生产，通过基准数值的变化，能够获得不同规格、尺码的服装。间接制图是采用基础纸样

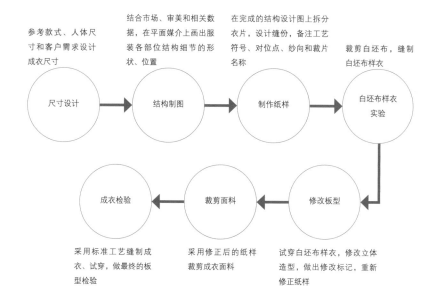

图1-6 平面裁剪的步骤

作为结构设计的模板，充分了解基础纸样的造型特点、尺寸松量、着装舒适度，参照所设计服装的款式线和尺寸要求，改变基础纸样的长度、宽度、结构线的形状等，因此间接制图又称原型裁剪法或基型裁剪法。间接制图所使用的基础纸样，可通过直接制图获得，也可采用立体裁剪的方式获得。本书中与基础纸样相对应的立体造型称为"基础型"，是同一款式在平面、立体角度的两种表现。

平面裁剪的技术操作是在二维的媒介上画线，线条连成面，形成"纸样"。手工制图是用铅笔、打板尺、打板纸等工具，绘制1:1、1:2或其他比例的结构图；计算机制图是采用服装CAD软件绘制结构图，与其相配套的是数字化仪输入系统和打印输出系统，利用计算机制图的优点是制图精度高、操作方便快捷，还可直接进入放码系统进行推板，在服装企业应用广泛。

在结构制图中，通常采用国际通用的制图符号和工艺符号对图纸加以标示和说明。制图符号是在结构制图、设计纸样过程中使用的，体现结构制图的准确性和规范性；工艺符号需标注在纸样上，是裁剪完成后对裁片进行的工艺操作指示，使工艺师通过纸样能够准确明白设计师与板师的意图。表1-3列举了常用的结构制图符号和相关工艺符号。

表 1-3　常用的结构制图符号与工艺符号

名称	符号	说明
粗实线	———————	制图完成线、轮廓线、净板边线
粗虚线	- - - - - - - - - -	制图完成线、布料对折线
细实线	———————	制图基础线、辅助线
细虚线	- - - - - - - - - -	制图基础线、过程线、辅助线、装饰线
等分线	⌒⌒	表示两个或两个以上的部分相等
相等符号	△ △ ▲ ☆ ☆ ★ ⊘ ∅	表示两个或两个以上的部分尺寸相同
距离线	←——————→	表示长度，箭头两端指示长度线的两个端点
直角	⌐	表示两条线相交呈90°角
拼合	—⊖——⊖—	表示两个纸样拼合为一个纸样
纱向符号	←——————→	表示经纱方向，裁剪时该方向与布料经纱对齐
剪切	✂	对纸样进行剪切、展开操作

续表

名称	符号	说明
缩缝	〰〰〰	缝线抽缩使布料隆起形成曲面
归拢	⌒	使用熨烫工具使裁片局部收缩
拔开	⌃	使用熨烫工具使裁片局部伸长

1.3　人体体型与人体测量

　　服装结构设计的核心因素有两个，一个是人体，另一个是面料。无论是与服装起源相关的诸学说，还是制衣过程中对个体或群体心理、生理特征的把握，都是以人为中心来展开，因此在结构设计之前对人体进行充分了解是非常必要的。在我们平时的审美中，男性体型表现为倒三角形的特征，肩胸部宽大，臀部窄小，重心在上；而女性的体形特征是正三角形，窄肩细腰，臀部丰满，重心在下。从侧面看女性的体表起伏比男性大，呈现出S型的体型曲线，形成这种差异的原因就在于男女骨骼构造、肌肉脂肪分布的不同，男性骨骼较女性粗壮，骨面粗糙，骨质较重；女性身体的脂肪比重比男性大，脂肪分布也与男性不同。本书着重以了解女性人体构造为前提，在此基础上分析人体的运动特点、女性人体的体型变化与分类、人体测量依据及方法、服装结构设计中人台的特点和选择等。

　　从人体的角度来看，服装结构设计就是设计人体与服装的空间关系。服装与人体之间的空间从紧缚程度上可分为正空间、零空间和负空间。正空间状态下服装离开体表，服装对人体无压力；零空间状态下服装与体表达到契合的状态；负空间状态下服装压力切入体表，对体表的压力值大。此外，服装的空间关系还表现为：服装与外界的外空间关系、服装与人体的内空间关系，内空间关系的变化总是以静态、动态的人体为基准，以此产生千变万化的服装造型。

1.3.1　女性人体的基本特征

　　骨骼、关节、肌肉、皮肤等是决定人体外在形态的主要因素。骨骼是人体的支撑系统，决定人的高矮，是构成人体外在形态的框架和基础，质地坚硬；人体全身由二百多块骨头构成，关节是骨与骨之间的连接部分，有不同的类型和形状，使坚硬的骨骼能够通过关节运动产生人体动作的变化（图1-7）；肌肉附着在骨骼之上，具有一定的韧性，按形态可分为长肌、短肌、扁肌和轮匝肌，肌肉具有保护骨骼、产生热量、支持身体动作等功能（图1-8）；皮肤是包裹在人体最外层的器官，由表皮、真皮、皮下组织构成，柔软而富有弹力，具有保护人体、排泄废物、调节体温、接收外界环境刺激的功能，肌肉、皮下脂肪的生长分布情况决定人的胖瘦和体表形态。肌肉和脂肪并不是均衡地分布与包裹人体，在皮肤表面触摸时，能够摸到骨骼的端点和突出点，也能摸到较厚的、能够产生形变的皮脂或肌肉，这些是观察人体、测量人体的重要标志。

　　从解剖学的角度，人体可分为头部、躯干、上肢部、下肢部四大部分［图1-9（a）］。头部是下颌骨至头顶区域；脊柱是躯干部的主线，由颈椎、胸椎、腰椎、骶骨、尾椎构成，通过关节和椎间圆板连接肋骨、肩胛骨、胸骨和盆骨，使躯干部形成三个大的腔体：胸腔、腹腔和盆腔，躯干部的主要肌肉包括胸锁乳突肌、颈阔肌、胸大肌、腹直肌、腹外斜肌、斜方肌、背阔肌和臀大肌等；上肢分为上臂、前臂、肘部和手，由肱骨、桡骨、尺

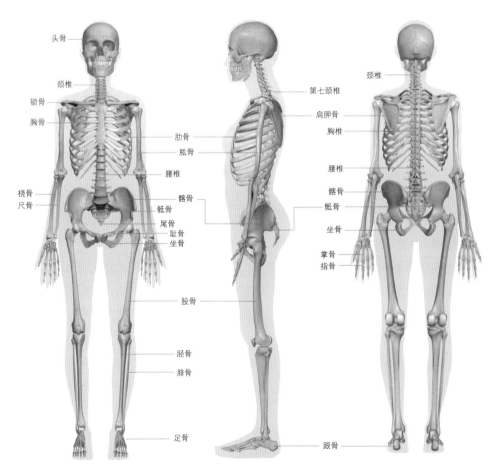

图1-7　人体骨骼结构

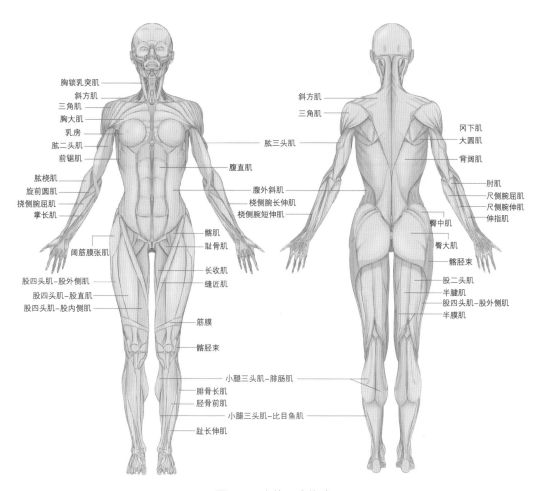

胸锁乳突肌
斜方肌
三角肌
胸大肌
乳房
肱二头肌
前锯肌

图1-8　人体肌肉构成

骨和手部的相关骨骼构成，主要肌肉包括三角肌、肱二头肌、肱三头肌、前臂肌群等；下肢分为大腿、小腿、膝部和足部，包括股骨、胫骨、腓骨和足骨，主要肌肉包括股四头肌、股二头肌、腓肠肌、比目鱼肌等。

　　从服装结构设计的角度分析，人体体表的划分如图1-9（b）所示，这种划分方式是结构设计过程中人体立体划分和体表平面化的基础，与结构设计相关的人体测量、服装尺寸设计、制板、裁剪制作等都以此为基础和标准展开。

　　从服装结构设计角度看人体，躯干部由颈根线、胸围线（Bust Line，简称BL）、腰围线（Waste Line，简称WL）和臀围线（Hip Line，简称HL）将人体躯干部划分为颈部、肩胸部、胸腰部和腰臀部。颈部对应领子结构设计，肩胸部、胸腰部和腰臀部对应衣身结构设计，胸、腰、臀的结构变化是女装结构设计中的重点。下肢部由腰围、臀围、膝围（Knee Line，简称KL）、脚踝划分为腰臀部、大腿、小腿和足部四个部分，对应下装裙子、裤子结构设计。腰臀部不仅属于上衣结构的体表划分，也是下装结构设计的重要区域。上肢部由臂根线、肘线（Elbow Line，简称EL）、手腕线分为上臂、前臂和手部三个部分，上

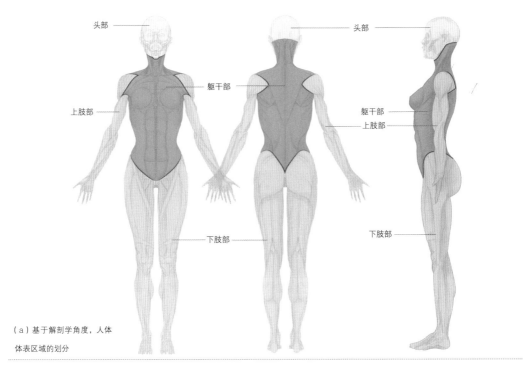

（a）基于解剖学角度，人体
　　体表区域的划分

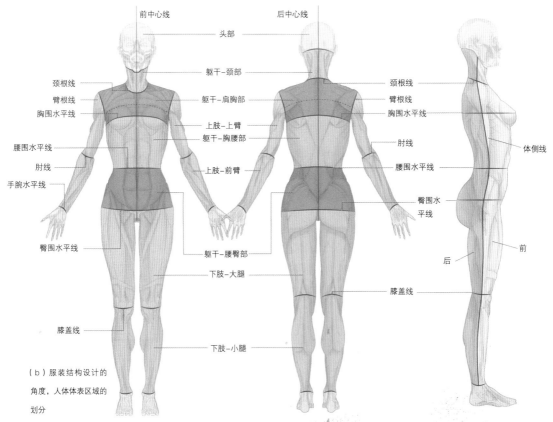

（b）服装结构设计的
　　角度，人体体表区域的
　　划分

图1-9　人体体表的划分

臂、前臂对应衣袖结构设计。从侧面观察人体，又分为前、后区域，或称正面、背面，服装的前和后以侧缝线为基准，大部分上衣、下装都设计有侧缝线，侧缝线位置的设计参考体侧线来确定，体侧线是从侧面人体肩峰点连接至腰线、臀围、膝盖、脚踝的二分之一处，人体侧面体型形态不同，体侧线的形状也各异。

1.3.2 人体运动与结构设计的关系

在日常生活中，人体是随时处于运动状态的。服装结构设计不仅要参考人体静立姿态的体型特点，还要考虑运动引起的体表变化特点和范围，设计合适的放松量。人体的运动是在大脑支配下，由肌肉、筋腱的收缩和伸展来牵动骨骼产生动作形成的，在运动过程中，人体关节的类型和构造决定了人体各部位可运动的特性、范围和区域。关节构造可分为球窝关节、杵臼关节、椭圆关节、鞍状关节、屈戊关节（滑车关节）等，球窝关节、杵臼关节可进行多轴性运动，运动范围和运动方向最大；椭圆关节和鞍状关节可进行二轴性运动，例如桡腕关节、寰枕关节；屈戊关节可进行一轴性运动，例如膝关节、指间关节。

图1-10是人体各部位关节的运动规律和活动范围。肩关节、股关节为球窝关节，可上举、前屈、后伸和外展，运动范围广；腰椎、颈椎属于平面关节，可进行前、后、侧方向的屈伸运动，运动范围相对肩关节较小；肘关节、膝关节属于滑车关节，能够在冠状轴

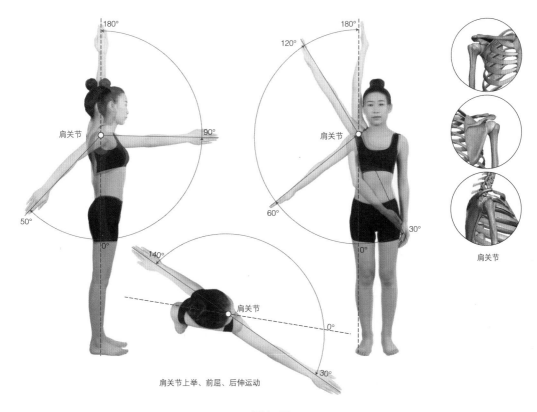

图1-10

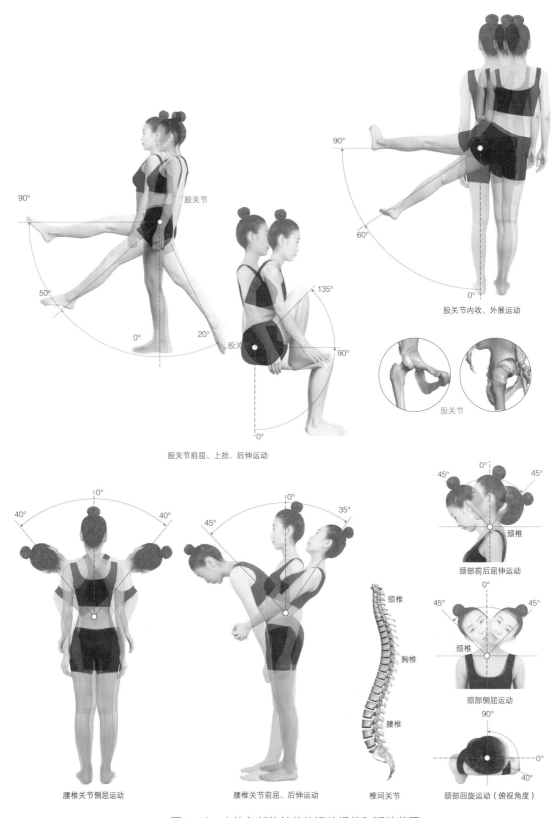

股关节内收、外展运动

股关节

股关节前屈、上抬、后伸运动

颈部前后屈伸运动

颈椎

颈部侧屈运动

颈椎

胸椎

腰椎

椎间关节

颈部回旋运动（俯视角度）

腰椎关节侧屈运动

腰椎关节前屈、后伸运动

图1-10　人体各部位关节的运动规律和活动范围

上做屈伸运动，运动范围较小。附着在骨骼上的肌肉随着关节的变化，产生膨胀或收缩，形成了人体局部的形态变化，包裹在肌肉外面的皮肤也随着肌肉变形在局部抻拉或收缩（图1-11），人体肌形的运动变化和人体皮肤的伸展与收缩，就是在结构设计中需要考虑的放松量。总体来说，通过观察人体不同关节构造所形成的运动方位和运动特点，人体上肢关节、下肢关节、颈椎、腰椎等向前运动的幅度较大，向后运动幅度较小，肩关节、股关节的抻拉强度最大，因此在女上装结构设计中，结合人体运动特性，需综合考虑前后衣身松量的分配、袖子装袖线的结构设计、胸腰臀部位的松量、领子与颈部的空间关系等。

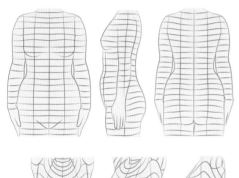
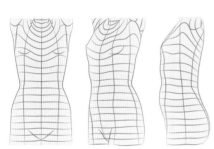
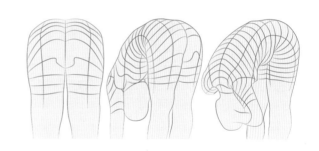

在人体静立姿态下，沿前后中心线、前后公主线和侧缝线画纵向标记线，在人体体表每间隔一定距离画横向水平线，纵向标记线与横向标记线形成网格交叉，每一个交叉形成的矩形框架代表人体的局部皮肤区域。当人体抬起手臂或弯腰，体表皮肤由于牵拉所做的纵向、横向标记线也产生了位移，使拉伸区域的矩形框架面积变大，收缩区域的矩形框架缩小或重合

注：绘图参考李当岐《服装学概论》第四章人体着装与服装的机能。

图1-11 运动引起的皮肤拉伸与收缩

1.3.3 体型与人体测量

体型（Figure）是指人体的高矮、胖瘦等外形特征，不同的人由于骨骼、肌肉、皮肤、皮下脂肪的堆积状况不同，形成了不同的体型。人体是一个三维的、占据一定空间的立体形态，可以通过六个方位来把握人体体型，如图1-12（a）所示，人体自然站立后，分为前后面、左右面和上下面，图中AC是人体的重心轴，从重心轴沿人体左右方向横切，得到额状切面$A_1C_1C_2A_2$，也叫基准前头面；从重心轴沿人体前后方向纵切，得到矢状切面$A_3A_4C_4C_3$，也叫基准垂直面；从重心轴沿人体上下方向水平切，得到水平切面，也叫基准水平面。

额状切面、矢状切面、水平切面在人体的不同位置，呈现出的截面形态均不同。例如矢状切面在重心轴表现的是人体前后中心线位置的体型形态；矢状切面在臂根处的切断面，表现的是臂根处前后的体型形态，这种由矢状切面形成的人体不同截面的形状，可称为纵切断体型，了解纵切断体型，有助于我们从侧面把握人体前后纵向的曲线形态和人体的厚度变化，更合理地设计服装的纵向结构线。水平切面在胸围线处，表现的是胸围水平一周的人体体表形态；在臀围线处，表现的是臀围水平一周的体表形态，由水平切面形成的人体不同横截面的形状，可称为横切断体型，人体不同部位的横切断面沿重心轴重合，可以得到如图1-12（b）所示水平断面重合图。这种图有助于我们通过断面图之间的空间关系和差值了解个体的体型特征、计算胸腰差、腰臀差。横切断体型和纵切断体型有助于我们立体地、全方位地把握人体体型，是进行服装结构设计的前提和基础。

人体测量是将人体各部位的体型特征数字化，利用数据来把握人体、进行服装结构设计。平面制图就是运用数据将具象的人体和服装抽象化为二维的平面图形，平面制图中讲的"经验"，就体现在数据上；正确的人体测量是获得准确数据的前提，也是进行服装结构设计和生产的重要依据，因此人体测量并不是随意进行的，而是有一套标准的测量方法和工具，便于数据通用和共享。

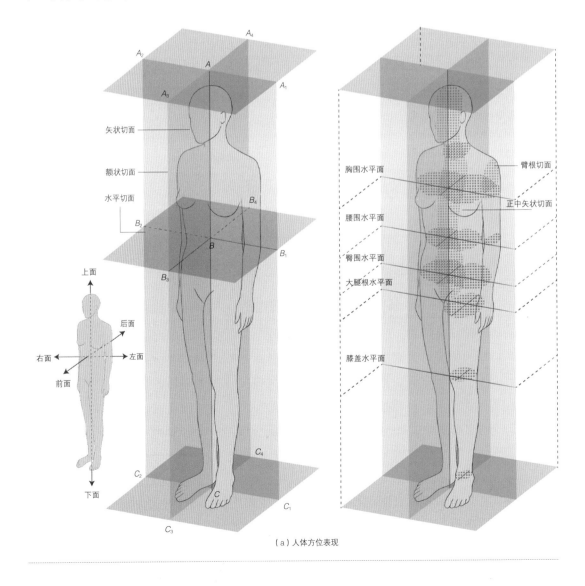

（a）人体方位表现

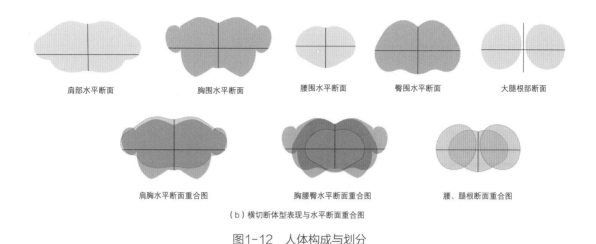

肩部水平断面　　　　　胸围水平断面　　　　　腰围水平断面　　　臀围水平断面　　　大腿根部断面

肩胸水平断面重合图　　　　　胸腰臀水平断面重合图　　　　　腰、腿根断面重合图

（b）横切断体型表现与水平断面重合图

图1-12　人体构成与划分

人体测量的标准主要体现在用统一的测量单位、测体时被测对象的着装、人体的动作姿态、呼吸、测量工具、测量方法与手法等。人体测量统一采用厘米（cm）为单位，测量工具也以厘米制为准。测量时被测对象需着薄或中等厚度的紧身衣物，分站姿测量和坐姿测量，除测量特殊尺寸外，被测者需双臂自然下垂、双腿自然站立，按测量条件不同双脚可并拢或分开站立，腰背需挺直，保持自然的呼吸，以免呼吸幅度太大影响胸、腹的测量结果。人体测量的方式分接触式测量和非接触式测量两大类：接触式测量即指测量的工具直接接触人体，例如软尺、测高仪、卡规、卡尺、角度计测器、水平断面计测仪，用来测量人体的围度、高度、宽度、长度、角度、水平断面形状等，也是相对较为传统的测量方式；非接触式测量是采用照相机、三维人体扫描系统来获得人体的表面数据，三维人体扫描体系通过光学测量技术、计算机技术、图像及数据处理技术等对人体表面进行测量，测量过程方便快捷，获得的数据精准度高，部分测量仪能够通过数据进行人体3D建模，可进行3D打印、与3D虚拟试衣系统联结，应用程度较高。常见的三维人体扫描仪包括手持式、扫描舱和手机APP三维扫描软件等，其中扫描舱和手持式3D扫描仪价格较贵，但专业化程度高，数据输出精准，便于建立实时、有效的数据库，有助于推进服装生产的现代化和数字化进程。

接触式测量方式应用历史较长，普及度较三维人体扫描高，成本低，工具易得，操作容易，也是较为基础和直观的人体测量方式，接下来本书对接触式测量及相关测量项目、方法加以说明。人体测量主要以净尺寸测量为主，确定测量基准点、基准线，运用正确的测量手法来获得准确的、统一的测量数据。测量基准点和基准线是人体上固有的、不因年龄和体型变化而变化的人体各部位"点"和"线"。测量基准点是人体上骨骼的端点、凸起或凹陷部位，例如尺骨凸点、胸凸、锁骨窝、腘窝等，与服装结构设计相关的人体测量基准点如图1-13所示：

①头顶点：人体头顶部的最高点；

②后颈点：Back Neck Point，缩写BNP。颈部第七颈椎点，略微向前低头可触摸到，

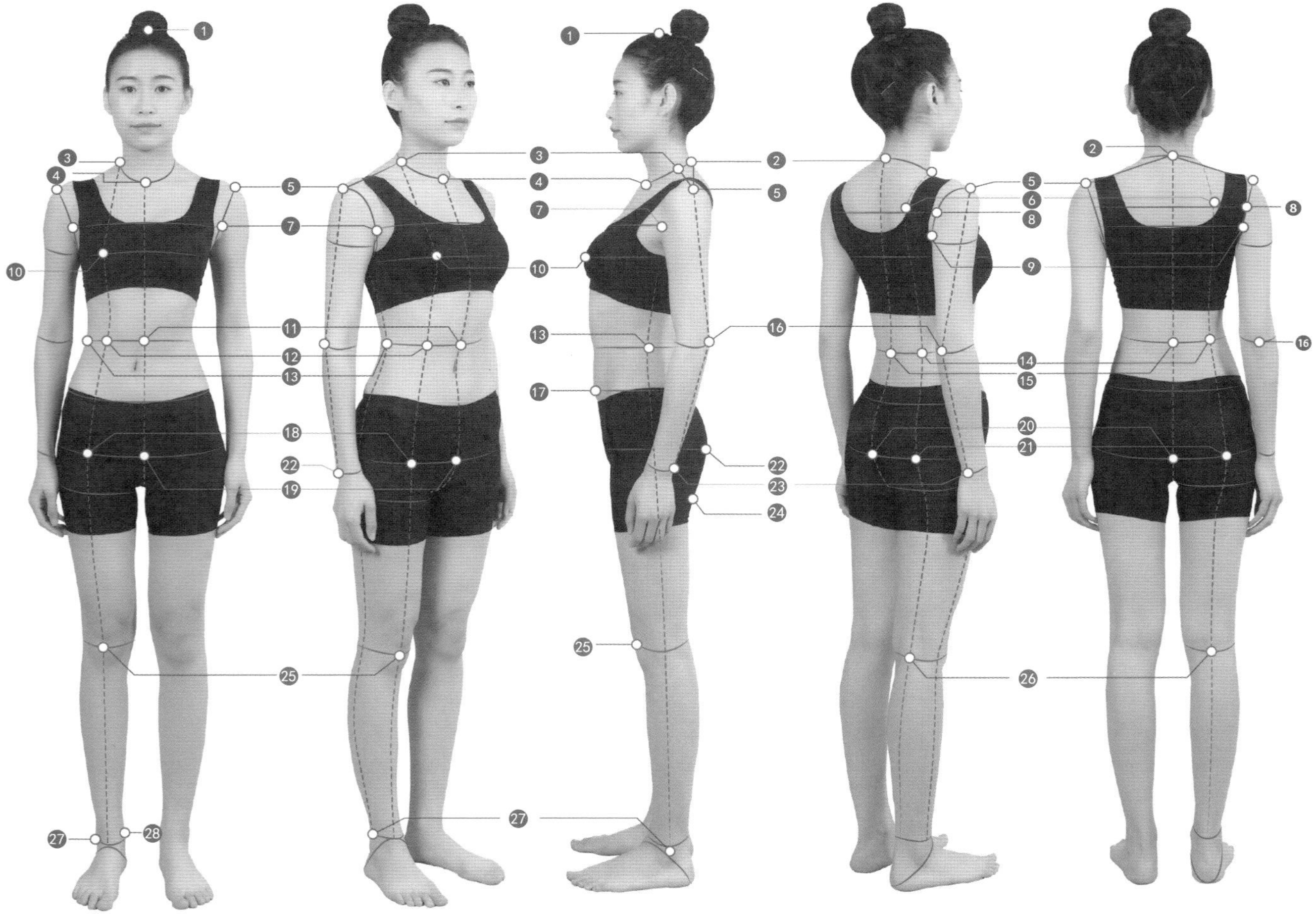

① 头顶点
② 后颈点 BNP
③ 颈侧点 SNP
④ 前颈（窝）点 FNP
⑤ 肩峰点 SP
⑥ 肩胛骨凸点
⑦ 前腋点
⑧ 服装后腋点
⑨ 人体后腋点
⑩ 胸高点－BP
⑪ 前腰中心点
⑫ 前腰四等分点
⑬ 腰侧最细点
⑭ 后腰四等分点
⑮ 后腰中心点
⑯ 肘点
⑰ 腹凸点
⑱ 前臀围四等分点
⑲ 前臀围中心点
⑳ 后臀围中心点
㉑ 后臀围四等分点
㉒ 臀凸点
㉓ 尺骨凸点
㉔ 臀底中点
㉕ 膝盖骨中点
㉖ 腘窝
㉗ 外踝点
㉘ 内踝点

图1-13 人体测量基准点

是测量颈围、肩宽、背长的基准点；

③颈侧点：Side Neck Point，缩写SNP，触摸时在颈根部颈侧斜方肌前端；也可测量前颈点与后颈点的投影连线，即颈根厚，取厚度的二等分处向后偏移0.5~1.5cm来确定颈侧点；是测量颈围、小肩宽、前后胸高、衣长的基准点；

④前颈（窝）点：Front Neck Point，缩写FNP，胸骨上端左右锁骨中间的凹陷处；

⑤肩峰点：Shoulder Point，缩写SP，肩胛骨肩峰上缘外侧的突出点，也叫作肩端点，是测量肩宽、小肩宽、袖长的基准点；

⑥肩胛骨凸点：肩胛骨上端内侧的突出区域；

⑦前腋点：人体前腋窝裂缝上端的点，是测量前胸宽的基准点；

⑧服装后腋点：人体后腋点向上2.5~3cm的位置，稍高于人体后腋点，是基于袖子着装舒适性而考虑的，是测量后背宽的基准点（本书在上装结构设计中的后腋点指服装后腋点）；

⑨人体后腋点：人体后腋窝裂缝上端的点；

⑩胸高点：Bust Point，缩写BP。乳头的中点，胸部最突出点位，也称乳头点、胸点，是测量胸围、乳间距、前胸高的基准点；

⑪前腰中心点：人体前中心线与水平腰围线的交点，是测量前中腰长的基准点；

⑫前腰四等分点：水平腰围以体侧线为基准分为前腰围和后腰围，将前腰围四等分后所在的点位；

⑬腰侧最细点：体侧线处腰部区域最向内凹进的点位，是测量水平腰围线、侧面腰长的基准点；

⑭后腰四等分点：将后腰围四等分后所在的点位；

⑮后腰中心点：人体后中心线与水平腰围线的交点，是测量背长、后中腰长的基准点；

⑯肘点：尺骨上端最向外突出的点，是测量袖长、肘围的基准点；

⑰腹凸点：前中心线处腹部最向外突出的区域，是测量腹围的基准点；

⑱前臀围四等分点：水平臀围以体侧线为基准分为前臀围和后臀围，将前臀围四等分后所在的点位；

⑲前臀围中心点：人体前中心线与水平臀围线的交点；

⑳后臀围中心点：人体后中心线与水平臀围线的交点；

㉑后臀围四等分点：将后臀围四等分后所在的点位；

㉒臀凸点：臀部向后最突出的点，是测量臀围的基准点；

㉓尺骨凸点：位于手腕后侧，尺骨下端最突出的点，是测量袖长、腕围的基准点；

㉔臀底点：臀部凸起区域逐渐向下与大腿根的衔接处，是测量大腿根围的基准点；

㉕膝盖骨中点：膝盖骨上缘与下缘连线的中点，是测量膝围的基准点；

㉖腘窝：膝关节后侧部位，呈菱形凹陷；

㉗外踝点：腓骨外侧最下缘的点，是测量踝围的基准点；

㉘内踝点：胫骨内侧最下缘的点，是测量踝围的基准点。

测量基准点是为了准确找出人体的围度、宽度、厚度、高度、长度、角度等测量项目，在人体体表上以线的形式来表现，基于测量基准点的相关测量项目如图1-13、表1-4所示。围度指在人体某一部位，以某一点或多点环绕一周所测得的尺寸，在三维空间中是一个闭环，围度一般用软尺来测量，测量时软尺围绕测量部位，贴合体表、不松不紧，如进行胸围、臀围测量时，软尺直线连接两个胸高、两个臀凸，并越过体表的凹进部分，这

表1-4　常用人体测量项目

项目	名称（英文及缩写）	测量工具	项目	名称（英文及缩写）	测量工具
围度测量项目	颈围（Neck Circumference ） 袖隆/臂根围（Armhole，简写AH） 上臂最大围 胸围（Bust，简写B） 腰围（Waist，简写W） 肘围（Elbow Circumference ） 腹围（Abdomen Circumference ） 臀围（Hip，简写H） 腕围（Wrist Circumference ） 大腿根围（Upper Thigh） 掌围 膝围（Knee Circumference ） 踝围（Ankle Circumference ） 足跟围	测量项目为体表实长，可采用软尺测量	长度测量项目	前胸高（Front Bust Length ） 后胸高 背长（Back Waist Length ） 袖长（Sleeve Length简写SL） 前中腰长 侧面腰长 后中腰长 裆弯（Total Crotch Length ）	测量项目为体表实长，可采用软尺、方格尺测量
			高度测量项目	身高（Height/Stature ） 身长（Body Length/Total Depth ） 裤长（Trousers Length ） 膝长（Knee Length ） 股上长（Body Rise ） 股下长 腰长（Waist Length ）	测量项目为垂直投影距离，可采用测高仪、卡尺测量
厚度测量项目	颈根厚 臂根厚 腹臀厚	测量项目为水平投影距离，可采用卡尺、卡规测量	角度测量项目	肩斜度 胸角度 肩胛骨角度 袖前斜度	测量项目为人体体表角度，可采用角度计测仪、斜度规测量
宽度测量项目	肩宽（Shoulder Width ） 小肩宽（Small Shoulder Length ） 背宽（Rear Shoulder Width ） 胸宽（Front Torso Width ） 乳间距（Bust Divergence ）	测量项目为体表实长，可采用软尺、钢尺、方格尺等测量			

是基于日常成衣的着装状态考虑；宽度指人体上两点之间的横向体表连线，若两点在同一水平位，要确保测量时软尺通过的体表区域均在水平方位（图1-14）；厚度指人体上两点之间水平方位的投影连线，宽度指两点间的体表实长，厚度则表示两点之间的投影间距，

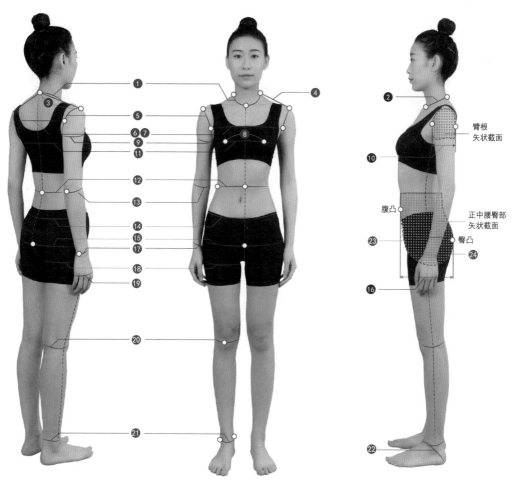

❶颈围：沿BNP、SNP、FNP绕颈部测量一周；
❷颈根厚：BNP到FNP的投影间距；
❸1/2肩宽：测量BNP至SP的距离；
❹小肩宽（肩斜线）：测量SNP至SP的距离；
❺臂根围：沿前腋点、SP、后腋点绕臂根测量一周；
❻背宽：水平测量左、右后腋点间的距离；
❼胸宽：水平测量左、右前腋点间的距离；
❽乳间距：前身两个胸高点间的距离；
❾上臂最大围：水平围量上臂最粗部位；
❿臂根厚度：前后腋点间的投影间距；
⓫胸围：通过胸高点，水平围量一周；
⓬腰围：通过腰侧最细点，水平围量一周；
●红色数字表示沿人体体表测量实长
●黑色数字表示投影长度测量

⓭肘围：通过肘点，水平围量手臂一周；
⓮腹围：通过腹凸，水平围量一周；
⓯臀围：通过臀凸，水平围量一周；
⓰腹臀厚度：腹凸与臀凸的投影间距；
⓱腕围：通过尺骨凸点，围量手腕一周；
⓲大腿根围：沿大腿根最粗处水平围量一周；
⓳掌围：五指并拢，手掌最宽处围量一周；
⓴膝围：通过膝盖骨中点，水平围量一周；
㉑踝围：沿内踝点和外踝点水平围量一周；
㉒足跟围：围绕脚跟和脚背围量一周；
㉓㉔裆弯：前腰中心点沿正中腰臀矢状截面围量至后腰中心点；又分为前（小）裆弯和后（大）裆弯。

图1-14　人体横向围度、宽度要素测量项目

厚度可采用卡规、卡尺进行测量；高度与厚度原理相同，指人体上两点之间垂直方位的投影连线；长度指人体上两点之间的纵向体表连线，测量的是两点间的体表实长，高度可采用测高仪测量；图1-15中腰长尺寸，一种是测量体表实长，另一种是测量投影长，可结合具体情况选择不同的测量方式；角度指人体的体表角度（图1-16），人体不同部位凸起、凹进的形态，与垂直线或水平线的夹角构成了不同部位的体表角度，例如肩斜度是肩斜线与水平线的夹角，胸角度是胸凸与垂直线的夹角，角度可采用角度计测仪、斜度规测量（图1-17）。

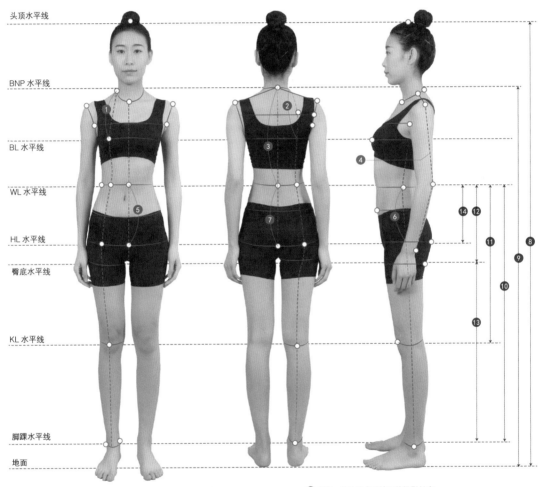

❶ 前胸高：从颈侧点SNP沿前身体表测量至胸高点BP的距离；

❷ 后胸高：从颈侧点SNP沿后身体表测量至水平胸围线的距离；

❸ 背长：从后颈点BNP沿后中心体表测量至水平腰围线的距离；

❹ 袖长：从肩峰点SP沿体表通过肘点、测量至尺骨凸点的距离；

❺ 前中腰长：沿体表前中心线，测量水平腰围线至水平臀围线的距离；

❻ 侧面腰长：沿体表侧中线，测量水平腰围线至水平臀围线的距离；

❼ 后中腰长：沿体表后中心线，测量水平腰围线至水平臀围线的距离。

❽ 身高：从头顶点至地面的投影长度；

❾ 身长：从后颈点BNP至地面的投影长度；

❿ 裤长：从水平腰围线至脚踝的投影长度；

⓫ 膝长：从水平腰围线至膝围线的投影长度；

⓬ 股上长（上裆）：从水平腰围线至臀底的投影长度；

⓭ 股下长（下裆）：从臀底至脚踝的投影长度；

⓮ 腰长：从水平腰围线至水平臀围线的投影长度。

● 红色数字表示沿人体体表测量实长

● 黑色数字表示投影长度测量

图1-15 人体纵向高度、长度要素测量项目

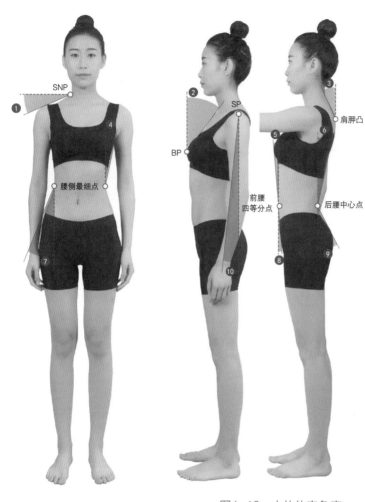

① 颈侧点水平线与肩斜线的夹角，形成人体肩斜度；

② BP点向上的垂线与肩胸部的夹角，形成胸角度；

③ 肩胛骨凸点向上的垂线与肩颈部的夹角，形成肩胛骨角度；

④ 腰侧最细点向上的垂线与人体侧面胸腰的夹角，塑造体侧处的胸腰差；

⑤ 前腰四等分点向上的垂线与BP点形成的胸腰夹角，塑造前腰处的胸腰差；

⑥ 后腰四等分点向上的垂线与腰背部的夹角，塑造后腰处的胸腰差；

⑦ 腰侧最细点向下的垂线与人体侧面腰臀的夹角，塑造体侧处的腰臀差；

⑧ 前腰中心点向下的垂线与人体前中心腹臀的夹角，塑造前腰处的腰臀差；

⑨ 后腰中心点向下的垂线与人体后中心腹臀的夹角，塑造后腰处的腰臀差；

⑩ SP向下的垂线与手腕连线的夹角，塑造手臂前斜角度。

注：图中红色粗虚线表示水平线或垂直线，细实线表示角度线。

图1-16 人体体表角度

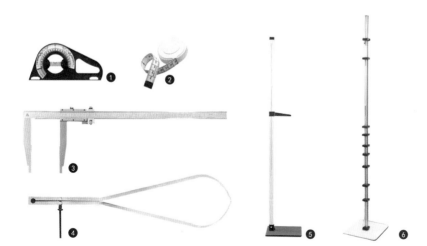

① 斜度规

② 软尺

③ 卡尺

④ 卡规（弯脚规）

⑤ 高度计测仪

⑥ 红外水平仪

图1-17 人体测量常用工具

1.3.4 体型与服装号型系列

人体测量以数据的形式表现个体的体型特征，服装号型则是应对多样化的体型而产生的，是在大量个体测量的基础上，对测量数据进行分析整理，形成适用于成衣生产的号型系列，是任何成衣设计、生产、选购的依据。体型不仅存在性别差，也存在年龄差、人种差和地域差，相同年龄、地域、性别、人种的人群，由于生活习惯不同，体型的表现也较为多样。服装号型系列一般包括成年男子成衣号型、成年女子成衣号型、童装号型等，以国际通用的净尺寸表示。我国的服装号型表示以身高为"号"（Height），胸围、腰围为"型"（Girth），以胸围和腰围的落差对成年男女进行体型区分，各分为Y、A、B、C四种体型。女子Y体型的胸腰差在19~24cm之间，A体型的胸腰差在14~18cm之间，B体型的胸腰差在9~13cm之间，C体型的胸腰差在4~8cm之间。号型系列以各体型中间体为中心，向两边依次递增或递减。其中身高以5cm分档组成系列，胸围以4cm分档组成系列，腰围以4cm、2cm分档组成系列。号型的表示方法为：号与型之间用"/"分开，后接体型分类代号（Y、A、B、C），例如上装号型标志为160/84A，160是身高，代表"号"，84是胸围，代表"型"，A为体型分类代号；在下装中，例如165/80B，165是身高，80是腰围，代表"型"，B为体型分类代号。

在2008年12月31日发布的《中华人民共和国国家标准 服装号型 女子》（以下简称《国标》）中，除身高与胸围搭配的5·4号型系列、身高与腰围搭配的5·4、5·2号型系列，也包含服装号型各系列分档数值、各控制部位数值、中国各地区体型覆盖率如表1–5~表1–9所示。服装号型各系列控制部位数值是人体主要部位的标准尺寸，《国标》中包括身高、颈椎点高、全臂长、腰围高、胸围、颈围、总肩宽、腰围和臀围等部位，适用于批量生产的成衣；在体型覆盖率中，包括四种体型在人群中的比例和服装号型覆盖率两类，这两类又具体体现为中国各地区的体型与服装号型覆盖率：东北华北地区、中西部地区、长江下游地区、长江中游地区、两广福建地区、云贵川地区等。

服装号型标准是成衣业发展的基础，中国地域辽阔、民族众多，服装产品的穿着对象、年龄层、销售地区都会影响一个公司服装号型的开发与制定，进而影响结构设计的采寸、推板，影响工业纸样的标准与准确性。有的企业以160/84A作为中间号型，有的企业以165/84A作为中间号型，胸围相同，对应的身高有了一些变化，这是各企业因服装品类、服装产品风格、市场、客户群体的体型特征、着装习惯等不同而确立的适合于自己品牌和客户群体的号型系列。此外，不同国家、地域都有适合本地区人群体型特点的号型系列，XS（Extra Small）、S（Small）、M（Middle）、L（Large）、XL（Extra Large）的号型表示方法在国际上基本通用，例如女上衣尺码中，英国8–10、欧洲34–36与我国160/80A、160/84A的尺寸基本相同，在我国这一尺寸对应S或M号，欧洲则为S号。不同国家、地域的服装号型规格表中的数据均表示人体的净体尺寸，是设计师依据服装号型规格表设计成衣尺寸的参考尺寸。

表 1-5 《中华人民共和国国家标准 GB/T 1335.2—2008 服装号型 女子》

5·4、5·2Y 号型系列　　　　单位：cm

Y																
胸围	身高															
	145		150		155		160		165		170		175		180	
	腰围															
72	50	52	50	52	50	52	50	52								
76	54	56	54	56	54	56	54	56	54	56						
80	58	60	58	60	58	60	58	60	58	60	58	60				
84	62	64	62	64	62	64	62	64	62	64	62	64	62	64		
88	66	68	66	68	66	68	66	68	66	68	66	68	66	68	66	68
92			70	72	70	72	70	72	70	72	70	72	70	72	70	72
96					74	76	74	76	74	76	74	76	74	76	74	76
100							78	80	78	80	78	80	78	80	78	80

表 1-6 《中华人民共和国国家标准 GB/T 1335.2—2008 服装号型 女子》

5·4、5·2A 号型系列　　　　单位：cm

A																								
胸围	身高																							
	145			150			155			160			165			170			175			180		
	腰围																							
72				54	56	58	54	56	58	54	56	58												
76	58	60	62	58	60	62	58	60	62	58	60	62	58	60	62									
80	62	64	66	62	64	66	62	64	66	62	64	66	62	64	66	62	64	66						
84	66	68	70	66	68	70	66	68	70	66	68	70	66	68	70	66	68	70	66	68	70			
88	70	72	74	70	72	74	70	72	74	70	72	74	70	72	74	70	72	74	70	72	74	70	72	74
92				74	76	78	74	76	78	74	76	78	74	76	78	74	76	78	74	76	78	74	76	78
96							78	80	82	78	80	82	78	80	82	78	80	82	78	80	82	78	80	82
100										82	84	86	82	84	86	82	84	86	82	84	86	82	84	86

表 1-7 《中华人民共和国国家标准 GB/T 1335.2—2008　服装号型　女子》

5·4、5·2B 号型系列　　　　　　　　　　　　　　　　单位：cm

胸围	B															
	身高															
	145		150		155		160		165		170		175		180	
	腰围															
68			56	58	56	58	56	58								
72	60	62	60	62	60	62	60	62	60	62						
76	64	66	64	66	64	66	64	66	64	66						
80	68	70	68	70	68	70	68	70	68	70	68	70				
84	72	74	72	74	72	74	72	74	72	74	72	74	72	74		
88	76	78	76	78	76	78	76	78	76	78	76	78	76	78	76	78
92	80	82	80	82	80	82	80	82	80	82	80	82	80	82	80	82
96			84	86	84	86	84	86	84	86	84	86	84	86	84	86
100					88	90	88	90	88	90	88	90	88	90	88	90
104							92	94	92	94	92	94	92	94	92	94
108									96	98	96	98	96	98	96	98

表 1-8 《中华人民共和国国家标准 GB/T 1335.2—2008　服装号型　女子》

5·4、5·2C 号型系列　　　　　　　　　　　　　　　　单位：cm

胸围	C															
	身高															
	145		150		155		160		165		170		175		180	
	腰围															
68	60	62	60	62	60	62										
72	64	66	64	66	64	66	64	66								
76	68	70	68	70	68	70	68	70								
80	72	74	72	74	72	74	72	74	72	74						
84	76	78	76	78	76	78	76	78	76	78	76	78				
88	80	82	80	82	80	82	80	82	80	82	80	82				
92	84	86	84	86	84	86	84	86	84	86	84	86	84	86		
96			88	90	88	90	88	90	88	90	88	90	88	90	88	90
100			92	94	92	94	92	94	92	94	92	94	92	94	92	94
104					96	98	96	98	96	98	96	98	96	98	96	98
108							100	102	100	102	100	102	100	102	100	102
112									104	106	104	106	104	106	104	106

表1-9《中华人民共和国国家标准 GB/T 1335.2—2008　服装号型　女子》

5·4、5·2A 号型系列控制部位数值

单位：cm

A											
部位	数值										
身高	145			150			155			160		
颈椎点高	124.0			128.0			132.0			136.0		
坐姿颈椎点高	56.5			58.5			60.5			62.5		
全臂长	46.0			47.5			49.0			50.5		
腰围高	89.0			92.0			95.0			98.0		
胸围	72			76			80			84		
颈围	31.2			32.0			32.8			33.6		
总肩宽	36.4			37.4			38.4			39.4		
腰围	54	56	58	58	60	62	62	64	66	66	68	70
臀围	77.4	79.2	81.0	81.0	82.8	84.6	84.6	86.4	88.2	88.2	90.0	91.8

A											
部位	数值										
身高	165			170			175			180		
颈椎点高	140.0			144.0			148.0			152.0		
坐姿颈椎点高	64.5			66.5			68.5			70.5		
全臂长	52.0			53.5			55.0			56.5		
腰围高	101.0			104.0			107.0			110.0		
胸围	88			92			96			100		
颈围	34.4			35.2			36.0			36.8		
总肩宽	40.4			41.4			42.4			43.4		
腰围	70	72	74	74	76	78	78	80	82	82	84	86
臀围	91.8	93.6	95.4	95.4	97.2	99.0	99.0	100.8	102.6	102.6	104.4	106.2

　　表1-9是5·4、5·2A号型系列的控制部位数值，基本包含女上装结构设计中所需的各部位尺寸，背长尺寸可通过颈椎点高和腰围高的差值获得，例如身高160cm，得出背长为38cm，但仍有一些细部尺寸不包含在内，例如胸宽、背宽、上臂最大围、掌围、腰长、胸高等。对一些经典服装（如衬衫、西服、T恤衫）和相对简洁、人体细节表现不高的款式来说，结合人体比例和计算公式，即可进行该款服装的结构设计；但对一些款式变化较为复杂、对人体细节表现要求更高的服装来说，人体各部位的测量结果越多，对人体的把

握则越全面，结构、板型的设计也越准确。

  本书女上衣结构设计的规格为160/84A，人体各部位尺寸在参考表1-9中5·4、5·2A号型系列控制部位数值的基础上，结合160/84A规格标准人台尺寸测量、成衣经验、覆盖率等，所使用的人体数据如表1-10所示。女上装衣身、领子、袖子的结构设计变化，均以此人体尺寸为基础展开。在结构设计中，围度、宽度和厚度用来设计服装的横向尺寸，例如服装领围尺寸可参考颈围、颈根厚，在人体净尺寸的基础上，结合款式、松量、衣身结构综合设计；袖口尺寸参考掌围，如袖口不设计开衩、褶皱或松紧带工艺，袖口尺寸以大于20cm为宜，便于穿脱；乳间距便于设计服装胸高点的位置和胸部形态；上臂最大围、臂根厚可参考设计袖肥，因人体体型差异，相同围度的人，有的人侧面较厚，有的人侧面较单薄，因此横向尺寸的设计，不仅要考虑围度，还要以厚度作为参考指标。长度和高度用来设计服装的纵向尺寸，例如袖长，表1-10中的袖长尺寸为56~58cm，比《国标》全臂长尺寸长出6~8cm，臂长尺寸从肩峰点测量至尺骨凸点，而袖长则是量至虎口处，不同的袖长适合不同款式的服装，休闲装袖口一般在虎口左右，正装、西服袖口约在手腕处。此外，袖口造型是否有抽褶、波浪，着装者是否有特殊的穿衣习惯等，都会对袖长的设定产生影响。高度与长度的区别在于前者是投影长、后者是体表实长，人体纵向体表是呈S形凹凸起伏的曲面，对于较贴体的衣身来说，一般参考体表实长，宽松衣身参考投影长。本书所使用的人台各部位尺寸如表1-10所示。

表1-10　本书所使用的人台各部位尺寸　　　　　　　　　　单位：cm

规格	160/84A					
维度	部位	尺寸	维度	部位	尺寸	
围度	颈围	36.5	长度	前胸高	24~24.5	
	臂根围	34.5~35		后胸高	23~23.5	
	上臂最大围	26		背长	38	
	胸围	84		袖长	56~58	
	腰围	66	厚度	颈根厚度	11.2~11.5	
	臀围	91		臂根厚度	10~10.5	
	腕围	15~16	高度	身高	160	
	掌围	19~20		身长	136	
宽度	1/2肩宽	19		腰围高	98	
	背宽	36~37		腰长	18~20	
	胸宽	32~33	角度	肩斜度	23.5°	
	乳间距	18		袖前斜度	4°~5°	

1.3.5　人体与人台

人台也叫人体模型，是人体的代用品，是进行立体裁剪、样衣修正的重要工具，因此人台尺寸是否准确、形态是否美观、能否最大限度地满足群体体型的覆盖率是非常重要的。服装号型系列以抽象的数据来表现人体体型，人台则以具象的人体形态来重现人体体型，同一号型的人台，其身体各部位尺寸均与对应的服装号型相统一。与服装号型的分类相同，人台也分为不同型号的女子人台、男子人台和童装人台，女装人台的号型有以165/84A为中间号型，也有以160/84A为中间号型的。人台除了要满足基本尺寸与服装号型系列相匹配，也要兼顾人体各部位的比例、形态是否准确、优美，这样在进行立体裁剪时能够更容易把握美的造型比例，才能在试穿样衣时对板型进行有效的修正。

目前市面上人台种类较多，除标准号型的人台外，还包括一些特殊体型和1:2、1:3等缩小比例的人台。不同的人台开发商，对人体体型美的认知不同，加上市场、时尚观念的不断变化，服装品类定位不同，人台局部的细节、体态、比例造型的表现都会不同，并且随着时间的推移，同一品牌的人台也会随着时尚和市场的需求不断更新换代，因此在实际应用中，可结合个人的需求，在众多不同风格的人台中选择适合自己的。

在结构设计过程中，一般选择裸体人台，即不加任何宽松量的、表现人体净尺寸的人台。这类人台应用较为灵活，能够充分把握人体与服装之间的空间关系，适用于从内衣到外套、成衣到礼服等不同款式的服装裁剪；与之相对应的是成衣人台，也叫工业人台，指加了放松量的人台，在企业应用较多，一般用于设计较为宽松的套装、衬衫等款式，服装松量设计较为固定。

女装人台中应用较多的是上半身人台，这种人台只表现人体的颈、肩、胸、腰、臀等躯干部位，适用于上衣、连衣裙、礼服裙、长外套、半身裙等款式的设计和制作。上半身人台价格较为适中，适合大多数服装品类的设计，便于携带，适合初学者选用；在上半身人台的基础上表现下肢，形成分腿式人台，除了可制作上半身人台的款式外，还能够设计制作裤装、泳装；裤装人台是从腰部以下表现人体的腰臀、大腿、小腿、足部等局部躯干和下肢的部位，适用于不同款式裤装、裙装的设计裁剪；全身人台综合表现人体的躯干部和下肢部，适合上装、下装、裙装、裤装等不同品类服装的裁剪（图1-18）。本书所使用的人台型号规格为中间号型160/84A，在《中华人民共和国国家标准 GB/T 1335.2—2008　服装号型　女子》全国各体型的比例和服装号型覆盖率中，160/84A体型覆盖率为7.71%，165/84A体型覆盖率为3.52%，160/84A体型覆盖率相对较高，适用范围较广。

新购买的人台需要测量、核对人体各部位的尺寸、粘贴标记线，便于后续的立体裁剪或平面裁剪使用。人台标记线的作用是标识，应使用与人台色彩反差较大的线的颜色来标记，标记线分为基准线和造型线（设计线）两种，基准线是标识出人体基本结构的围度线、宽度线和长度线，在立体裁剪过程中用于核对布料的经纬纱、核对裁片基准线、参照基准线塑造立体造型等；基准线的粘贴方式与图1-14测量基准线基本相同，具体的标记方式如图1-19所

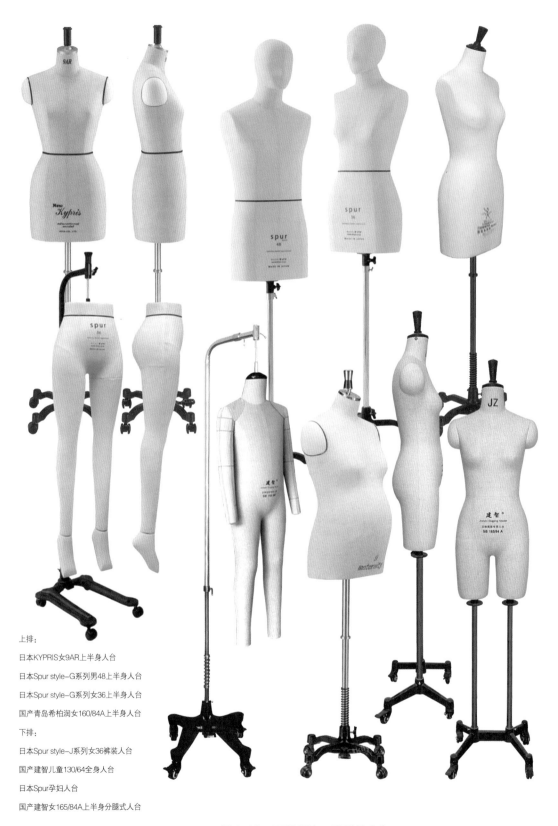

上排：

日本KYPRIS女9AR上半身人台

日本Spur style-G系列男48上半身人台

日本Spur style-G系列女36上半身人台

国产青岛希柏润女160/84A上半身人台

下排：

日本Spur style-J系列女36裤装人台

国产建智儿童130/64全身人台

日本Spur孕妇人台

国产建智女165/84A上半身分腿式人台

图1-18　不同规格、类型的人台

示（图中人台规格为160/84A）。长度线包括前后中心线和侧缝线，中心线粘贴时需观察人台摆放、支架是否平稳，将人台放置在水平地面，中心线粘贴时与地面垂直；侧缝线与体侧线的形态近似，腰节以上体现上半身的后倾姿态，腰节以下垂直地面；围度线包括颈围线、胸围线、腰围线和臀围线，宽度线包括胸宽线和背宽线，粘贴时需保持线条的水平状态。造型线是立体裁剪过程中的款式线，包括省道线、分割线、皱褶线和轮廓线，是某一款式服装的结构特征在人台上的具体体现，在立裁时将款式线贴于人台上，能够更直观、更立体地把握服装的款式结构。人台基准线需长期标记于人台上，因此可采用线带缝合在人台上，牢固且不易脱落；造型线随款式变化而变化，可采用黏性标记带，以便于修正和更改。

　　本书中所使用人台标记线的粘贴方式，胸宽、背宽、前胸高、背长等是结合表1—10所设定的人体尺寸确定的，如此后续章节相关款式的结构设计，无论是立体裁剪还是平面的结构制图，都能够在基本尺寸、比例上达成统一，以便对结构进行更好的研究。

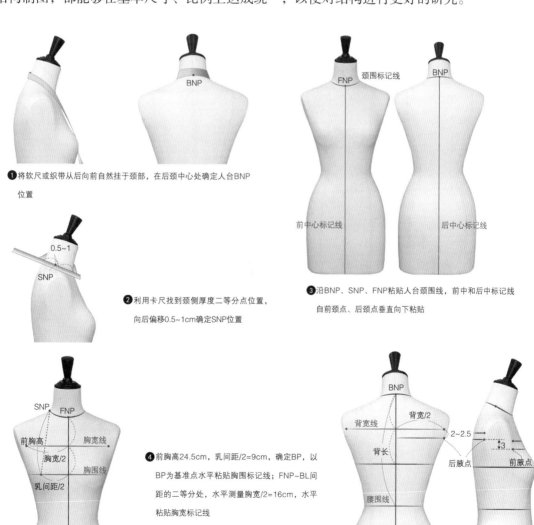

❶ 将软尺或织带从后向前自然挂于颈部，在后颈中心处确定人台BNP位置

❷ 利用卡尺找到颈侧厚度二等分点位置，向后偏移0.5~1cm确定SNP位置

❸ 沿BNP、SNP、FNP粘贴人台颈围线，前中和后中标记线自前颈点、后颈点垂直向下粘贴

❹ 前胸高24.5cm，乳间距/2=9cm，确定BP，以BP为基准点水平粘贴胸围标记线；FNP~BL间距的二等分处，水平测量胸宽/2=16cm，水平粘贴胸宽标记线

❺

图1-19

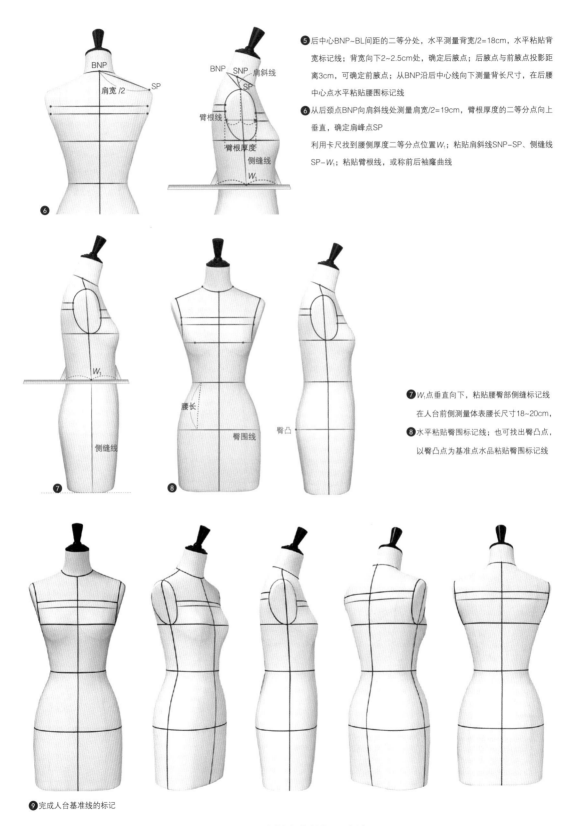

⑤ 后中心BNP~BL间距的二等分处，水平测量背宽/2=18cm，水平粘贴背宽标记线；背宽向下2~2.5cm处，确定后腋点；后腋点与前腋点投影距离3cm，可确定前腋点；从BNP沿后中心线向下测量背长尺寸，在后腰中心点水平粘贴腰围标记线

⑥ 从后颈点BNP向肩斜线处测量肩宽/2=19cm，臂根厚度的二等分点向上垂直，确定肩峰点SP

利用卡尺找到腰侧厚度二等分点位置W_1；粘贴肩斜线SNP-SP、侧缝线SP-W_1；粘贴臂根线，或称前后袖隆曲线

⑦ W_1点垂直向下，粘贴腰臀部侧缝标记线
在人台前侧测量体表腰长尺寸18~20cm，

⑧ 水平粘贴臀围标记线；也可找出臀凸点，以臀凸点为基准点水品粘贴臀围标记线

⑨ 完成人台基准线的标记

图1-19 人台基准线的标记方法

第2章 | 女上装基础型

2.1 基础型的概念与分类

　　基础型是表现人体基本结构、不带任何款式变化的服装，其立体表现为"型"，平面表现为"纸样"，也可将其称作基本纸样、基础纸样、原型。从服装的部位分，基础型可分为上半身用的衣身基础型、上肢部的袖基础型、下半身的裤子裙子基础型，不同覆盖部位的基础型，表现不同部位的人体体型特点。一般在衣身基础纸样上展开衣身结构设计，袖子基础纸样上展开袖子结构设计，下装基础纸样上展开下半身服装结构设计。此外，基础型因年龄、性别、地域、市场定位的不同，可划分为多种不同类型的基础型，例如童装基础型、男衬衫基础型、美式基础型、定制用服装基础型等。运用某一基础型的纸样进行结构设计的时候，首先需要从各方面认识、了解这个基础纸样，然后才能在此基础上应用并达到它的最优使用状态。

　　本书中的衣身基础型和袖基础型的款式参考日本文化女子大学1999年修订的成人女子原型（图2-1），胸围线以上设计表现肩胛骨的肩省、表现胸凸的胸省，胸围线以下设计表现胸腰差的腰省，并根据人体胸腰各部位的体态特征，设计六个腰省，均衡地表现胸腰关系。

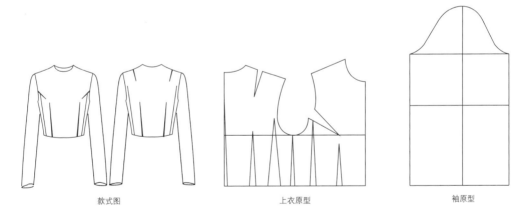

款式图　　　　　　　　　　　上衣原型　　　　　　　　　　袖原型

图2-1　日本新文化式女上衣原型和袖原型

　　女上衣基础型由衣身、袖子、领子构成，其中衣身基础型分为表现胸腰关系的衣身基础型和表现胸腰臀关系的衣身基础型；领子基础型分为基础立领、基础翻领、基础翻驳领等；袖子基础型分为表现袖山和袖窿关系的直筒袖基础型、基础一片袖、基础两片袖、基础插肩袖、基础插角袖等。在衣身基础型中，表现胸腰臀关系的基础型是基于表现胸腰关系的基础型变化的，在下文中将后者简称为"衣身基础型"（论述平面状态时称为"衣身基础纸样"），前者根据结构变化的不同，简称为四面构成衣身基础型、三面构成衣身基础型等，相对应的平面纸样称为四面构成衣身基础纸样、三面构成衣身基础纸样（图2-2）。

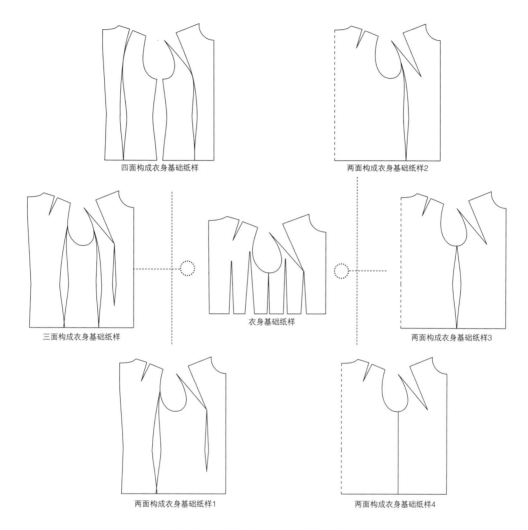

四面构成衣身基础纸样　　两面构成衣身基础纸样2

三面构成衣身基础纸样　　衣身基础纸样　　两面构成衣身基础纸样3

两面构成衣身基础纸样1　　两面构成衣身基础纸样4

图2-2　基于衣身基础纸样的衣身构成变化

　　基础型的款式结构和廓型不是固定不变的，它可以根据使用者的制图和使用习惯进行款式的变化与设计，并且制图方法、数据使用不同，会直接影响未来基础纸样的应用、设计和推板。

　　图2-3是三种不同的成人女上衣基础纸样，由于基础纸样适用的地域不同、人群定位不同、结构设计方法不同，使这些基础纸样具有不同的结构特点和外部形态特征：美式基础纸样后衣片肩省较短小，腰省在胸围线以下，表现出后背形态的宽阔圆润，前衣片设计一个省道，充分表现立体的前身形态同时结构更为简洁，适于不同款式的变形；日本文化式原型是适用于亚洲人的原型，属于合体原型，如果不收省，则形成胸围水平的箱形原型。这些基础纸样，是在多年实践应用的基础上不断修改，一代代不断修正而形成我们今天所使用的状态。

基础纸样1 基础纸样2 基础纸样3

（图片来源：《美国时装样板设计与制作教程》） （图片来源：Fashion Patternmaking Techniques） （图片来源：《服装造型学》）

图2-3　不同的女上衣基础型种类

　　基础纸样作为间接制图法过程中使用的模板，具有一定的科学性，表现人体与服装之间的基础关系和基本信息，有助于服装结构设计方法的展开，因此我们在选择和使用基础纸样的时候，一定要了解它属于哪一分类、它的立体形态特征、纸样结构特征、放松量、与人体的空间关系、穿着舒适度等。美式基础纸样、日本原型本身也是各不相同的服装款式，只要是便于结构变化、适用于后续设计、充分考虑服装松量和运动机能性的纸样，都是可适用的基础纸样。在使用的过程中，这些基础纸样形成了各自的服装结构设计规律和使用方法，读者在进行结构设计的过程中，可以根据自己的设计定位，选择适合自己使用的基础纸样，甚至对基础纸样进行修改，以符合自己的制图习惯和使用方式。

2.2　衣身基础型构成原理

　　上衣基础型包括衣身基础型和袖基础型，运用立体裁剪或者平面制图的方式均可获得基础纸样。本节内容是在对人体形态分析的基础上，以160/84A标准人台的尺寸为依据（表1-10）从基础型的款式结构原理出发，结合立体裁剪的造型方法，设计基础型的松量，获得平面布样图。

　　本书所使用的上衣基础型是长度至腰围线的短上衣。侧缝处、肩部、装袖线通过分割线（断缝线）来组合前后衣身和袖子，分别塑造侧面收腰、肩斜和袖立体度；胸围线以上设计胸省、肩胛省，分别塑造人体胸部凸出、肩背部凸出的立体造型；胸围线以下设计多个纵向腰省，塑造腰部收细的造型；袖基础型为装袖、直筒造型，表现袖山与袖窿基本的对应关系（图2-4）。

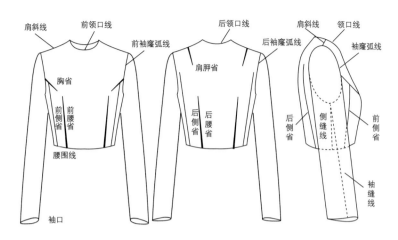

图2-4 上衣基础型款式结构特征及各部位名称

2.2.1 人体的几何形结构分析

衣身基础型表现人体的基本结构，其省道源于人体的体表角度，受体表角度凸面、凹面造型的影响。图2-5（a）是人体颈围线以下、臂根以内、腰围线以上体表区域的几何形表现图和透视图，前后衣身分别以胸高点、肩胛凸为中心点形成凸面造型，几何块面明确，能够清楚看出前身通过线SP—BP、线S—BP、线W—BP、线F—BP分成四个大的块面关系，后身则通过线B—SB、线W—SB、线A—SB、线SP—SB分成四个大的块面关系，这些块面关系表达了人体最基本的体表角度。参照几何体四棱锥平面与立体的构成关系，将前衣身点SP、S、W、F连接形成四棱锥，取出后的立体形态和平面展开图如图2-5（b）所示，平面展开后的图形中，夹角$\angle WBPW'$即塑造立体所收掉的角度，在服装中称为"省"。

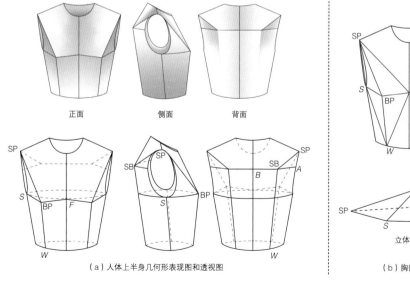

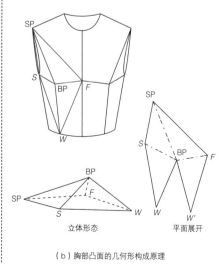

（a）人体上半身几何形表现图和透视图　　　（b）胸部凸面的几何形构成原理

图2-5 人体体表角度与几何形结构分析

2.2.2 立体造型的基础——省道

"省"是服装立体造型的基本技法,通过捏起或折叠布料的边缘,使平面的布片形成凹凸起伏的、表面光滑平整的外观形态。折叠长度、折叠量、折叠的位置分别是省长、省量和省位,它们是省道设计变化的造型要素,决定服装最终的造型形态。图2-5(b)中四棱锥平面展开的夹角∠WBPW′即省道,当线W—BP与线W′—BP重合,即可塑造立体的四棱锥造型,其中夹角∠WBPW′的大小是省量,线W—BP的长度为省长,W的位置点决定了省的位置,如果以F点或SP点设计四棱锥的切口,则表示省位发生了变化。由此可以看出省道的基本结构如图2-6所示。

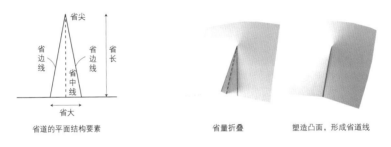

图2-6 省道的基本结构

省道的平面基础结构是三角形,它的立体塑造即三角折叠,三角折叠的长度、大小不同,形成的立体造型也不同。省大与省尖的指向互为凹凸面,表2-1根据省大相同省长不同、省大不同省长相同的两种情况对省道的立体度进行了对比分析,可以看出,省道所形成立体形态的立体度(侧面厚度)受省长和省大之间比例关系的影响,案例1~3省的大小相同,长度不同,案例4~6省的大小不同,但省长相同,案例1与案例6的省长、省大比例接近1:1,所形成的省道的侧面厚度接近,案例3与案例4的省长、省大比例大于1:2,所形成的省道的侧面厚度也较接近,表中案例接近1:1的省道立体度最厚,大于1:2的立体度最薄,因此对于省道的立体度来说,省大并不是决定立体度的关键因素,而是取决于省长与省大的比例关系。

表2-1 省道基础结构的变化对造型立体度的影响 单位:cm

项目	省大相同、省长不同			省大不同、省长相同		
	案例1	案例2	案例3	案例4	案例5	案例6
平面结构	3 底边3	5 底边3	7 底边3	5 底边1.6	5 底边3	5 底边4.4

续表

项目	省大相同、省长不同			省大不同、省长相同		
	案例1	案例2	案例3	案例4	案例5	案例6
正面形态						
侧面形态						
侧面厚度	3.6~3.7	3.1~3.3	2.5~2.7	2.3~2.4	3.1~3.3	3.5~3.6

2.2.3　衣身基础型的省道设计原理

　　衣身基础型分为前后衣身，每片衣身上的立体造型运用省道来塑造。衣身上的省是以人体腰部以上的体表角度值为依据，是便于分析研究省道原理和基础型结构而设计的省。不同种类的基础型，其衣身省的结构关系都与人体体表角度有关，即使廓型相同，但由于不同的使用目的和制图方法，也会表现为多种不同的平面形状及结构特征。

　　图2-7（a）是衣身基础型基于人体的体表角度所设计的省位，前身胸围线以上设计胸角度，以下设计胸腰差；后身背宽线以上设计肩胛骨角度，以下设计腰背差。从人体前中心到后中心，胸腰差与腰背差一共设计6个省道，通过前腰省、前侧省、侧缝省、后侧省、后腰省和后中省等多个省道均衡地塑造胸围至腰围之间的倒圆台结构。由于人体正面宽、侧面窄的体型结构，加上人体上半身背部后倾、前胸凸出的形态，使胸围与腰围水平面处的截面呈不规则椭圆形，6个省位处的胸腰差并不均衡，且存在较大差距，如图2-7（b）所示。

　　图2-8使用160/84A规格人台，通过立体裁剪贴体裹布，将胸腰之间的倒圆台立体展开形成了环形平面图，将环形图沿省位剪切后，可以看出胸、腰之间曲度及角度不同，切口大小也不同。通过多次剪切实验，前中心到后中心各个省位切口大小的尺寸、角度及长度的测量平均值如表2-2所示。表中省量从大到小的排序为后侧省＞前腰省＞后腰省＞前侧省＞侧缝省＞后中省，省量最大部位在人体胸腰差最大区域，同时也是人体前后侧转折面最明显的区域。从表中也可以看出省长的规律性变化，这里的省长指体表实长，前身省长以胸围为高点，后身省长以背宽为高，省尖指向肩胛骨区域。

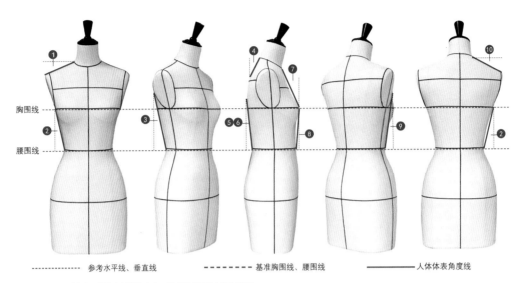

------------- 参考水平线、垂直线　　- - - - - - - 基准胸围线、腰围线　　──── 人体体表角度线

角❶为颈侧点水平线与肩斜线的夹角，形成基础型前衣身肩斜度

角❷为侧面垂直线与人体正侧面腰部曲面的夹角，形成衣身侧缝省道

角❸为后侧垂直线与人体后侧腰部曲面的夹角，形成后侧省道

角❹为后背垂直线与后背肩胛骨曲面的夹角，形成肩胛省

角❺❻为后背垂直线与腰背部曲面的夹角，形成后腰省、后中省

角❼为胸高垂直线与肩胸部曲面的夹角，形成胸省

角❽为胸高垂直线与前腰曲面的夹角，形成前腰省

角❾为前侧垂直线与前侧腰部曲面的夹角，形成前侧省

角❿为颈侧点水平线与肩斜线的夹角，形成基础型后衣身肩斜度

（a）基于人体体表角度的省道设计

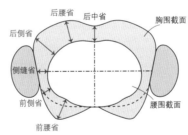

各个省位的胸腰差关系

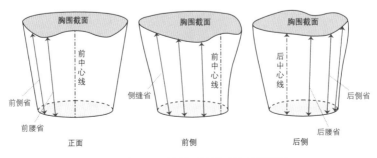

（b）人体胸围、腰围水平断面重合图与水平面立体透视图

图2-7　人体体表角度与衣身基础纸样省道设计的关系

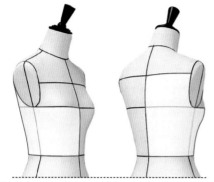

❶ 用白坯布在人台上从前中心到后中心、腰围线以上、背宽线及胸围线以下区域贴体裹布，并标注胸围线的位置

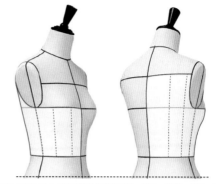

❷ 在人体对应的凸起区域设计垂直剪切线，胸凸、胸侧、侧面、后侧、后腰等几个方位设计垂线，与上衣基础型款式图省位一致

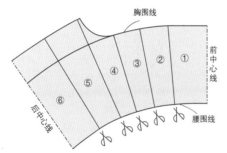

❸ 将贴体裹布展开形成平面状态，裹布从包覆人体的倒圆台立体，形成环状平面结构；参照图❷省位分布，在环形上设计省道剪切线

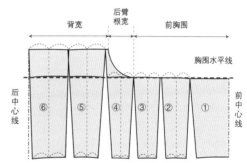

❹ 将剪切线以胸围为水平基准打开，同时各衣片的中线垂直，以此获得了不同部位的剪切口；由于人体胸腰之间的体表角度差，形成了大小不一的省量关系

图2-8　立体造型贴体裹布剪切实验

表2-2　环形裹布剪切省道测量结果　　　　　　　　　　单位：cm

测量要素（平均值）			
部位	省大	省长	前中心到后中心的宽度（身幅）
前腰省	2.7	17	
前侧省	1.85	17.2	
侧缝省	1.9	17.3	46
后侧省	3.8	23	
后腰省	2.2	22.7	
后中省	0.55	22.6	

　　图2-8中的贴体裹布实验在制作的过程中不留松量，自然贴合人体体表；前衣身上至胸围、下至腰围水平线，后衣身上至背宽水平线、下至腰围水平线。在制作贴体裹布的过程中，因前身胸凸结构明显，因此衣片①、②、③在胸围水平线处重合，腰部形成切口；

后背的凸起区域在肩胛骨，从人体结构上来看，肩胛骨的凸起没有胸凸那么明确，但是隆起区域面积较广，背宽线以下、后腰省线处仍有肩胛骨隆起的立体形态，因此人体后背的贴体裹布在后腰纵向结构线与背宽线处产生少量的浮余量（图2-9），展开成平面后，图2-8中衣片⑤和⑥在背宽处形成了横向的重叠关系，即减掉立裁过程中产生的浮余量；而人体背宽线以下、后侧省线处的结构形态向腰节内收，这条线在背宽线处隆起高度最高，因此衣片④和⑤在背宽处重合。

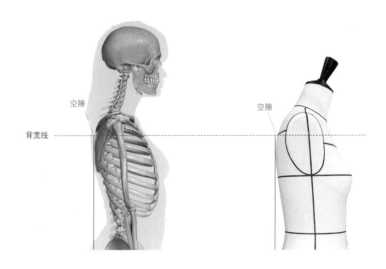

背宽线的位置位于后背后颈点与胸围线的二等分处，但肩胛骨凸起位置在背宽线以下2~3cm处，因此在图中的水平背宽线处，肩胛骨凸起的垂直基准线与人体之间有空隙量，空隙量的存在使贴体裹布在背宽处产生浮余量，展开成平面状态后，为使背宽尺寸不变，因此衣片⑤和⑥在背宽处重叠

图2-9　背宽线处贴体裹布的浮余量原理

立体裁剪贴体裹布实验不仅能够观察出前后腰省省量的分配关系，还能明确省尖的位置：前腰省、前侧省、侧缝省的省尖在胸围线区域，塑造前衣身胸凸、收腰的立体造型；后侧省的省尖在背宽线区域，而后腰省由于人体肩胛骨的结构特点，以及展开后形成的重叠关系，其省尖在胸围线以上，但要低于后侧省的省尖位，后腰省省尖、后侧省省尖、肩胛省省尖共同塑造了后背肩胛骨区域的凸面结构，以及后倾的背部姿态。

2.2.4　衣身基础型的外包围原理

外包围指一块布完整包裹人体所需要的布料的横向宽度，有上衣外包围、裙子外包围等。按包裹人体的区域，外包围分为整身外包围，包裹人体一周；半身外包围，包裹人体前中心至后中心的半身区域（图2-10）。外包围在结构制图中是非常重要的一个概念，外包围尺寸加上合适的松量，就是平面结构制图中的"身幅"概念，外包围在本书中指围绕人体一周的布料宽度，身幅指围绕人体半周（前中心到后中心）的布料宽度。在衣身基础纸样中，胸围、腰围是结构制图的要素，外包围不等于胸围，更不等于腰围，衣身基础型的外包围需要完整包裹人体的上半身，因此其尺寸综合了人体上半身各个部位的凸面，包括胸凸、背凸，图2-10展示的上半身贴体裹布实验，前身是以胸围为凸面，后身是以背宽为凸面，前后身的凸面不在同一个水平位，这是由人体的体型结构决定的，因此衣身基础型的外包围，一定大于胸围尺寸，是上半身体表形态的综合表现。

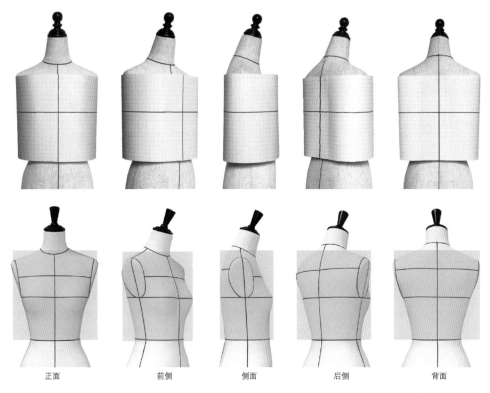

|正面|前侧|侧面|后侧|背面|

外包围包裹人体后，无论从哪个角度观察人体，其造型都呈垂直状态，形成一个圆柱形结构。从图中可以看出，圆柱形结构在前身与胸高相切，在后身与肩胛骨相切，因此外包围不等同于胸围

图2-10　衣身基础型外包围原理

2.2.5　衣身基础型的松量构成

服装的尺寸除受人体基本尺寸影响外，还需要考虑人体运动、基本生理需求所需要的放松量。女上装衣身基础型的放松量主要解决手臂运动对衣身侧面放松度的要求，表现在一是对胸围、腰围尺寸的横向松量设计，二是对袖窿深的松量设计。

手臂运动在很大程度上影响前后身胸围松量的设计，图2-11（a）（b）通过绘制不同动作时的臂根线，来观察手臂在下垂和水平抬起时人体这一区域体表的变化。人体皮肤随着运动的变化所产生的伸缩是不均衡的，有一部分伸展必有一部分收缩。从图2-11中可以看出随着肩关节及肌肉运动的展开，人体肩部至腋下体表皮肤会产生对应的伸缩变化：当手臂放下时A、B、C重合，肩颈部皮肤伸展，腋下收缩；当手臂水平伸开时，肩颈部皮肤收缩，腋下展开，臂根底部位置A、水平抬起时的臂根位置B，以及腋下褶皱区域伸展的上端C表示腋下的伸展区域；图中腋下伸展区域从肩峰点向臂根底部形成一个近似三角的地带，当手臂向前方运动，后腋点区域皮肤拉伸较大，当手臂向后运动，前腋点区域皮肤拉伸较大，并且随着手臂侧方抬起角度的加大，腋下褶皱的拉伸也会随之变大。

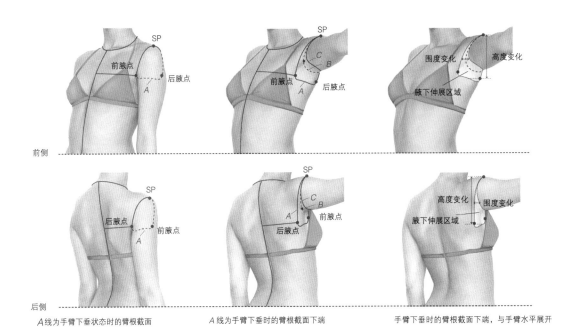

（a）手臂运动时腋下体表区域的特点

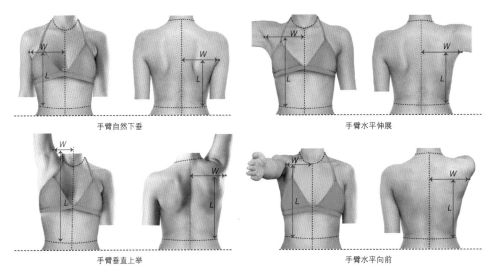

（b）手臂运动引起的前后腋点位置变化

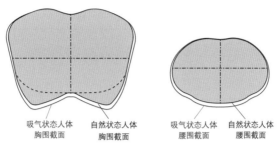

吸气状态人体　　自然状态人体　　　　吸气状态人体　　自然状态人体
胸围截面　　　　胸围截面　　　　　　腰围截面　　　　腰围截面

（c）呼气、吸气引起人体胸围、腰围的变化

图2-11　人体运动引起的体表变化

图2-11（b）是人体手臂运动时前后腋点位置的变化，图中的*W*值、*L*值分别以人体前后中心线、腰围线为测量参考线，以前后腋点为测量参考点进行的宽度、长度测量，共测量人体手臂自然下垂、水平伸展、垂直上举、水平向前四种运动状态。

表2-3是图2-11（b）中*W*值、*L*值的人体测量结果平均值，为保证最小的测量偏差，测量对象为10名20~30岁、身高160~165cm、体重45~50kg的年轻女性。通过测量结果可知：①手臂自然下垂状态的前后*W*值对应人体的前胸宽、后背宽；②当手臂在水平方向抬起运动时，水平伸展状态下的前身*W*值＞水平向前状态下的前身*W*值；水平伸展状态下的后身*W*值＜水平向前状态下的后身*W*值；③*L*值的变化取决于手臂抬起高度的位置，手臂下垂，*L*值最小，手臂上举，*L*值最大；④随着手臂向前运动，*W*值逐渐缩小，*L*值逐渐增大。人体日常动作状态下，手臂向前运动的幅度和频率均大于向后运动，因此服装松量的分配，更多的是考虑手臂向前运动时对后背侧皮肤和肌肉的拉伸所需要的空间设计。

表 2-3　手臂运动与前后腋点位置测量　　　　　　　　单位：cm

手臂动作	前身		后背	
	*W*值	*L*值	*W*值	*L*值
自然下垂	15	24	17	23
水平伸展	18	30	19	27
垂直上举	13	35	18	30
水平向前	12.8	30	21.5	27

图2-11（c）是人体因呼吸对胸围、腰围尺寸的影响，表2-4数据是10名实验对象3次测量数据的平均值。人体在吸气状态下胸腹尺寸增大，在设计服装放松量时应考虑人体这一部分的生理需求。

表2-4　人体呼吸产生的胸围、腰围尺寸变化　　　　　　　　　　　　　　　单位：cm

呼吸状态	胸围	腰围
自然状态	84	66
自然呼吸	87.1~87.5	68.3~68.9
最大呼吸	89.4~89.5	69.4~69.6

　　袖窿深是衣身肩峰点到袖窿底部的纵向长度。衣身基础型袖窿深的松量包括袖窿底部自人体腋窝底下落尺寸的设计、肩峰点上抬尺寸的设计。衣身基础型的袖窿为装袖结构，一方面，袖窿底部的松量需要考虑装袖后，腋窝底与袖窿底的摩擦强度所产生的舒适性问题，以及手臂抬起时衣身袖窿底与袖子底部的牵拉作用对衣身造型的影响；另一方面，手臂抬高，肩峰点也随着肩关节上抬而发生位移，从而导致肩斜尺寸发生变化，衣身基础型的肩斜设计，应当比人体平均肩斜度小，这样能够在肩部保留肩关节活动的空间（图2-12）。

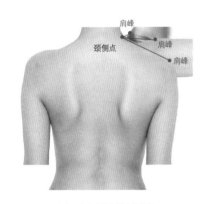

手臂运动造成的肩斜度的变化

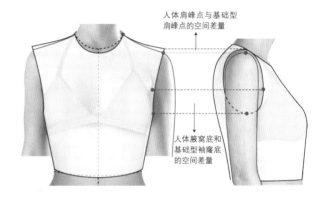

人体肩峰点与基础型肩峰点的空间差量

人体腋窝底和基础型袖窿底的空间差量

人体臂根与基础型衣身袖窿尺寸对比

图2-12　袖窿深度松量与人体的关系

2.2.6　衣身基础型的松量分布

　　根据前述人体上半身运动变化的特点以及基础型的款式造型特征，衣身松量的设计主要体现在手臂运动所引起的前胸侧、后背侧的尺寸变化，手臂上举所引起的臂根部形态变化、肩斜度变化，以及人体呼吸时胸腹部的变化所影响的服装胸围、腰围尺寸等（图2-13）。表2-5是综合人体运动特性和生理特性设计的衣身基础型尺寸，与人体尺寸相比，衣身基础型主要体现为横向松量的追加与设计：胸围松量约为7cm，包含自然呼吸时胸围的变化量和手臂运动时前后侧身的变化量，由于手臂向前运动的特性，后胸围松量大于前胸围；因基础型的衣长设计至腰线，腰部运动对基础型腰围尺寸的影响较小，腰围松量约为3cm，腰围尺寸的设计单纯考虑呼吸时的腰围变化量（见表2-4）；根据肩关节的运

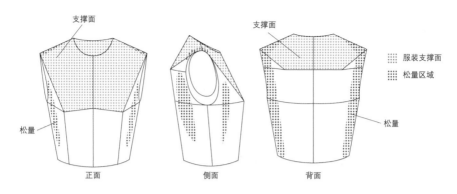

图2-13 衣身基础型的松量分布

动特性可知，当手臂抬起时，腋下皮肤和肌肉拉伸，肩颈部皮肤收缩，肩峰点至颈侧点距离变小，手臂在自然下垂时，腋下皮肤和肌肉收缩，肩峰点至颈侧点距离最大，因此基础型的肩宽采用手臂下垂时的测量尺寸38cm，保证肩部最大的活动量；胸宽、背宽不加松量，采用人体胸宽、背宽尺寸，塑造合体的肩部造型。

表2-5 衣身基础型尺寸设计表　　　　　单位：cm

部位	胸围	腰围	肩宽	背长	肩斜度
人体尺寸	84	66	38	38	23.5°
基础型尺寸	91~92	72	38	38	19.5°
松量	7~8	6	0	0	4°

衣身基础型款式为装袖结构，其松量主要集中在服装侧面装袖区域，前身松量位于侧面前腋点以下靠近胸围线处；由于人体的后倾状态，背部的主要凸起区域在肩胛骨，因此后身松量位于侧面肩胛骨下端（图中红色阴影）；腰部松量则均匀分布于整个腰围线；为保持服装结构的稳定，位于支撑面的区域尺寸设计贴合人体，宽度、高度都不变（图中灰色阴影），整体的松量分布是前后中心较小，侧面最大。

2.2.7 衣身基础型立体造型

图2-14~图2-20是衣身基础型立体造型从备布、画线、制作到成型的立体裁剪过程。衣身基础型所使用的人台尺寸、成衣尺寸如表2-5所示。

（1）备布

立体裁剪所使用的布料为中等厚度的纯棉白坯布，布料的尺寸大小根据基础型的款式设计布片尺寸，前衣片布料经纱方向的长度为颈侧点→胸高→腰围线的尺寸加上8~10cm的余量，纬纱方向的宽度为$B/4+$（15~20cm）的余量；后衣片布料经纱方向的长度为颈侧点→肩胛骨→腰围线的尺寸加上8~10cm的余量，纬纱方向的宽度为$B/4+$（15~20cm）的余量。在宽度上布料尺寸截取加入的余量较多，一方面是布边所留的自然宽度，另一方面需要考虑服装横向上宽松量的追加。布料截取时采用手撕的方法，这种方法截取布料能够使布边呈现出完整的经纱线和纬纱线，进而调整整块布料的纱向平衡，提高立体裁剪操作的稳定性和准确性。

布丝方向抻拉整理。截取完成的布料如果出现经纬纱向歪斜的情况，需如图2-14所示向对角方向抻拉，使布块形成经纬纱垂直、布角90°的稳定状态。

熨烫定型。经纬纱向调整完成后，使用熨斗熨烫定型。熨烫方向沿经纱方向垂直熨烫、纬纱方向水平熨烫。整烫完成的布料应表面平整、不起包或布边浮余。

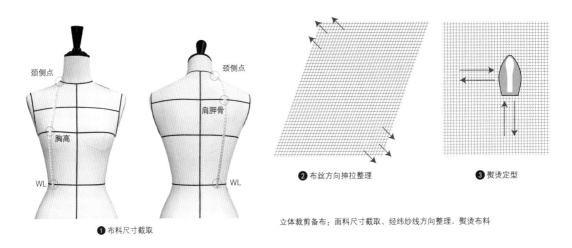

❶ 布料尺寸截取　　❷ 布丝方向抻拉整理　　❸ 熨烫定型

立体裁剪备布：面料尺寸截取、经纬纱线方向整理、熨烫布料

图2-14　立体裁剪备布

（2）省道线的位置设计

在进行衣身基础型的立体裁剪前，需要根据款式在人台上标识出省道线的位置。衣身省道的特点是无论是立体状态还是平面结构，其省道线与胸围、腰围均垂直。如图2-15所示，160/84A规格人台上的黑色线为立体裁剪基准线，胸围、腰围均为水平状态，红色线为腰部省道设计线，其位置分布为：

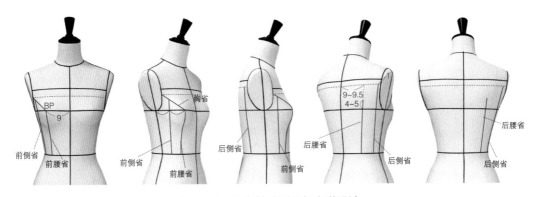

图2-15　衣身基础型腰部省道设计

①前腰省道线：自胸高点BP向下，与腰围线垂直；

②前侧省道线：在BL上从侧缝与胸高的二等分点向下，与腰围线垂直；

③后侧省道线：自背宽与后袖窿交点偏离1cm处向下，与腰围线垂直；

④后腰省道线：背宽线与后中心的交点量取9~9.5cm，向下与腰围线垂直。

半身外包围的尺寸加上合适的松量即是身幅，身幅是平面纸样上衣身前中线到后中心的宽度。从图2-10中可知，圆柱形的外包围在前身与胸高相切，在后身与背宽区域相切，因此半身外包围的尺寸为背宽+后臂根宽+前胸围，服装身幅的尺寸则为背宽+后臂根宽+前胸围+松量，前后身因凸点位置的不同，而采用不同的方式设计外包围和身幅宽度。160/84A规格人体的背宽为18cm，臂根厚为10cm，胸围为84cm，可采用图2-16的计算方法获得衣身合适的身幅尺寸。计算出的前后身幅尺寸可在立裁备布过程中画出来，确保立体裁剪制作的准确度。

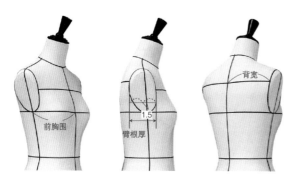

前臂根宽=臂根厚/2-1.5cm

后臂根宽=臂根厚/2+1.5cm

前胸围=胸围/4+0.5cm

后胸围=胸围/4-0.5cm

基础型身幅=背宽+后臂根宽+前胸围+松量

图2-16　衣身基础型身幅的计算

（3）布料画线

在整理好的前后立裁衣片上画基础线，首先需要确定前后中心线的位置及布丝方向的准确度，前后中心各对应一根经纱，距离布边8~10cm；胸围线、腰围线、背宽与中心线垂直，是立体裁剪过程中的参照要素，便于观察布片胸围线、腰围线与人台水平胸围线、腰围线的关系，以及进行平面立裁布样的尺寸数据分析。

在衣身基础型立体裁剪的布片上也表现出了胸宽线、背宽线、前后侧线和省道的中心线位置，是为了立裁时更易于操作，同时更加准确：

①胸宽线与背宽线是基于人体胸背宽的测量尺寸得出的，前胸宽16cm，后胸宽18cm；

②前后侧线是衣身前后片区域的分界，根据人体前身胸凸、后背肩胛骨凸的体型结构特征，前身侧缝位置以胸围为基准，根据B/4+0.5+1cm得出，其中0.5cm是前后差，1cm是松量；后身侧缝位置以背宽为基准，背宽+臂根厚/2+1.5+1cm得出，其中1.5cm是臂根厚的前后差，1cm是松量；

③省道中心线的位置参考了人体胸腰之间的体型结构特征，省道设定的位置更偏向人体的侧面，同时依据上衣基础型的款式结构特点，前身设计包括侧缝在内的三个省道，后身设计包括侧缝、后中心在内的四个省道，使人体胸腰之间的立体结构表现得更均匀。

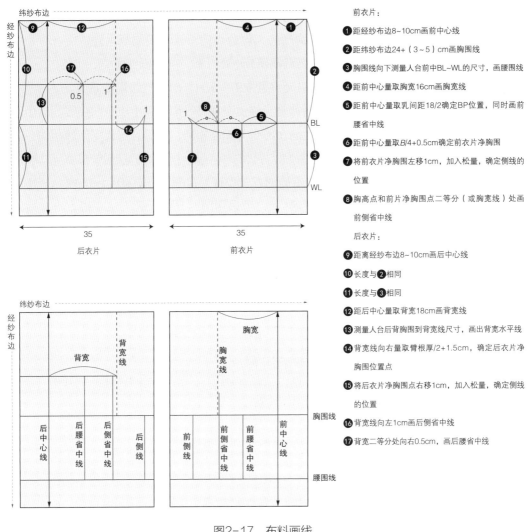

图2-17 布料画线

前衣片：
❶ 距经纱布边8~10cm画前中心线
❷ 距纬纱布边24+（3~5）cm画胸围线
❸ 胸围线向下测量人台中前BL~WL的尺寸，画前腰围线
❹ 距前中心量取胸宽16cm画胸宽线
❺ 距前中心量取乳间距18/2确定BP位置，同时画前腰省中线
❻ 距前中心量取B/4+0.5cm确定前衣片净胸围
❼ 将前衣片净胸围左移1cm，加入松量，确定侧线的位置
❽ 胸高点和前片净胸围点二等分（或胸宽线）处画前侧省中线

后衣片：
❾ 距离经纱布边8~10cm画后中心线
❿ 长度与❷相同
⓫ 长度与❸相同
⓬ 距后中心量取背宽18cm画背宽线
⓭ 测量人台后背胸围到背宽线尺寸，画出背宽水平线
⓮ 背宽线向右量取臀根厚/2+1.5cm，确定后衣片净胸围位置点
⓯ 将后衣片净胸围点右移1cm，加入松量，确定侧线的位置
⓰ 背宽线向左1cm画后侧省中线
⓱ 背宽二等分处向右0.5cm，画后腰省中线

（4）衣身前衣片和后衣片的裁剪及拼合

衣身基础型前衣片立体裁剪包括前中心及肩胸部结构制作、侧面结构处理、省道设计三大部分。

前衣片立体裁剪的关键是胸围线以上胸角度的塑造、胸围线以下胸腰差的塑造，以胸围为分界，使上半身前身的结构更为清晰明确。此外，立体裁剪操作过程中，需要在胸围、腰围处留出适度的松量，以满足人体基本的活动量，松量设计见表2-5。

省道的作用是塑造凹凸起伏的立体形态，同时使服装表面光滑平整，是服装造型基本技法之一。在立体裁剪时，对别法固定省道，能更容易把握省量的大小和分配，但是表面不够光滑平整，盖别法则是在对别法的基础上，对捏省做进一步的技术处理，使完成后的省道更加平整美观，接近最终的成衣状态（图2-18）。

前中心及肩胸部结构制作：

❶ 将画好的前衣片前中心线对应在人台的前中心线上，同时胸围线、腰围线与人台胸围、腰围对齐，前颈点、腰节点用大头针V形固定布料，使前中心布料平服

从前颈点沿颈围线打剪口，剪至颈侧点停止，

❷ 使颈部面料平服，沿领围线、肩线推平布料，沿胸围线从前中心向胸高点推平布料，分别在颈侧点、肩峰点用大头针V形固定布料

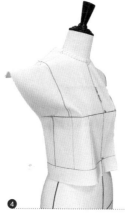
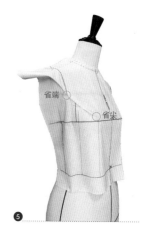

侧面结构处理：

❸ 将布片侧线与胸围线的交点重合在人台侧线与胸围线交点处，在该点处用大头针固定布料，并保持人台胸围线与布片胸围线水平重合

❹ 前衣片胸围线与人台胸围线水平重合后，通过推平肩颈部、肩胸部的布料，可以在袖窿处堆出胸角度的浮余量

❺ 将水平胸围线上的松量推至侧线处，折叠袖窿处的浮余量形成胸省，省尖指向胸高点，省端在胸宽水平线与袖窿交点处，省道用大头针缝合，别针的方式用盖别法

省道设计：

❻ 胸省制作完成后，将胸围处的松量推至前侧处，同时沿人台肩斜线、袖窿线粗裁布料（粗裁即沿净缝线留至少2cm缝份的量进行修剪）

❼ 以省中线为基准在腰围线处捏起省量，塑造合体的腰部结构，捏省时使前腰省和前侧省、前侧省和侧缝省之间的布料经纱保持垂直，即经纱与腰线垂直；观察布丝是否垂直需将布丝方位与观察者方位保持一致

捏省的时候注意前腰松量留出1.5cm，避免腰部尺寸过紧

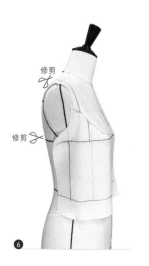
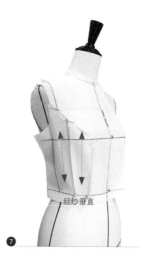

图2-18

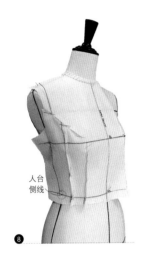

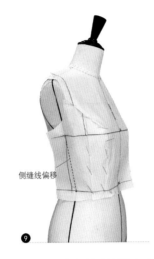

❽ 通过使两省之间经纱垂直的方法，可以获得每一个省在该人体结构处的省量大小，用抓合固定法将省道别出来，保持省中线外凸的状态，同时在别针的地方做标记。布片上垂直的侧线在腰节处随着腰部的收细，侧线的位置相对于人台侧缝来说也会发生变化，在侧缝形成收省

❾ 将对别法固定的针拆掉，根据标记点用盖别法整理前腰省和前侧省，前腰省省尖位于胸高点以下2～3cm的位置，前侧省省尖指向胸省；侧缝处侧线的偏移量做出标记

图2-18　衣身基础型前身立体裁剪操作

衣身基础型后衣片立体裁剪与前衣片近似，包括后中心及颈部塑造、肩背部结构处理、省道设计三大部分（图2-19）。

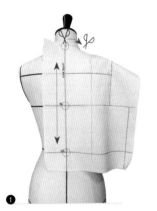

后中心及颈部塑造：

❶ 将画好的后衣片后中心线对应在人台的后中心，同时腰围线、背宽线与人台腰围、背宽对齐，后颈点、腰节点用大头针V形固定布料；从后颈点沿后领线打剪口，剪至颈侧点停止，使领口面料平服，大头针固定颈侧点

肩背部结构处理：

❷ 背宽线与人台背宽水平重合，背宽水平线端点用大头针V形固定；从背宽处沿后袖窿，向肩峰点、肩斜线推平布料，在肩线处形成浮余量，此浮余量为肩胛骨突出的角度量，用盖别法固定省道

　肩胛省的省尖位于背宽线以上、后腰省中线偏右的区域，省端位于肩线，整个肩胛省的方向与肩斜线垂直

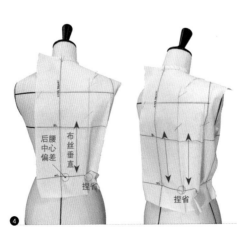

省道设计：

❸ 将布片侧线与胸围线的交点重合在人台侧线与胸围线交点处，前后片在该点处重合；此处用大头针固定布料，并保持人台胸围线与布片胸围线水平重合

❹ 以后腰省中线为基准在腰围捏起省量，塑造后腰中部的合体度；将后中心与后腰省中线之间的布料纱向推成垂直状态，布料后中心与人台后中心在腰部出现偏差，此偏差量为后中心腰部收省量

省道设计：

❺ 以后腰省中线、后侧省中线为基准捏起省量，塑造合体的后侧腰部结构，捏省时使后腰省和后侧省、后侧省和侧缝之间的经纱保持垂直，方法与前片捏省相同；用抓合固定法将省道别出来，保持省中线外凸的状态，别针时注意后腰留出1.5cm松量布片上垂直的侧线在腰节处随着腰部的变化收细，侧线的位置相对于人台侧缝来说发生了偏差，在侧缝形成后腰收省

❻ 将对别法固定的针拆掉，根据标记点用盖别法整理后腰省和后侧省，后腰省省尖位于胸围线以上4~5cm的位置，后侧省省尖位于背宽与胸围之间；后中垂直线在人体后腰部偏移，形成后中省道

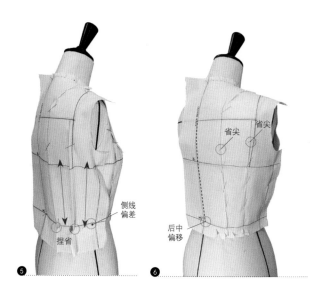

图2-19 衣身基础型后身立体裁剪操作

人体前身胸凸、腰部收细，后身肩背部凸出、腰部收细，立体裁剪所使用的前衣片以胸围为水平基准设计胸省、腰省，这是由人体前身的体表特征决定的；后衣片以背宽为水平基准设计肩省、腰省，也是由人体的背部体表特征决定的。

基础型衣身前后衣片的拼合，包括前后衣片肩线拼合，前后衣片侧缝拼合，前后衣片领口、袖窿拼合三部分（图2-20）。

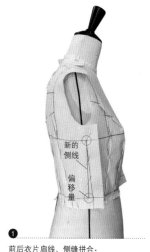 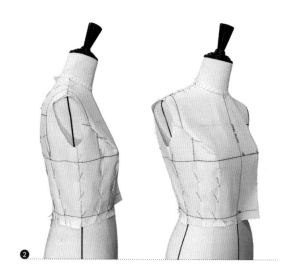

前后衣片肩线、侧缝拼合：

❶ 将后片肩部的布料沿肩斜线留出缝份修剪并折叠，用盖别法将前后肩线缝起来；用重叠法将前后衣身侧线别起来，前后片胸围线与侧线交点（袖窿底）重合别针，前后片腰节各自的偏移量重合别针，在针眼处做标记

❷ 除前后颈点、前中腰节与后中腰节处的V形固定针不动，将在身侧的其余固定针拆掉，观察衣身在侧面的松量及其与人体的空间关系，用盖别法将前后片的侧缝拼合

图2-20

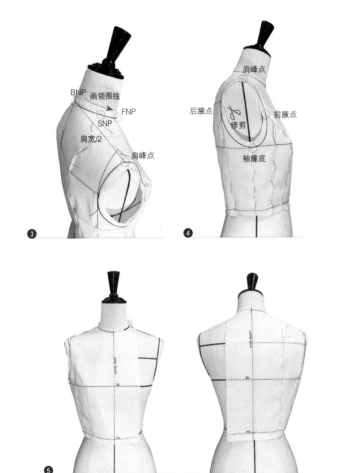

前后衣片领口拼合：

❸ 从人台后颈点至肩斜线测量肩宽8/2=19cm
的长度，确定肩峰点的位置；连接后颈点、
颈侧点、前颈点，画衣身领口弧线

前后衣身袖窿拼合：

❹ 胸围线与侧缝线的交点为袖窿底的位置，
将肩峰点、前腋点、袖窿底点、后腋点圆
顺连接，完成前后衣身袖窿弧线的绘制；
袖窿弧线形状，是一个底部向前倾斜的椭
圆形，前袖窿底曲度大，后袖窿底曲度小；
袖窿绘制完成粗裁多余的布料，距离净缝
不少于2cm

❺ 完成衣身基础型立体造型

图2-20　衣身基础型前后衣片拼合

2.3　袖基础型构成原理

　　袖基础型是包裹人体上肢部的直筒袖结构。上肢包括肩部、上臂、肘部、前臂和手，其中肩关节、肘关节和腕关节构成了上肢的运动（图2-21）。肩关节属球窝状关节，运动范围较广，为塑造适体的肩袖结构、保证穿着的舒适性，将衣身的装袖线设计在臂根线上，袖基础型的结构与上肢对应，袖长上至肩峰，下至手腕，包裹整个手臂，筒状的袖子上部截面为袖眼，下部截面为袖口。袖眼部分的形状近似倾斜的椭圆形截面，横、纵向尺寸均大于臂根，保留袖子基础的运动松量；袖眼之下为袖身，袖身上下围度一致，不表现肘弯和肘凸，结构单纯，直筒造型（图2-22）。

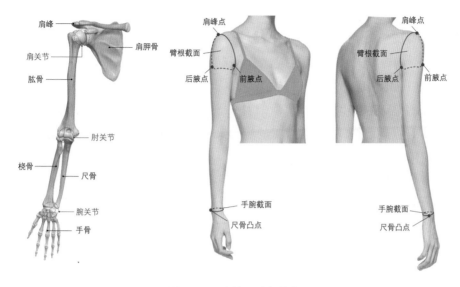

图2-21 人体上肢部结构

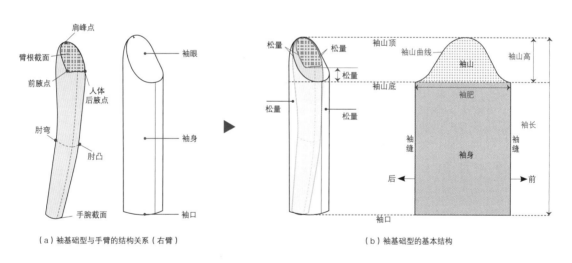

（a）袖基础型与手臂的结构关系（右臂）　　　　（b）袖基础型的基本结构

图2-22 袖基础型的结构要素

图2-22表现了袖子从立体到平面的结构关系变化，袖口（袖筒下半部分的水平椭圆形截面）展开后，袖口与袖缝垂直，袖身呈矩形；袖眼（上部倾斜的椭圆形截面）展开后，形成类似山丘的平面形状，上端对应肩峰的位置构成袖子的袖山顶，下端对应腋下的区域构成袖子的袖山底。袖山顶、袖山底和袖口的位置关系、袖山的曲线状态、袖山底的宽度形成了袖子的基本结构，也是袖子设计的重要因素。在袖子的基本结构中，袖山底的宽度为袖肥，袖山顶到袖口的长度为袖长，袖山顶到袖山底的高度为袖山高，椭圆形截面展开后的平面曲线为袖山曲线，袖筒两侧的缝合线为袖缝线。

2.3.1 袖基础型与衣身的构成关系

袖子与衣身的构成关系主要体现在袖肥线以上的袖山（袖眼）与衣身袖窿的匹配关系、袖子与衣身的造型关系。袖山与衣身袖窿的匹配关系影响装袖线处的服装造型，包括袖窿圆高与袖山高的对应、袖窿宽与袖肥的对应、前后袖窿弧线与前后袖山线的对应、肩点与袖山顶点的对应、袖山底与袖窿底的对应等［图2-23（a）］；袖子与衣身的造型关系影响服装整体的形态，影响服装穿着时的运动机能性，包括袖子向上抬起的角度、袖子相对于衣身的前斜关系、肩头曲面的塑造等。

袖子与衣身的匹配关系、造型关系是综合实现的，如果相关的尺寸不匹配，则会影响袖子的外观和穿着舒适度，如图2-23（b）所示，衣身袖窿圆高对应袖子的袖山高设计，衣身袖窿宽对应袖子的袖肥设计，衣身前后袖窿弧线对应袖子前后的袖山曲线设计。袖子基本结构要素尺寸设计对袖子造型的影响，主要体现在绱袖角度、袖前斜和肩头曲面的塑造。

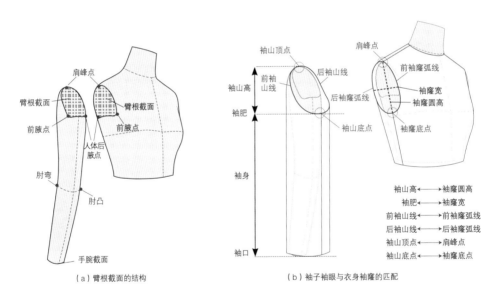

（a）臂根截面的结构   （b）袖子袖眼与衣身袖窿的匹配

图2-23　袖基础型与衣身的匹配关系

绱袖角度是指袖山与袖窿缝合后，从正面看袖筒外侧与垂直线形成了一个夹角，这个夹角即绱袖角度（图2-24）。衣身与袖子绱袖角度合适，则着装时腋下没有牵拉褶皱，袖子平整。袖眼截面的倾斜度与绱袖角度有关，截面周长尺寸不变，倾斜度越大，袖山越高，袖子越瘦，绱袖角度越小，反之则越大，因此袖山高与袖肥的变化关系决定绱袖角度。图中绱袖角度$\angle\alpha<\angle\beta<\angle\gamma$，袖山高$A>B>C$，A袖型造型较瘦，手臂在下垂时表现最好的穿着状态，当A袖子向上抬起，衣身侧面和袖子由于抬起量的不足会产生牵拉褶皱；C袖型造型较肥，手臂在抬起一定角度时能够表现最好的穿着状态，当手臂下垂，袖筒会产生纵向褶皱，即运动量的堆积。在设计绱袖角度时，需要将美观性和舒适性进行综合考虑，以设计出造型美观，又便于穿着的袖子。

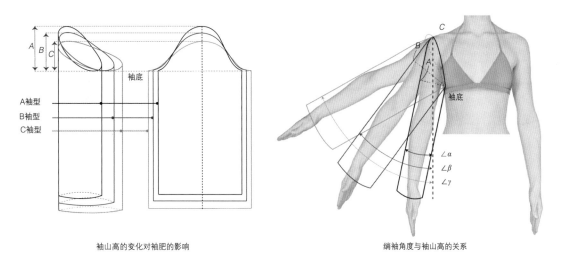

袖山高的变化对袖肥的影响 　　　　　　　　　　　　 绱袖角度与袖山高的关系

图2-24 绱袖角度设计原理

袖前斜是指手臂自然下垂时，侧面站立观察手臂，肩峰点与手腕中点的连线与垂直线相比，向人体前方倾斜的角度或倾斜量（图2-25）。肩关节至肘关节表现上臂前斜，肘关节至腕关节表现前臂的前斜，对于袖子来说，直筒袖袖前斜参考肩峰至手腕中点连线的斜度即可，合体袖肘部的弯曲可以通过袖缝线的设计达成曲面造型。袖前斜设计的关键是袖窿的形态，图中袖窿造型是一个底部向前倾斜的椭圆截面，肩峰至袖窿底的连线与人体后倾方向一致，为一条向前的斜线，绱袖时将袖子的袖山顶与衣身肩峰对合，袖山底与袖窿底对合，即可获得具有前斜角度的袖型。

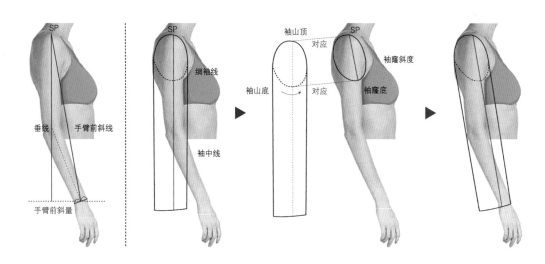

图2-25 袖前斜角度设计原理

　　肩部由于肱骨头的凸起，形成了一个球面结构，装袖线沿肩峰、前后腋点环绕臂根部，需要在袖子的袖山顶部塑造肩部的球面结构［图2-26（a）］。如图2-26（b）所示，球面结构的塑造可通过缩缝工艺获得，缩缝后的面料表面是光滑的曲面，与抽褶不同。缩缝是对面料的一种工艺处理，通过在弧形（凸面）布料边缘穿线抽缩，使平面的布料呈现立体的曲面状态；抽褶是穿线抽缩后，形成褶皱和褶线，塑造量感和造型感。缩缝量是面料皱缩的尺寸，图2-26（b）为同一款布片的不同缩缝状态曲线，$KL-K_1L_1/K_2L_2$=缩缝量，$KL>K_1L_1>K_2L_2$。在袖山与袖窿的对应关系中，图2-26（c）中曲线AOC为缩缝前的袖山曲线，包含缩缝量；曲线$A_1O_1C_1$为缩缝后的袖山曲线；曲线$AOC>A_1O_1C_1$；曲线$AOC>FPE$；曲线$A_1O_1C_1=EPF$。

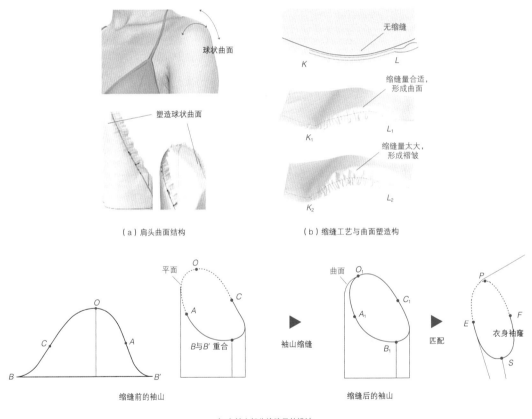

（a）肩头曲面结构　　　　　　　　（b）缩缝工艺与曲面塑造构

（c）袖山部分缩缝量的设计

图2-26　袖子肩头曲面结构原理

2.3.2　袖子基础型的结构要素与尺寸设计

　　袖子尺寸设计与袖子款式、衣身袖窿尺寸有关。袖长通过测量手臂肩峰点→肘部→尺骨凸点的距离获得，袖肥和袖山高尺寸可通过测量衣身袖窿宽和袖窿圆高获得。对于袖子结构设计来说，袖与衣要达到完美的契合，要在先保证袖眼（袖山曲线）尺寸与衣身前后袖窿匹配的基础上，再适度变化袖山高和袖肥的结构关系，设计绱袖角度。

在袖山的平面结构中，袖山顶与袖肥两端连线后形成了一个三角形结构如图2-27（a）所示，三角形的顶部是袖山顶点，高是袖山高，底边即袖肥，根据袖眼与袖窿的匹配关系可知，袖眼的尺寸要和袖窿对等，也要考虑缝缩量。图2-27（a）中直线OB_1+OB_2的尺寸与前后袖窿弧线相等，缩缝量可通过袖山曲线的调整获得。缩缝量塑造肩头的曲面，肩头曲面以肩峰SP为分界，前侧弧度大，后侧弧度较平缓，再加上手臂向前运动对肩部的拉伸作用，前肩缩缝量较小，后肩缩缝量较大，因此图中OB_1=前袖窿弧-0.5cm，OB_2=后袖窿弧+0.5cm。

袖肥的尺寸可通过衣身袖窿宽获得。袖窿的形状是一个底部向前倾斜的椭圆，因此袖窿宽尺寸的测量与臂根厚测量方法相同，为前袖窿弧与后袖窿弧最凸点之间的投影距离。如果设袖窿宽为C，袖筒内外包裹手臂，袖肥则为$2C$，以$2C$为袖肥缝制袖子，则穿着时没有可容纳手臂的厚度量，因此在设计袖肥时除了袖窿宽尺寸的参考外，还需加上一定的厚度量，如图2-27（b）所示，袖肥=袖窿宽×2+厚度×2，其中袖窿宽尺寸通过测量获得，厚度则是设计尺寸，根据袖肥的需求来设计，一般合体服装在4~6cm，宽松服装在6~8cm，因此4~8cm是袖肥厚度的常用设计范围。

袖山高的设计决定绱袖角度，袖山尺寸越大，绱袖角度越小，袖肥越瘦；袖山尺寸越小，绱袖角度越大，袖子越肥。袖山高尺寸来源于袖窿圆高，袖窿圆高的尺寸可从衣身袖窿测量，即肩峰点与袖底点的连线，如图2-27（c）所示。当袖山高与袖窿圆高等长，绱袖角度最小，袖子最瘦，穿着上舒适度降低，因此在设计袖山高时，可将袖窿圆高的尺寸适度减小，得出袖山高的尺寸，袖山高=袖窿圆高-（0.5~1.5）cm，其中0.5~1.5cm是基于袖窿圆高的袖山高设计范围。

图2-27中袖山高和袖肥的尺寸设计是基于衣身结构的理想化尺寸，在实际应用时，袖山结构的三个要素：袖山高、袖肥和袖山线尺寸（袖山线是OB_1和OB_2），通常与理想尺寸有差距。由于袖眼与袖窿的匹配度问题，OB_1、OB_2与前后袖窿弧保持对等的尺寸关系，在设计时是固定值不可变，但可通过袖肥厚度的可变范围和基于袖窿圆高的袖山高下落范围来对袖山高和袖肥的尺寸进行设计，自由选择袖肥的宽窄和绱袖角度，综合权衡袖子的着装舒适度与美观度。

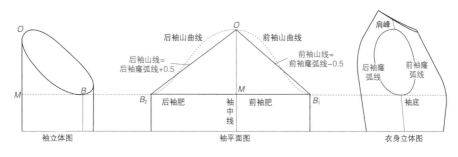

（a）袖山曲线尺寸设计原理

图2-27

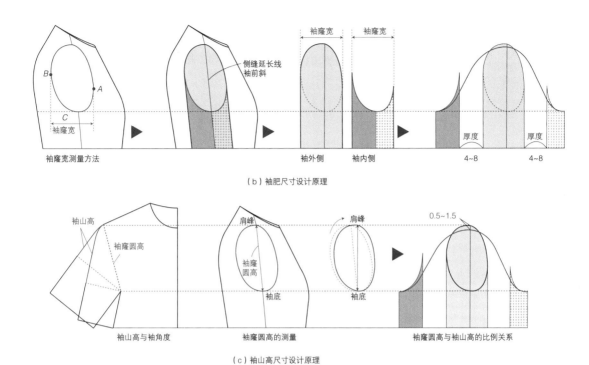

（b）袖肥尺寸设计原理

（c）袖山高尺寸设计原理

图2-27　袖基础型结构要素的尺寸设计原理

2.3.3　袖基础型立体造型

　　进行袖子立体裁剪之前，需对袖山高与袖肥做尺寸上的匹配和设计。使用如图2-28所示的测量方法测量衣身基础型的袖窿，可以获得衣身基础型的相关数据，如表2-6所示。袖山的结构要素包括袖肥、袖山高和袖山线，袖山线来源于衣身袖窿，为不可变量；袖肥与袖山高为可变量；图2-29分别采用袖山高优先和袖肥优先两种结构配比方式展开袖山

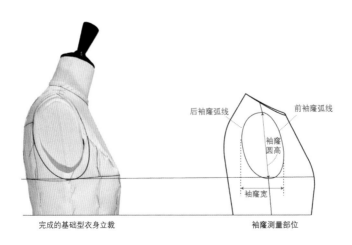

图2-28　衣身基础型袖窿尺寸测量

结构设计，在设计应用中可优先选择袖肥或袖山的其中一个要素作为袖山结构设计的切入点，运用几何作图法完成袖山结构的配比关系。

表2-6 袖基础型尺寸表　　　　　　　　　　　　　　　　　　单位：cm

部位	衣身袖窿尺寸				袖子尺寸
	前袖窿弧（AH）	后袖窿弧（AH）	袖窿宽	袖窿圆高	袖长
尺寸	20.3	22.5	11.5	15.8	58

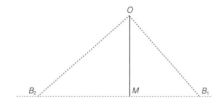

运用袖山高进行袖山结构设计：

已知袖山高 OM=袖窿圆高－（0.5~1.5cm），通过绘制长度线 OB_1=前AH－0.5cm、OB_2=后AH+0.5cm，来获得袖肥 B_1B_2 的尺寸，其中 MB_1 是前袖肥，MB_2 是后袖肥。表2-7是不同变量的袖山高计算的袖肥尺寸

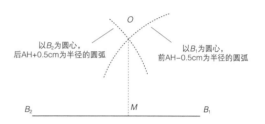

运用袖肥进行袖山结构设计：

已知袖肥 B_1B_2=袖窿宽×2+（4~8cm）×2，分别以 B_1、B_2 为圆心，OB_1=前AH－0.5cm、OB_2=后AH+0.5cm为半径画弧，两圆交点向下的垂线 OM 即袖山高，其中 MB_1 是前袖肥，MB_2 是后袖肥。表2-8是不同变量的袖肥计算的袖山高

图2-29 袖山结构的两种设计方法

袖山结构的设计可根据需要选择袖山高或袖肥进行计算。袖山高和袖肥的计算公式是根据衣身袖窿设计的理想袖型尺寸。运用袖山高进行袖山结构设计时，在袖窿圆高的基础上减去0.5~1.5cm来设计袖山高尺寸，以0.25cm为一个变量，获得了5组袖肥尺寸（表2-7）；运用袖肥进行袖山结构设计时，在袖窿宽的基础上加上袖子的厚度设计袖肥尺寸，厚度以0.5cm为一个变量，也获得了5组袖山高尺寸（表2-8）。

表2-7 不同变量的袖山高计算的袖肥尺寸　　　　　　　　　　单位：cm

袖窿圆高		减量	袖山高（OM）	袖肥（B_1B_2）
	1	−0.5	15.3	29.74
	2	−0.75	15.05	30.26
15.8	3	−1	14.8	30.76
	4	−1.25	14.55	31.24
	5	−1.5	14.3	31.71

表2-8   不同变量的袖肥计算的袖山高   单位：cm

袖窿宽（×2）	厚度（×2）		袖肥（B_1B_2）	袖山高（OM）
11.5 （23）	1	4（8）	31	14.67
	2	4.5（9）	32	14.13
	3	5（10）	33	13.56
	4	5.5（11）	34	12.94
	5	6（12）	35	12.26

在袖山高和袖肥的计算公式中，袖山高=袖窿圆高–（0.5~1.5cm），0.5~1.5cm是较合适的袖山高变化范围，袖肥=袖窿宽×2+厚度×2，4~6cm（厚度）是合体款袖子厚度合适的变化范围。表2-7和表2-8以袖窿圆高=15.8cm、袖窿宽=11.5cm为例，在0.5~1.5cm、4~6cm的变化范围内，参考图2-29的结构制图方法，依次计算并获得各自对应的袖肥或袖山高。表中标红的数据是经筛选后获得的、符合最优变化范围的、具有一定着装舒适度和美观度的袖山高与袖肥配比关系。表2-7排除了第1组数据，因手臂的一般围度是28cm，应给予手臂不小于2cm的松度量，而第1组袖肥小于30cm，故排除；表2-8排除了第3、第4、第5组数据，因为根据第3、第4、第5组的最优袖肥数据得出的袖山高，小于最优袖山高0.5~1.5cm差量的范围，故排除。在实际应用中，可根据实际需求决定使用哪一组数据进行袖山结构的设计。

袖基础型立体裁剪包括备布及画布、制作袖筒、袖底结构设计、袖山造型设计、缩缝量设计等步骤（图2-30~图2-36）。袖基础型立体裁剪备布与衣身相同，包括面料尺寸截取、经纬纱线方向整理、熨烫布料、画基础线。此款袖基础型采用袖山高优先的方法设计袖山、袖肥的配比关系（图2-30）。

（1）袖基础型备布及画线

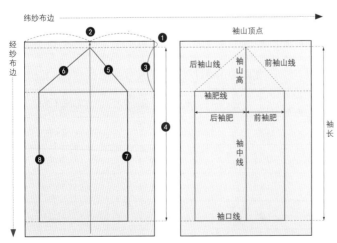

面料尺寸截取：

经纱：袖长+（5~10cm）的余量；纬纱：袖肥+（10~15cm）的余量

画布方法：

❶ 纬纱布边向下2~2.5cm确定袖山顶的位置

❷ 从布的上端二等分处向下画布中线

❸ 袖山高=袖窿圆高–1cm（1为此款袖子袖角度设计值，不是唯一一固定值，参考表2-8和表2-9）；从袖山顶向下量取袖山高尺寸，画出袖肥线

❹ 从袖山顶向下量取袖长，画出袖口线

❺❻ 从袖山顶向袖肥线前后分别量取前AH–0.5cm，后AH+0.5cm，确定袖肥宽度

❼❽ 从袖肥线两端向下垂直画前后袖缝线，连接袖肥与袖口

图2-30   袖基础型立体裁剪备布与画线

（2）袖基础型袖筒制作（图2-31）

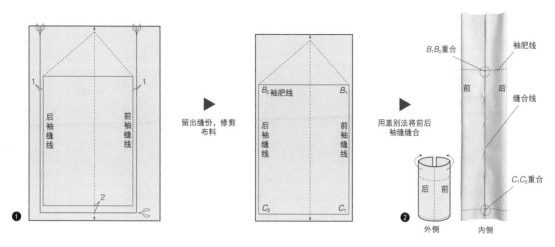

制作袖筒

❶ 前后袖缝线向上延长至布边，袖缝留1cm缝份，袖口留2cm缝份，粗裁袖片

❷ 前后袖缝从袖肥至袖口的位置，用盖别法固定缝合，形成圆柱形袖筒，注意袖子为右袖，画线面为布的正面

图2-31　袖基础型袖筒制作

（3）袖底造型设计

①袖子是一个筒状结构，具有一定的袖角度，无论是袖内侧还是袖外侧，都在塑造一个圆筒造型。图2-32是两种袖底的造型对比实验，当袖底曲线与衣身袖窿底曲度相同，袖底造型较平直；如果在衣身袖窿底的基础上设计一个差量，即可塑造一个自然的曲面的袖底结构，符合袖下手臂的结构形态以及筒状的袖型。因此，袖山底的弧度是在袖窿底弧度的基础上，通过设计差量形成的。差量的设计一般在袖肥线向上2.5~3cm处，前袖底线在前袖窿底线的基础上偏移0.5~0.8cm，后袖底线在后袖窿底线的基础上偏移0.3~0.5cm（图2-32）。

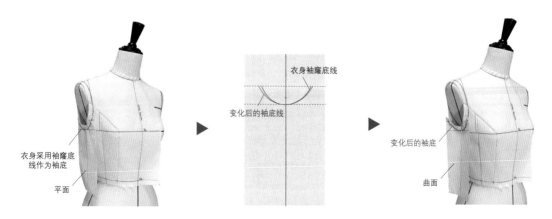

图2-32　袖底造型实验

②袖底结构设计与制作，如图2-33所示。

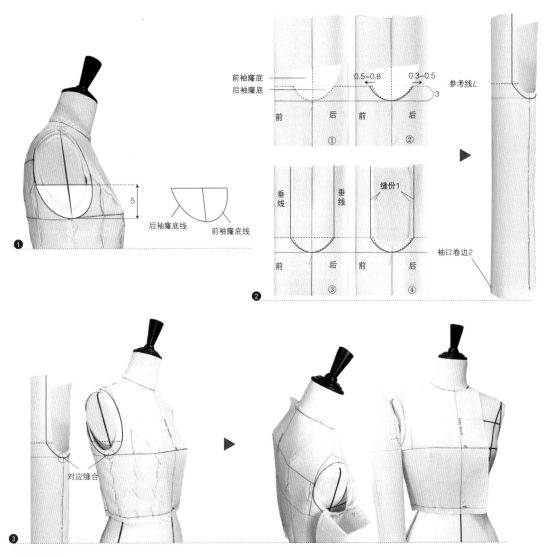

袖底结构制作

❶ 用纸或白坯布拷贝衣身袖窿底的弧线、袖前斜线（袖窿圆高线），拷贝至如图所示袖底向上5cm左右的位置即可

❷ 设计袖窿底与袖底的对应关系：将袖窿底片放置在袖底，袖缝线的垂线与袖前斜线重合，袖窿底对应在袖肥线上；前袖窿底对应前袖，后袖窿底对

应后袖；设计袖肥线向上3cm的参考线L，在参考线与袖窿底弧线相交的点，分别设计前袖0.3cm、后袖0.5cm的袖底差量，绘制袖底弧线；从袖底

弧线与参考线L的交点处向布边画垂线；沿垂线及袖底弧线预留1cm的缝份，将袖底部分修剪

❸ 将衣身袖窿底点与袖底点对应，同时与3cm参考线下的曲线对应，使用对别法固定袖底；注意袖底是与衣身袖窿底缝合在一起的，不要固定在人台

上，也不要超过3cm参考线

图2-33 袖底结构设计与制作

（4）袖山造型设计，如图2-34各图演示及方法说明

袖下区域没有缩缝量，衣身与袖底尺寸相等，因此在固定前后腋点的时候，注意保持腋

点以下部分袖子的平整，不要起皱；在折叠多余布料时，塑造肩部袖子的厚度与合适的
造型最重要，需使用肩部有曲面的、表现肩头造型人台，或者加入垫肩塑造肩部的球面
形态。

袖山缩缝量的设计，是在塑造肩头曲面的前提下进行的。肩头处的袖山曲线尺寸比衣
身袖窿线尺寸略微大一些，多的量即缩缝量。在立体裁剪塑造缩缝量的时候，既要观察肩
头造型，还需要控制缩缝量大小，缩缝量太小，曲面塑造不够，缩缝量太大，曲面会出现
明显褶皱，不美观。

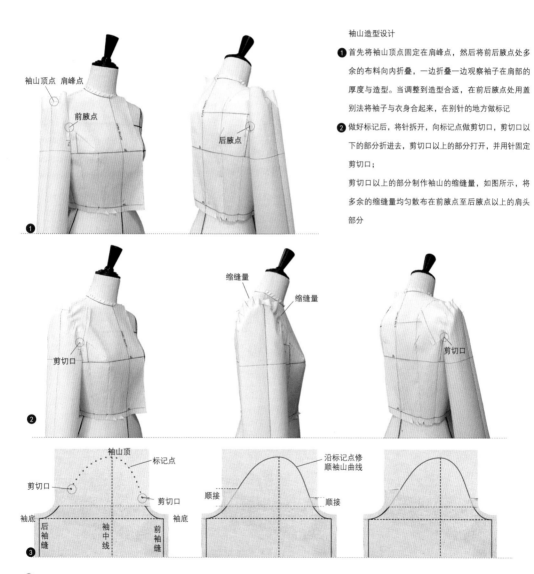

袖山造型设计

❶ 首先将袖山顶点固定在肩峰点，然后将前后腋点处多
余的布料向内折叠，一边折叠一边观察袖子在肩部的
厚度与造型。当调整到造型合适，在前后腋点处用盖
别法将袖子与衣身合起来，在别针的地方做标记

❷ 做好标记后，将针拆开，向标记点做剪切口，剪切口以
下的部分折进去，剪切口以上的部分打开，并用针固定
剪切口；

剪切口以上的部分制作袖山的缩缝量，如图所示，将
多余的缩缝量均匀散布在前腋点至后腋点以上的肩头
部分

❸ 大头针均匀固定好袖山缩缝量后，前后腋点上半部分在袖片衣身袖窿弧做标记点，然后取下袖片，把袖子展开呈平面状态
　　在平面状态的袖片上，将袖底和前后剪切口之间用直线顺接；袖山上半部分的标记符号，用曲线圆顺，并和下半部分的曲线顺接，形成完整
　　的袖山曲线；沿袖山曲线预留1cm的缝份，将多余的布料剪掉

图2-34 袖山造型设计与制作

（5）袖山缩缝量的设计见图2-35、图2-36

缩缝是利用面料经纬纱之间的空隙，通过使面料的一部分紧缩，另一部分隆起的工艺处理手法。因此缩缝量决定面料隆起的程度，即塑造球面结构的立体度。当缩缝量过小，肩部隆起不够时，造型会显单薄；当缩缝量太大，出现褶皱，会影响袖子肩部造型的平整度，过大和过小之间，是缩缝量的变化范围；缩缝量的设计，就是通过改变的袖子基本结构要素，寻找最合适的变化范围，确定最佳的缩缝量数据。图中表现了对于同一个袖子来说，不同结构要素的改变，都能影响袖山缩缝量的变化。

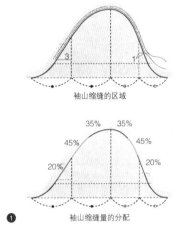

缩缝量设计：

❶ 袖山曲线完成后，在前袖中线与前袖山曲线间距1cm处，以及后袖中线与后袖山曲线间距3cm处缝线抽缩，确定袖山缩缝的区域。抽线的位置在净缝线以外，可根据需要设计1~2条抽线；缩缝量在靠近袖下的部分缩缝最少，袖山顶中部缩缝量最大

❷ 袖山的缩缝量做好后，测量袖眼与袖窿尺寸是否相等，相等时，可将袖子与衣身缝合，验证立裁的袖子与衣身是否匹配

图2-35　袖山缩缝量的设计

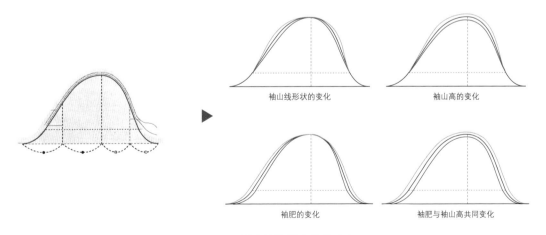

图2-36　影响缩缝量变化的因素

女上衣基础型立体裁剪造型完成（图2-37）。

图2-37　女上衣基础型立体裁剪造型完成图

2.4　基础型三维造型的二维分析

　　人体凹凸起伏的体表形态和以凸点为中心的体表角度是人体的主要形态特征，解决人体的体表角度、塑造平面面料的曲面化状态是服装造型设计处理二维平面与三维立体关系的关键。本节内容将2.2、2.3内容中立体裁剪的基础型通过平面的整理、测量和分析，获得衣身基础型、袖基础型各部位结构要素的尺寸数据和比例关系，通过数据分析，论述基础型的裁片与平面制图法的关系，为平面制图获得制板经验和推板方法，提升基础型结构设计的效率。

运用立体造型的直观方法将融入设计理念的服装款式呈现出来，并不断做出修正和缝制实验，获得理想的立体造型。通过将该立体造型按照内部结构线拆分、整理，并对各部位结构要素进行测量和数据分析，从而获得平面制图的经验。服装结构设计正是立体裁剪和平面制图两种方式穿插交替，共同形成高效的服装制板方法（图2-38）。

图2-38　三维造型的二维分析原理

2.4.1　衣身基础型三维造型与二维平面的转化

衣身基础型从三维造型到二维平面转化的具体操作是对立裁布样的整理和数据测量。需要将立裁过程中用大头针或缝合线固定的部分拆下，还原布样的平面形态，以此观察衣身基础型的二维平面特征。

立裁布样整理是白坯布状态的立体造型向成衣过渡的关键环节，通过在缝合线、省道线、衣片边缘线处描画小圆点做线性标记，使之拆开形成平面后，能够表现立体造型过程中结构设计的平面化状态（图2-39）。结构线处描画小圆点时，在线与线的交汇处用十字标做转折点标记。标记点不宜太大，否则降低立裁样板的准确度，所使用的笔尖越细越好。

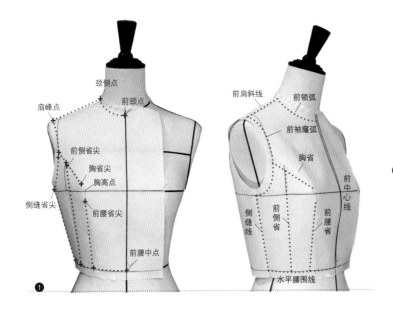

❶ 用点描画出前片领口弧线、肩线、前袖窿弧线、胸省、前腰省、前侧省、侧缝省和人台水平腰围线；人台领口为净颈围，在描点时将前颈点下落1.2~1.5cm，增加穿着的舒适度

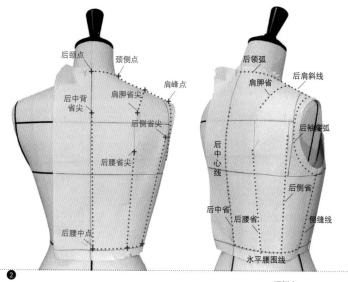

❷ 用点描画后片领口弧线、肩线、后袖窿弧线、肩胛省、侧缝省、后侧省、后腰省和人台水平腰围线，后中心线处收省，因此在布片上描画人台后中心线，确定后中省量和位置

❷

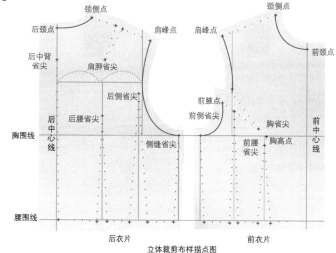

立体裁剪布样描点图

❸ 标记做好后拆针和线，还原立体造型的平面状态，同时轻轻熨烫布料，其平整状态便于对立裁布样做后续的整理；
根据十字标记点，用直尺或弧线尺把线性圆点标记连接，显示衣身的二维平面结构

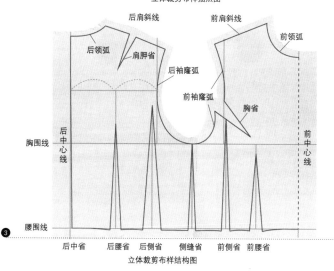

立体裁剪布样结构图

注：平面布样中灰色线迹为立裁前的画布线，红色线为立体造型的结构线

图2-39　衣身基础型立体造型描点取样

这组图展示了衣身基础型立体造型的描点和对布样的整理。基础型款式左右对称，故完成后的立裁布样结构图表现前身一半、后身一半的状态，通过图纸拷贝和加入缝份量即可后续制作成衣。从图中可以看出衣身基础型立体造型所对应的平面结构关系：

①将前后胸围在侧缝拼合并保持胸围线的水平状态时，前中心到后中心的间距称为"身幅"，身幅包裹人体的右半身，包含人体胸围所需的量，也包含背部突出的造型量以及人体运动的宽松量。

②以前后肩斜线的角度关系塑造肩部斜度，肩胛省塑造肩部立体度和背部的厚度。

③前后领口弧线对应前后颈根部。

④胸省塑造胸部立体造型。

⑤腰省是在身幅尺寸的基础上减去腰部的收缩量，塑造胸腰之间的倒圆台立体，与肩胛凸、胸凸共同塑造胸腰部、腰背部的立体形态。

⑥衣身的颈侧点、前颈点、后颈点、肩峰点与人体这些部位一一对应。

结构设计的两大方向是适体型和离体型，基础型表达基本的人体结构，因此基础型的二维平面化，也是人体的二维平面化。对基础型平面结构图的分析，除了了解三维立体与二维平面之间的结构对应关系，各部位结构要素的测量和数据分析也是关键。立体裁剪布样通过手工操作获得，对布样的数据分析，则通过扫描仪和计算机输入设备，将布样结构转化为CAD纸样，能够便捷准确地对布样进行测量。通过对基础型平面结构图的测量和分析，能够建立虚拟的人体数据模型，为衣身基础型二维结构制图提供参考数据。图2-40是衣身基础型立体造型布样图中测量的部位，包括长度测量和角度测量。在测量过程中，将胸省转移至前衣片肩峰点处，便于肩、袖窿等相关结构要素的测量，测量结果如表2-9所示。

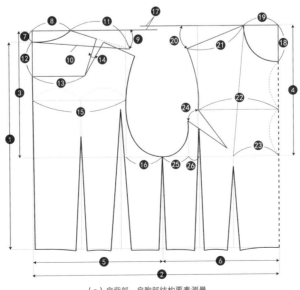

（a）肩背部、肩胸部结构要素测量

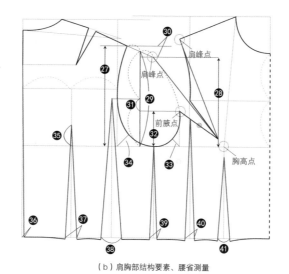

注：以胸省省尖为旋转中心，将位于前腋点的胸省转移至前肩峰点处，肩峰点打开形成三角形省量，原来在前腋点处的胸省合并。这种省尖不变、省位发生变化的结构处理方式称为"省道转移"，转移省道后的衣身廓型不变，结构线（主要是省线）位置发生变化。省道转移是常用的一种结构设计方式

（b）肩胸部结构要素、腰省测量

图2-40 衣身基础型测量部位

表2-9 衣身基础型立体裁剪布样图各部位结构要素测量尺寸表 单位：cm

部位名称	原型尺寸	部位名称	原型尺寸
❶ 背长	38	㉒ 前胸宽	16
❷ 身幅	48	㉓ 乳间距/2	9
❸ 后胸高	23.5	㉔ 胸省角度	17.7°
❹ 前胸高	24.5	㉕ 前袖窿宽	4
❺ 后胸围	25.5	㉖ 胸凸差	2.5
❻ 前胸围	22.5	㉗ 后袖窿深	19
❼ 后领深	2	㉘ 前袖窿深	17
❽ 后领宽	7.6	㉙ 平均袖窿深	18
❾ 后肩斜度	17.3°	㉚ 前后肩高差	2
❿ 肩宽/2	19	㉛ 前后腋点高度差	2.5~3
⓫ 后小肩宽	12	㉜ 前腋点位	6.2
⓬ 肩胛省深	8.3	㉝ 前袖窿底曲度	2~2.3
⓭ 肩胛省宽	10	㉞ 后袖窿底曲度	3.2~3.5
⓮ 肩胛省角度	10.5°	㉟ 后腰省尖位	4
⓯ 背宽	18	㊱ 后中省大	0.5
⓰ 后袖窿宽	7.5	㊲ 后腰省大	2.1
⓱ 前后胸高差	1	㊳ 后侧省大	4
⓲ 前领深	7.58	㊴ 侧缝省大	1.2
⓳ 前领宽	6.9、7	㊵ 前侧省大	1.7
⓴ 前肩斜度	21.7°	㊶ 前腰省大	2.5
㉑ 前小肩宽	12		

衣身基础型立体造型布样图测量获得的最终数据，是通过多次立体造型实验获得的平均值，每次实验所使用的人台、尺寸设定、使用的工具材料、画布方法与操作方法均相同，最大程度降低手工操作的误差。表2-9中：背长为后颈点至后腰中点的体表实长，基础型背长与人体背长相同。后袖窿宽加入了后背松量的宽度，比人体后袖窿宽大，前袖窿宽同理。前后胸高差为前胸高与后胸高的尺寸差，这一差值，随不同的体型（如挺胸体和驼背体）、体态而变化；胸凸差为前胸围-胸宽-前袖窿宽得出的数据，此数据与胸省量的大小有关。前袖窿深和后袖窿深指基础型衣片展成平面后，除去省道量，肩峰点至胸围线的距离；前后肩高的平均值也就是平均袖窿深，需要与肩线缝合后的圆形袖窿高（袖窿圆高）区别开；前后肩高差即前肩峰点与后肩峰点的高度差量；前后腋点高度差为2.5~3cm，因此在制图时可参考后腋点位置来确定前腋点水平位置。省大指腰围线处捏起的省量大小，腰部捏省的总尺寸参照基础型尺寸设计表中成衣腰围尺寸来制作，根据省线的垂直设计原理（见图2-19、图2-20）来控制不同部位省量的分配。

2.4.2 袖基础型三维造型与二维平面的转化

在袖子的立体裁剪过程中，因袖眼尺寸与衣身袖窿具有匹配关系，所以在制作时前袖窿弧线、后袖窿弧线已测量，并应用到袖山与袖肥的配比关系中；袖底形态也通过拷贝衣身袖窿底，设计出对应的袖山底。因此对于袖子来说，袖山高与袖肥的配比关系、参考线以下的袖子结构要素的尺寸是已知的，只有袖山上半部分的造型具有立体裁剪操作的不确定性，需要对袖山顶的弧线进行数据分析与测量。图2-41是袖子立体造型的二维平面转化图，从图中可以看出袖子的结构要素在立体与平面状态下的对应关系。

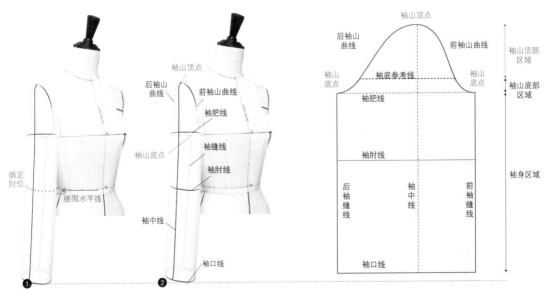

❶ 根据腰围水平线的位置，确定袖肘位，并做标记点；将袖子从衣身拆下，拆除缩缝线迹

❷ 将袖子布样展平熨烫，用直尺、曲线尺画顺结构线，完成袖子从三维造型向二位平面的转化

图2-41 袖基础型立体造型的平面转化

图2-42和表2-10是袖基础型平面图的测量要素
和测量结果。袖山高与袖肥的尺寸是通过衣身袖窿
圆高和袖窿宽的尺寸计算得出的匹配关系值（参照
图2-29），袖肘高参照人体上肢与躯干的比例关系，
人体自然站立时肘部与腰围线水平位接近，因此以
腰围水平线位置得出对应的袖肘位置。袖长尺寸为
设计值，前后袖山线为了获得相匹配的袖眼与袖窿
关系，以衣身前后袖窿弧的测量尺寸计算得出；袖
底参考线为设计值，一般在2.5~3cm；前后肩头宽
是侧面观察袖子时，肩头部位的宽度，位于袖窿宽
之上，肩头宽的尺寸决定袖山头缩缝量的大小以及
袖山造型的饱满度；前后袖山曲线是最终得出的与
衣身袖窿相匹配的袖眼尺寸（注意袖山曲线和袖山
线在结构图中的区别），袖山曲线尺寸与衣身袖窿
尺寸的差即袖山缩缝量。

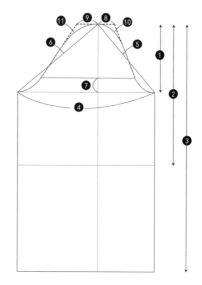

图2-42 袖基础型测量部位

表 2-10 袖基础型结构要素测量尺寸表　　　　　　单位：cm

部位名称	袖基础型尺寸	部位名称	袖基础型尺寸
❶ 袖山高	14.8	❼ 袖底参考线	3
❷ 袖肘高	32	❽ 前肩头宽	4.3
❸ 袖长	58	❾ 后肩头宽	5
❹ 袖肥	30.76	❿ 前袖山曲线	21.6
❺ 前袖山线	20.3−0.5	⓫ 后袖山曲线	24.5
❻ 后袖山线	22.5+0.5		

2.5 女上装基础型结构设计

平面制图是运用数据，通过在平面上画线的方法获得服装纸样。绘制过程中所使用的
数据来源于"经验值"。经验值可以是数字，可以是公式，也可以是代表长度的具体的物
（如一掌宽），代表服装结构要素的长度、宽度或角度，虽然是抽象的数据，但是表现在立

体的服装上，是千变万化的造型。服装的造型设计是在审美、社会文化、市场、人体、材料、工艺等多重因素下进行的，而经验值的数据是否合适与准确，也被这些因素不断验证，形成固定的经验值，并通过结构创新不断地创造出新的经验值（图2-43）。

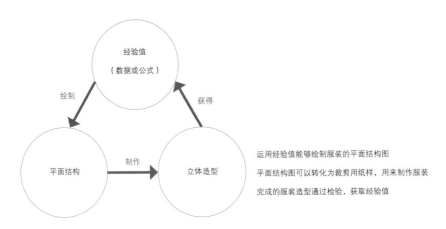

图2-43 经验值在服装结构设计中的作用

基础型的意义在于它表现服装的基本形态和人体的基本结构关系，是进行服装结构变化的工具，通过基础纸样能够快速、方便地进行服装纸样的系列化设计，因此一款好用的、合适的基础型，它的数据和制图方式是可以被使用者创作和修改的。而基础型数据的创作和修改，来源其立体形态、穿着舒适度和应用于结构设计的不断验证，本节接下来的内容，是在前一小节立体裁剪衣身基础型和袖基础型布样测量的基础上，通过数据整合，设计出一种便于绘制、应用高效、便于推板和工业化生产、覆盖率相对广泛的衣身基础型、袖基础型制图方法，为后面章节纸样的设计变化奠定基础。

运用平面制图的方式进行基础型衣身结构设计，其实质是运用经验值进行设计。因此有两种制图方法可供参考，一种为经验值的直接应用，即实测尺寸法，数据来源于人体和成衣；另一种是比例式制图，以人体某一部位的尺寸为依据，按一定的比例公式计算出其他部位尺寸。

2.5.1 实测尺寸法衣身基础型结构设计制图

实测尺寸是通过测量人体各个部位的结构数据，再结合服装的放松量，完成服装的结构制图。实测尺寸的部位与数据越多，绘制的结构图越精确。图2-44所示是与衣身基础型结构有关的测量部位，在实际制图中，测量部位的多少、数据的准确度以及数据的应用方式因制图者、测量者和被测者的差异而不同，本书以160/84A人台为测量对象，以红外水平仪、软尺、直尺、卡尺、角度计等为辅助测量工具，参考国际服装通用人体测量标准以及衣身基础型的款式结构需求进行测量，获得的数据见表2-11。

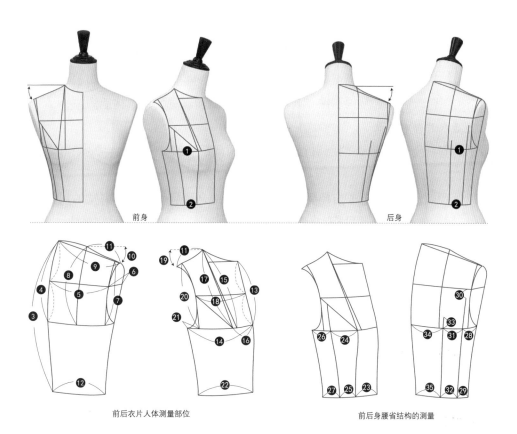

前身　　　　　　　　　　　　　　　　后身

前后衣片人体测量部位　　　　　　　前后身腰省结构的测量

图2-44　实测尺寸法制图的人体测量部位

表 2-11　实测尺寸法制图的人体测量部位尺寸表　　　　　　　单位：cm

部位名称	数值	部位名称	数值	部位名称	数值
❶ 胸围（整胸围）	84	⓭ 前颈点~胸围线	18.5	㉕ 前中侧腰围	5.1
❷ 腰围（整腰围）	66	⓮ 前胸围/2	21.5	㉖ 前侧胸围	5
❸ 背长	38	⓯ 颈侧~胸围线	24.4	㉗ 前侧腰围	3.8
❹ 后颈点~胸围线	21.5	⓰ 胸高~前中心	9	㉘ 后侧胸围	5.26
❺ 背宽/2	18	⓱ 颈侧点~胸高点	24.5	㉙ 后侧腰围	4.5
❻ 后袖窿宽	6.5	⓲ 胸宽/2	16	㉚ 后侧省尖位	2.5
❼ 肩斜线~胸围线	18.7	⓳ 平均肩斜度	19.5°	㉛ 后中侧胸围	6
❽ 颈侧点~胸围线	23.5	⓴ 肩斜线~胸围线	18.2	㉜ 后中侧腰围	4
❾ 肩宽/2	18	㉑ 前袖窿宽	3.5	㉝ 后腰省尖位	4~5
❿ 平均肩斜度	19.5°	㉒ 前腰围/2	16.5	㉞ 后中胸围	9.24
⓫ 后小肩宽	12	㉓ 前中腰围	7.6	㉟ 后中腰围	8
⓬ 后腰围/2	16.5	㉔ 前中侧胸围	7.5		

　　表2-11中的测量尺寸为不加松量的人体体表尺寸，因此在绘制结构图时，需要设计服装的放松量，成衣数据及松量设计参考表2-6。图2-45所示是运用实测尺寸法绘制的衣身基础型平面结构图（衣身基础纸样），图中序号与图2-44、表2-11中各部位标注序号一致。该平面结构图包含后衣片结构制图、前衣片结构制图和衣身腰省结构制图。

　　（1）**后衣片结构制图**

　　①平均肩斜度为19.5°，前后肩斜差为4°，因此后肩斜=平均肩斜-2cm，前肩斜=平均肩斜+2cm；

　　②以后颈点B为圆心，画半径为肩宽/2的圆，结合后肩斜及后小肩宽的尺寸，确定颈侧点N的位置，同时获得后领宽和后领深的尺寸；

　　③MO的距离减去人体测量出的肩斜线~胸围线距离，其差量是肩胛省量；省尖位置的横纵坐标可从人台上测量局部尺寸获得。

　　（2）**前衣片结构制图**

　　①结构图中后身胸围尺寸为背宽+后袖窿宽，前身胸围尺寸可以通过胸围/2+松量获得，也可以通过表中测量的人体前胸围+松量获得；

　　②前小肩宽参考后小肩宽尺寸，前肩斜度=21.5°；

　　③Q点到胸围的距离减去人体测量出的肩斜线~前胸围线距离，其差量是胸省量，省尖位于胸高点处。

　　（3）**衣身腰省结构制图**

　　①衣身基础型立体造型上的腰省省线与所在部位的腰围、胸围均垂直，因此平面图中的省中线与胸围线、腰围线垂直，结合省边线的对称原则以及省线之间测量出的胸围、腰围间距，即可画出腰部省道；

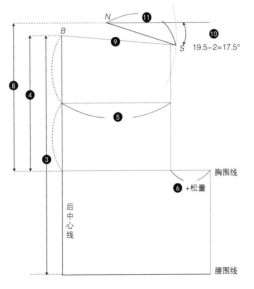
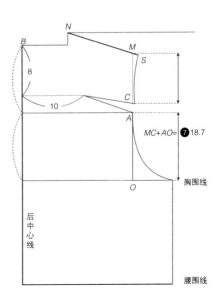

后衣片结构制图

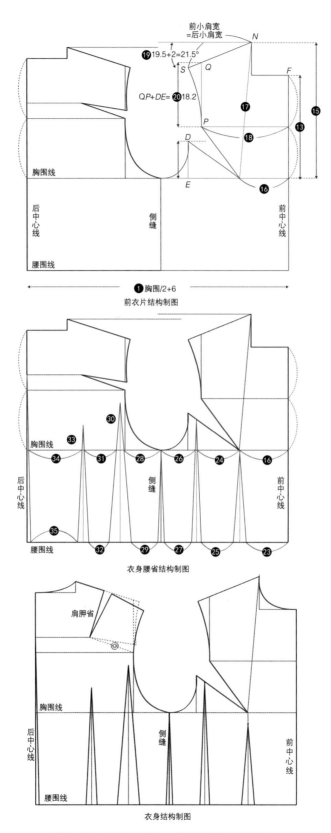

图2-45 实测尺寸法衣身基础型结构制图

②省线之间的间距尺寸是人体尺寸，在应用于基础型腰身时，需根据成衣尺寸加入松量。

（4）衣身结构制图完成

①根据前领宽、前领深和后领宽、后领深绘制领口弧线；

②制图完成后，根据上衣基础型款式需求将肩胛省转移至后肩线处。

实测尺寸法绘制衣身基础纸样，通过精确测量人体局部的数据，制图时加入设计松量而形成。实测尺寸法由于测量条件要求高、测量步骤烦琐和精细，因而绘制的基础型结构图与人体的适合度高。在实际应用中，针对不同体型的人，还需要重新对其进行测量并制图。

2.5.2　比例法衣身基础型结构设计

比例是指一种数量关系。在一对数量关系中，一个数量的变化总是伴随着另一个数量的变化而变化，那么这一对数量是成比例的。运用比例法绘制基础纸样，就是利用服装某一部位的尺寸与其他部位的数量关系设计比例关系式，求得其他部位的尺寸数据。比例法结构制图中，最重要的是比例关系中"比例基准"的确定，即以"谁"的尺寸为基准去计算其他部位的尺寸。例如在人体比例中，七头身比例，就是以头长的尺寸为比例基准，获得人体上半身、下半身或者全身长的尺寸；此外也有以手长、肩宽、足长等为比例基准的。在基础纸样结构制图中，比例基准指人体的净体尺寸，一般以身高、身长、背长、腰长、裤长等要素来作为结构图纵向长度的比例基准，胸围、腰围、臀围、肩宽、胸宽、背宽等要素作为结构图横向宽度的比例基准，不同类型的服装所采用的比例基准也会有差异。在选择比例基准时，一般上衣以胸围为比例基准计算服装横向结构要素，以身长或背长为比例基准计算纵向结构要素，但也有纵向尺寸使用胸围作为比例基准，下装以臀围为比例基准计算结构图横向结构要素的情况较多。无论将谁作为比例基准，目的是通过比例公式的设计，准确、快速地计算出结构图其他部位的尺寸。

比例基准在比例关系中是"分子"，即上文所说的身长、胸围、臀围等人体尺寸；"分母"为变化量，分子一般大于分母。假设背宽=$B/8+7.5cm$，背宽是结构要素，B（胸围）为比例基准，8是可变化的设计量，代表将胸围分成8份后，取其中的一份来设计背宽尺寸，7.5cm是背宽尺寸与胸围达成1/8比例关系后所加的调节量，让背宽尺寸更合适。在这个计算公式中可以看出胸围与背宽的比例关系为1/8，1/8也是推板系数，数值为0.125，代表胸围每增加1cm，背宽尺寸增加0.125cm。因此在设计分母时，需要综合考虑比例基准与结构要素的比例状态、不同号型的服装在这一部位的变化规律、调节量对结果的影响等。在上装中，较常用的推板系数有1/2（0.5）、1/4（0.25）、1/8（0.125）、1/16（0.0625）、1/20（0.05）等，系数越大，结构要素在比例基准中所占的比例就越大，比例基准与结构要素的相关性也就越大。例如，衣身基础型身幅的计算公式为$B/2+6cm$，采用1/2的推板系数；背宽计算公式为B/8+7.5cm，采用1/8的推板系数；后领宽计算公式为B/20+3.4cm，采用1/20的推板系数。从系数看身幅与胸围的相关性最大，后领宽与胸围的相关性最小，意味着随着胸围的变化（增大或减小），身幅受胸围变化影响最大，后领宽受胸围变化影响最小。因为对于人体来说，骨骼决定了人的高矮，肌肉、脂肪和皮肤决定人的胖瘦，人体胖瘦高矮的变化，并不是均衡地、等比例地改变，皮下脂肪的选择性沉积，使脂肪在人体各个部位的堆积不同，不同的人脂肪的生长情况也不同，因此人体每个部位都对应有不同的档差。例如从155/80A到160/84A号型，身高的档差变化为5cm，胸围变化为4cm，而颈围的变化为0.8cm，因此需要针对每一部位档差的差异性，来选择合适的推板系数进行公式设计和结构制图。

　　图2-46所示是衣身基础型立体裁剪布样图对应的结构要素及测量尺寸，接下来将通过分析基础型的测量尺寸，以胸围为比例基准，建立各个结构要素与胸围之间的比例关系，设计基础型制图的计算公式。前文所述，分子是固定值，设计胸围为分子；分母为变量，这一变量所产生的比例变化见图2-47，图中线段的总长代表胸围84cm，灰色阴影部分为不同变量的分母所形成的比例关系，图中共表示出1/2、1/4、1/6、1/7、1/8、1/16、1/20等几种比例，能够直观地感受到变量与比例基准之间的变化关系。从图中可知，分母越大，尺寸越小，因此对于尺寸较大、相关性强的结构要素，例如身幅、前胸围、后胸围，适合用1/2、1/4；对于尺寸较小、相关性弱的结构要素，例如领宽，适合用1/16、1/20。分母变量的选择，也跟推板系数相关，在设计计算公式时，除了考虑对应的经验值外，还要考虑不同号型之间的档差，考虑到公式在应用时覆盖率的广泛性。

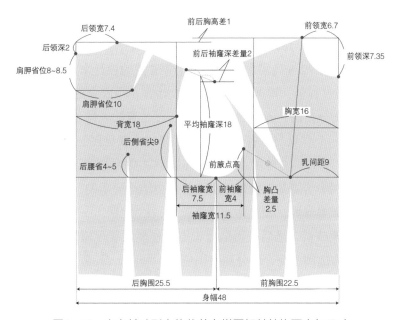

图2-46　衣身基础型立体裁剪布样图相关结构要素与尺寸

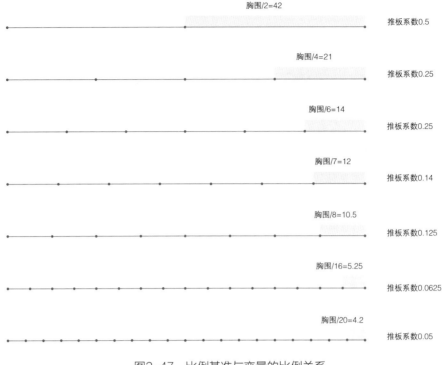

图2-47　比例基准与变量的比例关系

　　基础型胸围线以下通过一周的收省来塑造腰部的适体状态。腰部收省涉及胸腰差量，也涉及成衣尺寸，基础型腰围的成衣尺寸为72cm，相对66cm的人体净腰围，增加了6cm的松量。根据结构图测量的数据可知，腰省从前中心到后中心的身幅范围内，后中收省0.5cm，后腰收省2.1cm，后侧收省4cm，侧缝收省1.2cm，前侧收省1.7cm，前腰收省2.5cm，腰部收省一共12cm，身幅48cm减去12cm的腰省量，就能够得出成衣腰围一半的尺寸36cm，符合成衣总腰围72cm的需求。因此对于腰省量的设计来说，可总结为：身幅-半身成衣腰围=半身腰部收省量，根据这个公式可以计算一半衣身的总收省量是多少。腰部的六个省道并不是均衡分布的，省量的大小与其所在位置的人体角度有关，根据腰部省量的测量结果，结合每一个省量与总省量12cm的百分比，获得图2-48中腰部各省量的分配比例，以及前后身腰部省量的分配关系，为合体廓型衣身的省道设计与变化奠定基础。

　　表2-12是采用比例法绘制基础纸样过程中各部位结构要素的计算公式。设计方法是以表2-11的测量尺寸为数据参照，即立体造型经验值，以胸围84cm、身高160cm等为比例基准，设计比例系数和调节量，最后获得适合于不同号型服装可用的计算公式。表中围度、宽度结构要素以胸围为比例基准，部分高度则应用了胸围、身高两种不同的比例基准，在一些细节局部，例如后侧省尖位和后腰省尖位，则以平均袖窿深的尺寸为比例基准进行公式设计。在表2-12比例法基础型结构制图计算公式设计中：

　　①比例基准是比例关系中的已知数据，是比例关系的参照。一般情况下，结构要素是服装横向的宽度或围度，适合于选用同样是表示横向的比例基准；结构要素是服装纵向的

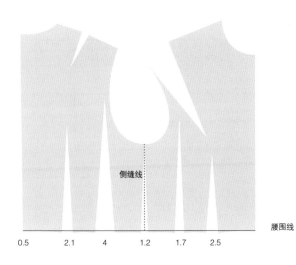

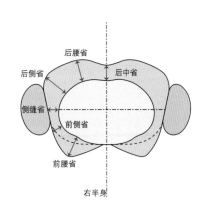

右半身总省量12

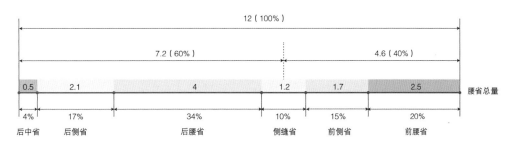

图2-48 衣身基础型腰部省量的比例分配

表2-12 比例法基础型结构制图计算公式设计 单位：cm

部位名称	数值	比例基准	系数设计	调节量	计算公式	档差
身幅	48	B（胸围）	1/2	+6	胸围/2+6	2
后胸围	25.5	B（胸围）	1/4	+4.5	胸围/2+4.5	1
前胸围	22.5	B（胸围）	1/4	+1.5	胸围/2+1.5	1
背宽	18	B（胸围）	1/8	+7.5	胸围/8+7.5	0.5
袖窿宽	11.5	B（胸围）	1/5	−5.3	胸围/5−5.3	0.8
胸宽	16	B（胸围）	1/8	+5.5	胸围/8+5.5	0.5
后领宽	7.6	B（胸围）	1/20	+（3.4~3.6）	胸围/20+3.4	0.2
前领宽	6.9	B（胸围）	1/20	+2.7	胸围/20+2.7	0.2
乳间距/2	9	B（胸围）	1/16	+3.75	胸围/16+3.75	0.25
背长	38	身高	1/5	+6	身高/5+6	1
肩胛省位宽	10	B（胸围）	1/16	+4.75	胸围/16+4.75	0.25

续表

部位名称	数值	比例基准	系数设计	调节量	计算公式	档差
前、后胸高差	1	B（胸围）	1/16	−（4.25~4.5）	胸围/16−4.25	0.25
胸凸差量	2.5	B（胸围）	1/80	+1.45	胸围/80+1.45	0.15
后胸高	23.5	身高	1/7	+0.64	身高/7+0.64	0.72
前胸高	24.5	身高	1/5	−7.5	身高/5−7.5	1
	24.5	B（胸围）	1/4	+3.5	胸围/4+3.5	1
后领深	2	B（胸围）	1/80	+0.85	胸围/80+0.85	0.05
前领深	7.58、7.6	后领宽	1	0	前领深=后领宽	0.2
后袖隆深	19	身高	1/10	+3	身高/10+3	0.5
	19	B（胸围）	1/8	+8.5	胸围/8+8.5	0.5
前袖隆深	17	身高	1/10	+1	身高/10+1	0.5
	17	B（胸围）	1/8	+6.5	胸围/8+6.5	0.5
平均袖隆深	18	身高	1/10	+2	身高/10+2	0.5
	18	B（胸围）	1/8	+7.5	胸围/8+7.5	0.5
肩胛省位深	8.3	身高	1/20	+0.3	身高/20+0.3	0.25
	8.3	B（胸围）	1/20	+4	胸围/20+4	0.2
前腋点位	6~6.2	身高	1/20	−2	身高/20−2	0.25
后侧省尖位	2.5~3	平均袖隆深	1/2	−（6~6.5）	平均袖隆深/2−（6~6.5）	0.25
后腰省尖位	4~5	平均袖隆深	1/2	−4~5	平均袖隆深/2−（4~5）	0.25
后中背省	0.5	半身腰省总量	4%	0	4%总省量	—
后腰省	2.1	半身腰省总量	17%	0	17%总省量	—
后侧省	4	半身腰省总量	34%	0	34%总省量	—
侧缝省	1.2	半身腰省总量	10%	0	10%总省量	—
前侧省	1.7	半身腰省总量	15%	0	15%总省量	—
前腰省	2.5	半身腰省总量	20%	0	20%总省量	—
后肩斜度	17.5°	平均肩斜度	1	−2°	平均肩斜度−2°	—
前肩斜度	21.5°	平均肩斜度	1	+2°	平均肩斜度+2°	—

注 表中档差是以胸围4cm、身高5cm为一个档差的变化为基准获得的数值；平均肩斜度=人体肩斜度−4，人体肩斜度见表1−10。

高度或深度，适合于选用表示纵向的比例基准；但只要两组数据具有对应的比例关系，并且满足服装号型的变化就可以使用，例如表中表现高度（长度）的结构要素前胸高、后领深、平均袖窿深等，采用了两种比例基准进行计算，最终两种方法获得的档差相同，结果相同。因此在不同的场合，都可以根据实际情况确定合适的比例基准进行公式设计；另外，比例法制图的目的是通过较少的人体测量，来尽可能多地获得人体其他部位的数据，以简化实测尺寸法制图的繁琐测体步骤，但比例法设计的结构图在号型的变化上是理想型的体现，现实生活中很多人的体型并不绝对标准，甚至特体体型也大量存在，因此在运用比例法制图的同时，可以参考实测的部分方法，两者结合起来使用。

②系数设计和调节量是变量，通过变量设计合适的比例关系，最终获得准确的制图数据。变量的设计关键是经验值和号型变化规律，表中系数和调节量均参考基础型立体造型的经验数值，以及《中华人民共和国国家标准GB/T 1335.2—2008 服装号型 女子》中各个号型系列的档差变化。对于比例法制图来说，对不同号型档差变化的掌握尤为关键，还是以背宽为例，表中背宽计算公式为$B/8+7.5cm$，档差为0.5cm，则155/76A号型的背宽为17.5cm，160/80A号型的背宽为18cm，165/84A号型的背宽为18.5cm；如果将1/8的系数改为1/5，那么计算公式为$B/5+1.2cm$，165/84A号型的背宽仍然为18cm，但是155/76A号型的背宽变成了17.2cm，170/88A号型的背宽变成了18.8cm，档差成了0.8cm，使小号服装的背宽偏小，大号服装的背宽偏大。因此系数设计和调节量是共同作用的，在设计时需要综合考虑结构要素的经验值以及计算结果形成的档差变化是否合适。

比例法制图的依据是号型标准，每种号型的人体尺寸表现了理想的、最大程度的群体体型覆盖率，各个号型之间也表现了人体从小码到大码逐次的、成比例的变化，这成比例的变化突出体现在身高、胸围、腰围等长度、宽度尺寸上，而表现立体度的角度量，例如肩斜度、胸角度和肩胛骨角度，则由于稳定不变的立体度，受号型变化的影响较小，因此表2-12中没有设计人体角度的计算公式，但可以通过几何画法或套用测量数据来绘制衣身的角度结构。

图2-49是采用比例法计算公式绘制的号型为160/84A的衣身基础型制图，其相关尺寸见表2-13，并参考表2-5立裁衣身基础型的尺寸数据进行设计。在制图过程中，有选择性地使用表2-12中与制图相关的结构要素计算公式，在保证制图准确性的前提下，一部分结构要素采用公式计算的数据直接制图，例如背长、胸宽、后领宽等；另一部分采用几何画法获得准确的结构比例关系，例如小肩宽的尺寸、胸省的画法等。

表2-13 衣身基础型结构制图尺寸设计　　　　　单位：cm

项目	胸围	腰围	肩宽	背长	平均肩斜	肩胛省
人体尺寸	84	66	38	38	23.5°~24°	11°
基础型尺寸	91	72	38	38	19.5°	10°

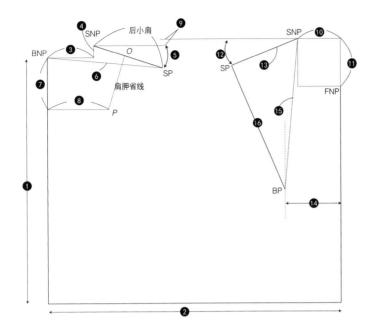

❶ 背长=38cm

❷ 身幅=B/2+6cm

❸ 后领宽=B/20+3.4cm

❹ 后领深=B/80+0.85cm

❺ 后肩斜度=人体平均肩斜-4°-2°

❻ 肩宽/2=18cm

❼ 肩胛省尖位深=B/20+4cm

❽ 肩胛省尖位宽=B/16+4.75cm

　　PO⊥SNP~SP

❾ 前后胸高差=B/16-（4.25~4.5）cm

❿ 前领宽=后领宽-（0.7~1）cm

⓫ 前领深=后领宽

⓬ 前肩斜度=人体平均肩斜-4°+2°

⓭ 前小肩=后小肩-0.3cm

⓮ 乳间距=胸围/16+3.75cm

⓯ 前胸高=B/4+3.5cm

⓰ 直线连接BP、SP

⓱ 前领弧线：以C点为圆心、SNP到C的距离为半径画圆，从颈侧SNP处向前颈点画弧线，弧线曲度接近圆弧曲度

⓲ 后领弧线：将前领弧线与后衣片沿肩斜线拼合，前后颈侧点重合，参照前领弧曲度画后领弧线，前后领弧线衔接圆顺

⓳ 肩胛省=10°；绘制角度时注意OP=O₁P，O~SP=O₁~SP，O₁~SP₁与O₁P垂直

⓴ 从O₁点向上画5°的角度线O₁SP₂，O₁SP₁=O₁SP₂

㉑ 背宽=B/8+7.5cm

㉒ 胸宽=B/8+5.5cm

　　SP₂点为后衣片肩峰点位置，根据后袖窿深-前袖窿深=2cm，可以找出前衣片肩峰点的水平高度线，记作L

㉓ 从BP点向L线上画直线BPSP₃，并且直线BPSP₃=BPSP，角SP₃-BP-SP为前衣片胸省

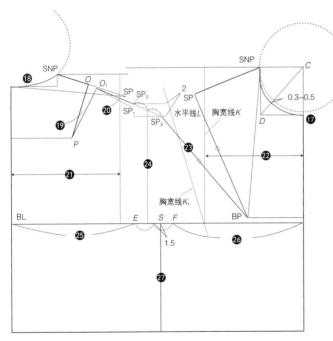

㉔ 胸宽线K₁为胸省合并转移后的胸宽线，是K经胸省边线SPBP省道转移至SP₃BP形成的

连接前后衣片肩峰点SP₂和SP₃，从连线二等分线处向下量取平均袖窿深B/8+7.5cm，绘制袖窿深线CL（Chest Line），在女装中也可称为胸围线BL

㉕ 后片净胸围=B/4-0.5cm

㉖ 前片净胸围=B/4+0.5cm

㉗ 线段EF是身幅尺寸减去前后净胸围后的胸部松量，将EF二等分并向右偏移1.5cm，确定点S，S点向下画出衣身侧缝线

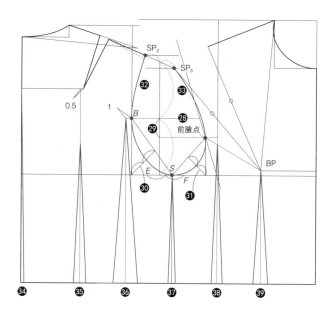

㉘ 平均袖窿深二等分点处画水平线，该线与背宽相交于B点，B点为后腋点

㉙ 后腋点向下2.5~3cm确定前腋点，也可采用前腋点高计算公式设计前腋点点位

㉚ 连接BS、S~前腋点；前袖窿底曲线弧度：角平分线二等分点处移动0.3~0.5cm

㉛ 后袖窿底曲线弧度：角平分线二等分点处移动0.2cm

㉜ 连接SP₂、B、S三点画后袖窿弧线

㉝ 连接SP₃、前腋点、S三点画前袖窿弧线
后袖底曲度较小，前袖底曲度较大，袖窿底部形状为向前倾斜的椭圆形

㉞ 后中省大4%总省量，省尖与肩胛省尖高度一致

㉟ 后腰省大17%总省量，位于肩胛省尖向内0.5cm处，省尖位于胸围线以上4~5cm

㊱ 后侧省大34%总省量，位于背宽线向内1cm处，省尖与平均袖窿深二等分水平线高度相同

㊲ 侧缝省10% 总省量

㊳ 前侧省15%，位于前胸宽线处，省尖在前腋点与BP的连线上

㊴ 前腰省20%总省量，省尖在BP垂直向下2~3cm处

㊵ 将前后袖窿曲线、前后领口线对合，检验曲线连接后的圆顺度

㊶ 连接SP2~A、SP3~B，两线相交于Q，连接QS

前袖窿弧线

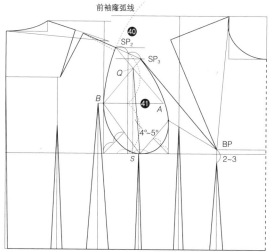

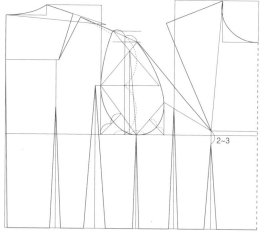

斜线QS是该衣身的袖窿圆高线，是装袖设计的关键；QS与垂线之间的夹角应在4°~5°，若超出这一范围，则需调整侧缝线的位置，否则将影响装袖斜度

㊷ 完成衣身基础型结构制图（图中红色粗线为完成线）

图2-49

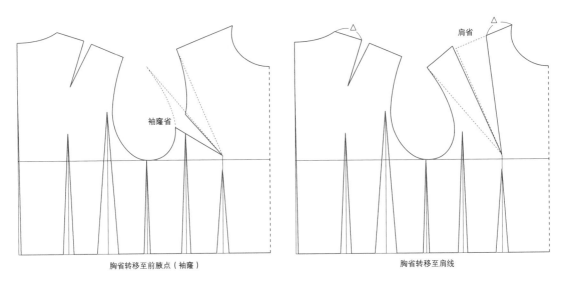

在应用基础型的过程中，胸省的位置可根据需要将其转移至袖窿、肩线或领口等处，形成袖窿省、肩省、领口省，应用方式较为灵活

图2-49 比例法衣身基础型结构制图

2.5.3 衣身基础型与文化式原型的对比

衣身基础型是在实践应用的基础上，以日本新文化式原型（后面简称文化式原型）的款式与原理为基础，对一些结构要素的尺寸大小、比例关系、推板系数、制图方式等多方面进行设计，使基础型的造型比例更符合中国人的体型特点，更适于服装款式的变化和生产应用。图2-50和表2-14是文化式上衣原型结构图及其尺寸设计。

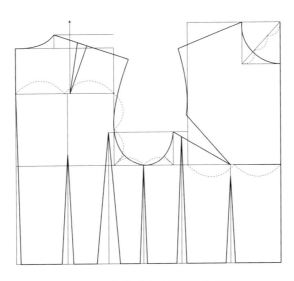

图2-50 文化式上衣原型结构制图

表2-14　文化式上衣原型尺寸设计

单位：cm

部位名称	比例基准	系数设计	调节量	计算公式	档差
身幅	B（胸围）	1/2	+6	胸围/2+6	2
前领宽	B（胸围）	1/24	+3.4	胸围/24+3.4	0.2
前领深	前领宽	1	+0.5	前领宽+0.5	0.2
后领宽	前领宽	1	+0.2	前领宽+0.2	0.2
后领深	后领宽	1/3	0	后领宽/3	0.06~0.07
背宽	B（胸围）	1/8	+7.4	胸围/8+7.4	0.5
胸宽	B（胸围）	1/8	+6.2	胸围/8+6.2	0.5
乳间距/2	胸宽	1/2	+0.7	胸宽/2+0.7	0.25
肩胛省	B（胸围）	1/32	−0.8	胸围/32−0.8	0.125
胸省	B（胸围）	1/4	−2.5	胸围/4−2.5	1°
后颈点至胸围线	B（胸围）	1/12	+13.7	胸围/12+13.7	0.3
颈侧点至胸围线	B（胸围）	1/5	+8.3	胸围/5+8.3	0.8

注　表中档差是以胸围4cm、身高5cm为一个档差的变化为基准获得的数值。

衣身基础型与日本文化式原型相比，结构与尺寸上的创新设计具体体现如图2-51所示。

注：红色为图2-49的衣身基础型；黑色为新文化式原型

图2-51　衣身基础型与日本文化式原型的结构对比

①后领宽与后领深比例关系：衣身基础型的后领深采用$B/80+0.85$cm、后领宽尺寸采用$B/20+$（3.4~3.6）cm计算得出，采用胸围84cm所得出的结果为1.9cm和7.6cm；文化式原型采用84cm胸围，计算得出的结果为后领宽7.1cm，后领深约2.4cm。从计算结果分析，对同一号型来说，衣身基础型的后领宽比文化式原型大0.5cm，将领宽加宽，在保证领圈适体的基础上，提高了服装颈围穿着的舒适度；另外，衣身基础型后领深与后领宽的比值接近1：4，文化式原型为1：3，相较而言文化式原型的后领窝挖得较深，而衣身基础型后领窝挖得较浅，使后身造型更为平服，同时后领部分的绱领角度也更合适。

②肩斜度：人体平均肩斜度是测量肩斜样本得出的平均值，为23.5°~24°。服装的肩斜度是在人体肩斜度基础上得出的，计算公式为人体平均肩斜度−4°，减掉的4°包括手臂上抬肩部的运动量以及肩斜的平均覆盖率，因此衣身基础型的平均肩斜度为19.5°，前、后肩斜度在平均肩斜度的基础上相差4°（表2−12）。

③前、后小肩结构设计。衣身基础型的后小肩根据肩宽尺寸，采用几何画法得出，保证了肩宽、小肩宽尺寸的准确度。日本文化式原型根据胸宽、前肩斜度设计前小肩宽，再根据小肩宽尺寸计算后小肩宽。

④肩胛省省量设计：衣身基础型的肩胛省采用经验值画出，省边线缝合后肩斜线呈直线状态。在号型变化的过程中角度不变，但是省量大小会随着身高、胸围的变化而变化；文化式原型的肩胛省量以胸围为比例基准使用计算公式得出，随着胸围尺寸的变化，不同号型的肩胛省量产生变化。在实际应用的过程中，可根据实际情况选择使用角度或者计算公式。

⑤背宽与胸宽尺寸：采用胸围84cm，文化式原型的胸宽为16.7cm，背宽为17.9cm；衣身基础型的胸宽为16cm，背宽18cm。相比较胸宽尺寸调整较大，衣身基础型比文化式原型胸宽小了0.7cm。胸宽尺寸变小，背宽尺寸基本相等，在结构上使袖窿宽尺寸增加，前袖窿向内挖得更多，这样的袖窿在装上袖子后手臂向前的运动更舒适，同时去掉了前袖窿底部多余的量，使前袖窿底部的衣身结构更为利落、服帖。

⑥前腋点位置的设计：文化式原型中前腋点位置根据肩胛省尖位与胸围线的距离，设计比例关系得出；衣身基础型的前腋点以平均袖窿深为基准设计比例关系。

⑦前、后身比例分配：文化式原型的侧缝线位于袖窿宽二等分点处，衣身基础型的侧缝以人体前、后净胸围尺寸的分配为基准，将胸围处多余的松量二等分，并向前偏移1cm。两者都保持侧缝的垂直状态，但最大的区别是侧缝线前移，前移的侧缝线使肩峰点与袖窿底点的连线呈现前斜状态，在装配袖子的时候能够形成袖子的前斜。衣身基础型侧缝位置的设计与袖子前斜设计保持一致，因此侧缝的画法还可根据4°~5°的前斜线与胸围线的交点来设计侧缝位置。

⑧胸省省量的分配：文化式原型胸省以公式（$B/4-2.5$）°得出。衣身基础型的胸

省根据前后袖窿深的差得出。在立体造型实验中，造型合适时展开的平面图前后肩峰点的高度相差2cm，因此可以此为经验值，作为设计胸省量的依据。2cm是调节省量的值，前、后肩峰点高度相差2cm，胸省量达到最大值，小于2cm，胸省量变小，胸部的松度量增加。胸围84cm，文化式原型的胸省角度为18.5°，袖窿处省大3.8cm，衣身基础型的胸省角度为17.15°，袖窿处省大3.2cm。从尺寸上看衣身基础型胸省角度稍小，在胸部留有少量的松量，增强穿着的舒适度，提高服装的覆盖率，同时更符合中国女性的体型。

⑨袖窿结构制图：文化式原型的袖窿弧线以后肩峰点、G线与后背宽的交点、袖窿底点、前腋点、前肩峰点为画线的关键点；衣身基础型袖窿弧线以后肩峰点、平均袖窿深水平线与背宽的交点、袖窿底点、前腋点、前肩峰点为画线的关键点。因背宽线交点位置不同，以及侧缝位置不同，文化式原型袖窿形状近似正椭圆，衣身基础型袖窿形状近似底部前斜的椭圆。底部前斜的椭圆形袖窿更有利于制作前斜状态的袖子。

⑩前后胸高差：颈侧点到胸围线距离为胸高尺寸，文化式原型前胸高为$B/5+8.3cm$，代入胸围84cm，得出前胸高为25.1cm，后胸高尺寸为$B/12+13.7cm+$后领深，得出后胸高为23.06cm，前、后胸高差共2cm。衣身基础型的前、后胸高差设计为1cm，是在考虑女性平均前胸高尺寸、前胸与后背的体态关系得出的，具有广泛的适用性。

⑪腰省省量的分配：文化式原型腰省省量分配从后中省到前腰省分别为7%、18%、35%、11%、15%、14%，前身共34.5%的省量，后身共65.5%的省量，因侧缝位置前移，衣身基础型前身腰省量占比40%，后身腰省量占比60%，根据立体造型的经验值及中国女性腰身的体型特征，从后中省到前腰省省量分配设计为4%、17%、34%、10%、15%、20%。

衣身基础型是在我国女装号型标准、服装的造型实践、产业化应用经验以及近几年女装流行风格的基础上进行尺寸设计、制图方法的设计，具有较高的体型覆盖率。衣身基础型对人体省量分布进行了合理的划分，袖窿和衣身松量也是基于装袖袖型进行设计的，这些都成为女装衣身、袖子的基础型，以及变化型展开的基本依据。

2.5.4　袖基础型结构设计

袖基础型结构设计的前提是把握衣身袖窿形态，袖窿形态影响袖子的前倾状态、装袖斜度和袖山部分的造型。设计中需要注意的是：前胸宽、背宽的尺寸比例关系影响袖子的前倾状态，背宽尺寸大于胸宽尺寸，从肩部体型特征和运动特点两方面考虑，袖窿从横切面看是一个向前倾斜的截面（图2-52）；从侧面看袖窿是一个底部前斜的椭圆截面，衣身肩峰点与袖窿底点的连线角度是一条斜线，此斜线影响装袖斜度（参考图2-25）；肩部的球面造型一方面由缩缝量塑造，另一方面也受袖窿上半部分曲线的弧度影响。

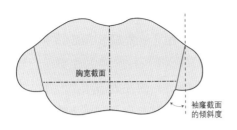 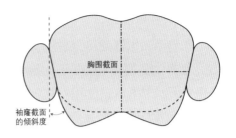

图2-52　袖窿截面向前身的倾斜角度

袖子的前斜角度和袖窿前斜有关，从上一节图2-49中可以看出，袖窿底点同时也是侧缝线的位置，因此侧缝线位置S点的设计以及QS的倾斜角度，直接关系到缩袖角度和袖前斜造型。图2-53是两种不同的侧缝位置制图设计，第一种方法是利用前后净胸围与身幅的差量设计的侧缝位置，测量QS的连线角度是否在4°~5°，如果角度合适，则侧缝位置准确[图2-53（a）]；第二种是在Q点上直接绘制4°~5°的角度线，与胸围相交，交点垂直向下即侧缝线[图2-53（b）]。

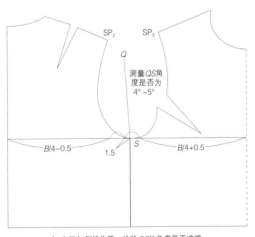 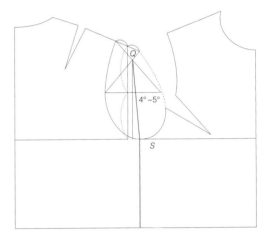

（a）已知侧缝位置，检验QS的角度是否准确　　　　　　　　（b）已知QS角度，从S点确定侧缝位置

图2-53　袖窿前斜角度的设计

袖基础型的结构制图为实测尺寸法和比例法并用。袖山结构中的前袖山尺寸、后袖山尺寸、袖山高、袖肥分别来源于衣身前袖窿弧（前AH）、后袖窿弧（后AH）、袖窿圆高、袖窿宽等结构要素，通过测量这些衣身部位的尺寸，考虑袖各结构要素之间的比例关系（图2-54），同时结合表2-10的立体裁剪袖子的测量结果，最后设计计算公式，公式设计见表2-15。

图2-55是与前述衣身基础纸样相匹配的袖子基础纸样，规格160/84A，袖长58cm，人体臂围28cm，各部位结构要素尺寸设计依据表2-15中的计算公式。袖基础型结构设计包括袖山基础结构、袖山曲线与缩缝量设计、袖筒结构三个部分。

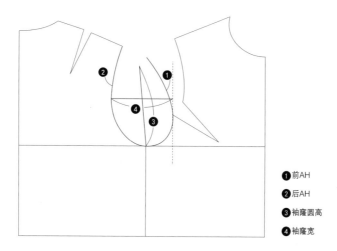

图2-54 衣身基础纸样中与袖子相关的结构要素

❶前AH

❷后AH

❸袖窿圆高

❹袖窿宽

表 2-15 袖基础型结构制图计算公式设计 单位：cm

部位名称	数值	比例基准	系数设计	调节量	计算公式	档差
袖长	58	身高	1/5	+26	身高/5+26	1
袖山高	14.8	袖窿圆高	1	−（0.5~1）	袖窿圆高−（0.5~1）	—
袖肥	30.76	袖窿宽	2	+（8~16）	袖窿宽×2+（8~16）	—
前袖山	19.8	前袖窿弧	1	−（0.5~1）	前袖窿弧−（0.5~1）	—
后袖山	23	后袖窿弧	1	+（0.5~1）	后袖窿弧+（0.5~1）	—
袖肘高	32	袖长	1/2	+（3~4）	袖长/2+（3~4）	0.75
前肩头宽	4.3	臂围	1/6	—	臂围/6	0.33
后肩头宽	5	臂围	1/6	+0.7	臂围/6+0.7	0.33

注 比例基准一栏中，除袖长和臂围尺寸为人体测量尺寸外，其余结构要素均为衣身袖窿测量尺寸；部位名称一栏中的
数据为表2-9中的立体裁剪袖子测量结果，是设计计算公式参考的经验值；表中档差是以身高5cm、袖长1.5cm、
臂围2cm为一个档差的变化为基准获得的数值。

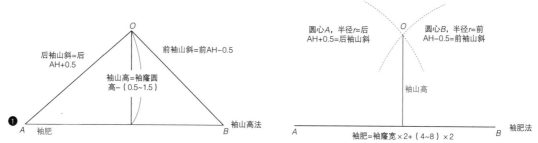

❶ 根据袖山高法或袖肥法设计袖山结构；

袖山结构设计与袖基础型立体裁剪中袖山高法、袖肥法相同，两种方法任其一进行制图；

袖山高法：以袖山高、前袖山斜和后袖山斜尺寸，画出袖肥尺寸；

袖肥法：以袖肥、前袖山斜和后袖山斜尺寸，画出袖山高尺寸

（a）袖山基础结构

图2-55

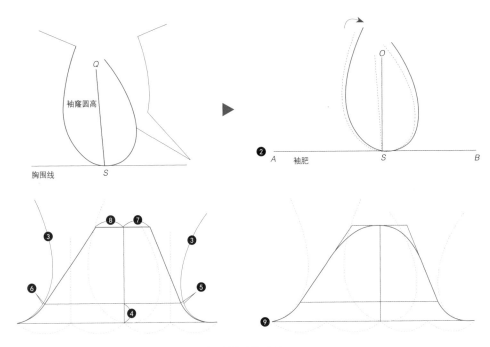

袖窿圆高

胸围线

Q

S

❷ A 袖肥 S B

O

❸ ❸

❽ ❼

❻ ❺

❹

❾

（b）袖山曲线与缝缩量设计

❷ 将衣身袖窿曲线拷贝至袖山部分；衣身袖窿底是一个前
倾的椭圆，袖子的前斜设计需要根据QS连线的斜度完成
装袖，因此制图时袖中线与袖窿圆高线QS斜度保持一致

❸ 前后袖窿弧线分别对称至前后袖底

❹ 袖肥线水平向上2.5~3cm，画袖底造型的参考线

❺ 在前袖底参考线上设计袖山底与袖窿底的差量0.5~
0.8cm；

❻ 在后袖底参考线上设计袖山底与袖窿底的差量0.3~
0.5cm；

❼ 前肩头宽设计=臂围/6

❽ 后肩头宽设计=臂围/6+0.7cm

❾ 完成袖山曲线绘制，测量袖山曲线尺寸，根据袖窿曲线
尺寸核对缩缝量，并调整袖山曲线曲度

❿ 袖长58cm

⓫ 袖肘线=袖长/2+（3~4）cm

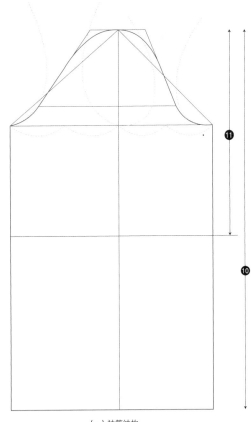

⓫

❿

（c）袖筒结构

图2-55　袖基础型结构制图

图2-56是采用比例法绘制的衣身、袖子基础纸样的白坯布样衣效果。

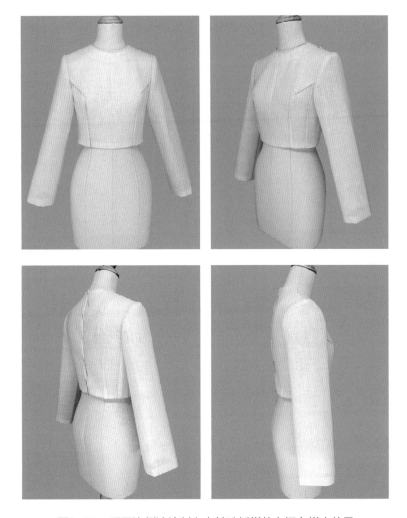

图2-56 采用比例法绘制上衣基础纸样的白坯布样衣效果

上衣基础型是合体廓型，这种合体状态与人体体表存在着空间关系，主要表现在：衣身胸围与人体胸围之间的空间，衣身腰围与人体腰围之间的空间，衣身领口与人体颈围的空间，衣身袖窿与臂根的空间，袖肥与臂围之间的空间，袖口与腕围之间的空间。

衣身基础型形态近似人体，但在尺寸上又不同于人体。基础型与人体的空间差量，对于平面结构设计来说是数据设计的结果，对于立体裁剪来说是造型设计的结果。对基础型的了解与运用，建立在对平面数据的理性把握和立体造型的视觉化感知，是两者双重作用的结果。对基础型的研究，不仅是基础款式的结构制图，还涵盖了对人体构造、运动变化特征的研究、不同号型尺码变化规律的研究和对未来款式设计方向、方法的研究等。基础型不是一个单一的款式，而是过渡性质的媒介，在基础纸样上进行设计变化的时候，在平面上是改变线条的形状和尺寸，在立体上是改变服装的外观和形态。因此，运用基础型进行衣身或袖子的结构设计时，需要了解基础型与人体之间的空间关系及精确的数据差量，才能在基础纸样上进行数据与尺寸变化，完成创新款式的结构制图。在这一点上，基础型尺寸的准确度与造型的适体度是所有服装结构变化的前提，奠定了服装结构设计规律性和系统性的基础。

第 3 章 衣身结构设计原理

3.1 女上装衣身构成原理

本书所指的服装构成指结构的构成，是轮廓、内部结构、整体造型的综合表现。服装结构是服装构成的结果，服装构成强调服装结构的表现方式和过程。平面布料的二维特性以及柔软、可折叠的物理性能，使服装与其他立体形态不同。服装运用片状材料，通过省道、分割和皱褶塑造不同的平面、曲面形态，塑造柔软的壳体结构，表现壳体的空间量感、壳体与人体的空间关系、着装后的动态关系等；造型过程中的省道线、分割线、皱褶线则留在服装表面，形成服装的"结构线"。服装结构具有立体和平面的双重要素，从立体角度（服装实物）看衣身的构成是通过线、面来形成衣身的体块关系，从视觉上直观地表达立体与人体之间的空间造型；从平面角度（纸样、结构图）看衣身的构成是通过线、面来形成二维平面图形的有序排列和组合，这种排列与组合借由数据、尺寸、设计因素，从视觉上抽象表现立体与人体之间的空间关系。

衣身结构包括肩、胸、腰、臀四个部分，它与人体的空间关系表现为适体型和离体型。不同的衣身廓型对应不同的结构构成。廓型变化是衣身变化的基础，当衣身构成与廓型形成稳定的对应关系，就能够在多样的结构变化中找到结构制图的规律，使结构设计变得相对容易。

3.1.1 衣身构成与服装造型原理

无论是表现为立体结构的服装造型，还是表现为平面结构的纸样图，都存在省道、分割和皱褶的应用，三者是服装立体塑形的基本手法。第二章的衣身基础型和袖基础型运用省道进行衣身合体形态的塑造，在侧缝、肩线、袖缝和装袖线处采用分割的形式来组合衣身和袖子。衣身基础型的省道形状多为三角形，塑造单一凸起的立体外观，随着造型变化的丰富性，省道的形状也产生了多样的变化，例如菱形省道、曲线形省道等，省道形状不同，塑造的立体形态也就不同（图3-1）。在省道的实际应用中，需根据立体造型的需求设计相应的省道结构。

分割与省道的最大区别是布料的完整性不同。在一块布上可以设计多个省道，而分割则是将一块布分成两个或多个布块。分割将分开的两布片进行缝合，缝合线即为分割线。从造型的角度看，分割线包括立体分割和平面分割，立体分割的两条缝合线形状具有对称性或差异性，使两个布片在平面状态下具有相互分离或重叠的属性，在缝合后能够塑造三维空间的立体形态，因此立体分割的形式是运用分割线进行立体造型；平面分割的两条缝合线形状平行且互补，缝合后的表面是二维平面性质的，不塑造立体空间，分割线形成线性的装饰外观，以体现线条之间疏密、曲直的韵律之美为设计目的，或是表现面料之间拼色、拼质的外观效果（图3-2）。

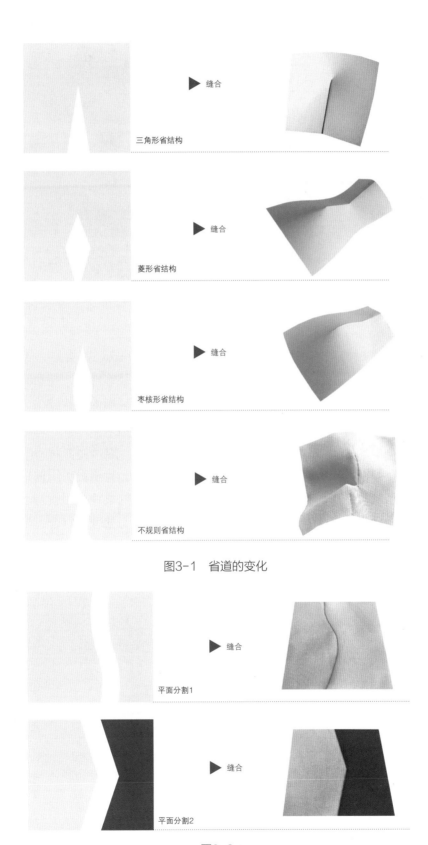

图3-1　省道的变化

图3-2

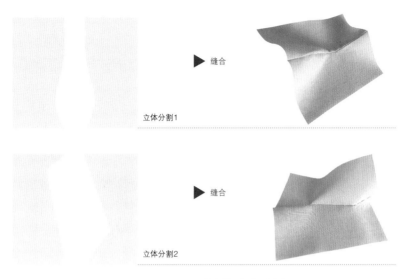

图3-2　平面分割与立体分割

　　皱褶是服装造型的重要手法之一。省道和分割线多形成严整均匀、表面平滑的外观，皱褶则塑造多层次的立体效果，变化丰富，节奏感、装饰性强，是女装中的典型结构要素。皱褶是布料受力而表面发生弯曲，产生规则或不规则的线状波纹，波纹凸起部分为波峰，凹进部分为波谷；皱褶的基础是折叠，折叠包括曲线折叠和直线折叠，曲线折叠塑造三维形态，直线折叠塑造三维形态和平面形态，三维形态表现为立体造型和空间量感，平面造型则表现为线状的褶皱肌理效果（图3-3）。将褶量运用抽褶、叠褶、悬垂等不同的造型处理方法，会形成不同的皱褶形态。皱褶的设计应用就是通过不同的造型方法，再加上褶量的变化、施褶部位的不同、褶线的形态处理与组合，形成皱褶多样化的设计与运用。

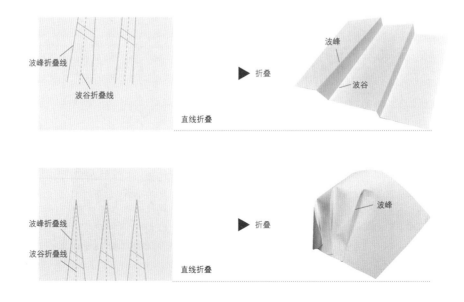

图3-3 皱褶的折叠原理

省道与分割线通过两条缝合边形状的差异性完成空间量感的塑造，皱褶则赋予空间量感以视觉肌理和装饰效果，因此衣身构成是基于一定的材料属性，用省道、分割线、皱褶塑造适合人体或远离人体的立体造型，并表现出相互呼应的内部结构和廓型状态。

3.1.2 基于人体躯干的衣身廓型分类

服装是人体的第二层皮肤。衣身是服装的主体部分，包裹人体的躯干部。肩宽、胸围、腰围、臀围尺寸是控制躯干部分体型变化的要素，同时也是衣身廓型变化的关键部位。

图3-4是人体肩、胸、腰、臀部分的水平断面重合图，从图中可以看出，肩胸、肩臀、胸臀部位的围度尺寸较接近，腰围是躯干部最细的区域，肩腰、胸腰、腰臀尺寸差较大。本书在第二章人体尺寸表中所列胸围84cm、腰围66cm、臀围91cm，此外测得以肩关节为测量点的水平肩部围度是86cm，可知肩胸差量2cm，肩臀差5cm，胸臀差7cm；肩腰差20cm，胸腰差18cm，腰臀差25cm。因此人体躯干部是以腰部为收缩区域的沙漏造型，肩胸部和臀围是沙漏型的两端。包覆躯干部位的服装廓型，就是基于人体的沙漏造型，形成适体型或离体型的廓型变化。

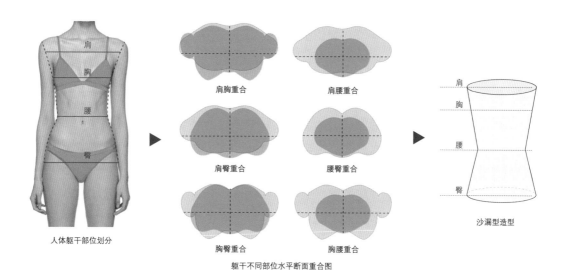

图3-4 人体躯干部结构特征

　　适体型服装的肩、胸、腰、臀部位尺寸贴合人体，或在人体尺寸的基础上加入适度的松量；离体型服装肩、胸、腰、臀部位的尺寸较大，使服装与人体体表产生较大的空间。因衣身部位的结构变化包括肩、胸、腰、臀四个要素，其廓型变化可分为表现人体自然曲线的沙漏型（X廓型）、肩胸、腰、臀部尺寸接近的箱型（直线型或H廓型）、肩胸部尺寸合适底摆加大的梯型（A廓型）、夸张肩胸部尺寸的倒梯型（T廓型），以及腰臀部尺寸加大底摆收缩的椭圆型（O廓型）等。正是服装与人体的空间关系所形成的不同的廓型，影响着衣身的结构构成（图3-5）。

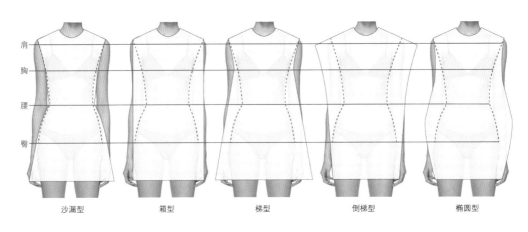

图3-5　衣身廓型分类

3.1.3　衣身的基础构成

　　廓型影响衣身构成的方式，不同的衣身构成，对应不同的省道、分割线、皱褶的应用方法。无论哪种廓型，衣身结构线的排列形式不受限制，可形成横向、纵向或斜向等多个方向，而不同的结构线，又将衣身划分为不同的立体的面。从立体的面的角度将衣身的基础构成进行划分，可分为表现六个立体面的构成、表现四个立体面的构成、表现三个立体面的构成和表现两个立体面的构成（后文简称为六面衣身构成、四面衣身构成、三面衣身构成、两面衣身构成）见图3-6。面的划分是以衣身的一半为基础，即前后中心的半身构成，本章后文所说的不同面的构成，都是指前后中心的半身构成。衣身构成由纵向的省道线、分割线表现，是因女装衣身的结构特点、面料、视觉审美、结构设计方法决定的：

　　①衣身基础型的腰省是纵向结构，通过纵向的省道表现胸腰之间的造型关系，在衣身的基础构成中采用纵向分割，能够更好地应用基础型，形成从衣身基础型到衣身不同构成的结构设计规律，衣身基础型属于表现六个立体面的构成形式。

　　②面料的经纬纱性能不同，结构线位于经纱、纬纱还是斜纱方向，对服装的造型会产生很大的影响。除特殊织造的面料外，一般的面料经纱捻度大，较硬挺，纬纱捻度小，强度小，斜纱则弹性大，不稳定。在传统的女装结构中，因经纱硬挺稳定的性能，运用纵向

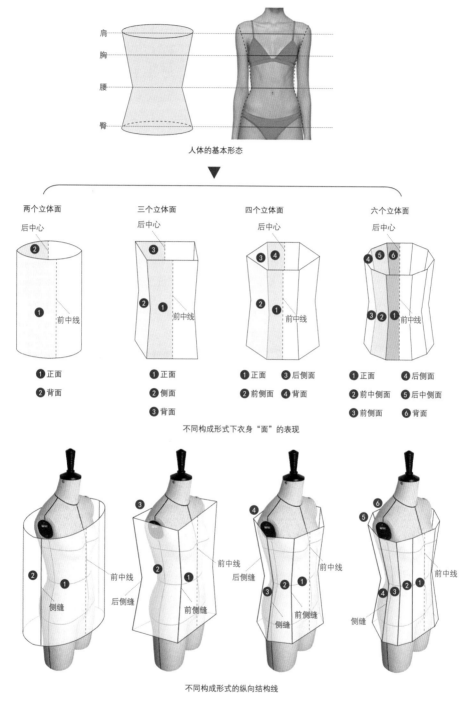

图3-6 衣身的基础构成

分割进行衣身的构成设计最为常见，完成的服装在造型上也更稳定平衡。

③纵向的线条在视觉上产生向上向下的张力，强调"长"的视觉影响；横向的线条在视觉上产生左右方向的伸展力，强调"宽"的视觉效果。因此衣身的基础构成，采用纵向分割，在视觉上塑造修长的衣身比例关系。

④纵向分割易于从胸腰差、胸臀差、腰臀差的角度考虑结构制图方法。结构制图离不开对人体尺寸的把握，胸围、腰围、臀围的尺寸容易获得，对于个人来说，结合国际通用的测量标准，使用简单的卷尺工具即可测量这些部位的尺寸，通过这些尺寸，能够了解每个人的胸腰差、胸臀差和腰臀差，并在此基础上应用纵向分割，完成不同廓型的衣身结构制图。

使用平面的、弹性较小的面料时，衣身的纵向结构线越多，越能塑造合体的曲面结构。纵向结构可以是自上而下的分割线，也可以是表现胸腰臀结构的纵向省道、皱褶。在本书的基础构成中，一般以分割线和省道的应用为主。

图3-6中可以看出，六个立体面的半身构成在前、后衣身各有两处纵向结构线，加上侧缝共由五条结构线形成了六个面；多面构成不仅能塑造单曲面，还能塑造复曲面，形成的合体造型最好。在六面构成的基础上，还可以在一半衣身上继续进行分割，形成七八个立体面的构成，因六面构成已能塑造很适体的服装造型，因此作为最合体类衣身的基础构成形式。两个立体面的半身构成只有1条纵向结构线，一般塑造宽松的服装廓型，如果这一条纵向结构线为直线，也可将前后衣身的侧缝拼接，使衣身成为完整的一块布，环形包裹人体。三个立体面的半身构成有2条纵向结构线，形成3~4个面，能够塑造较宽松和较适体的衣身廓型，一般以分割线和省道组合的形式表现，也可以采用分割线的形式。四个立体面的半身构成有3条纵向结构线，形成四个面，能够塑造较适体的衣身廓型，同样以分割线和省道组合的形式表现，或者全部采用分割线的形式。

第二章所讲的衣身基础型包含肩胸、胸腰部分的结构关系，而四类衣身的基础构成包含了肩胸、胸腰、腰臀、肩腰、肩臀、胸臀之间的结构关系，是不同廓型的服装展开结构设计和变化的基础。

3.2 六面衣身构成

六面衣身构成的形式源于第二章的衣身基础型。基础型由前腰省、前侧省、侧缝省、后侧省、后腰省、后中省六个部位收省构成，通过五条纵向省道线分别塑造正面、前中侧面、前侧面、后侧面、后中侧面、背面六个立体的面，衣长及腰，形成自然表现人体肩胸部、胸腰部的合体造型。衣身结构中，臀围也是结构设计参考的重要指标，因此六面构成是在衣身基础型上加入臀围要素形成的。

衣身基础型表现的是胸腰关系，增加臀围要素后，衣身不仅表现胸腰关系，还要表现腰臀关系、胸臀关系。将衣身基础型转化为表现胸腰臀关系的衣身，一是三围的尺寸关系设计，二是衣长的设计。图3-7是基于衣身基础型的衣身"六"个面的区域划分，图中灰色、红色区域分别代表不同的面，面与面之间为结构线。人体胸围、腰围、臀围之间具有的尺寸差，表现在立体结构上，塑造人体的沙漏状造型，表现在平面结构上，就是衣身纵向结构线的省量设计、各衣片之间的重叠量设计。此外，虽然女性人体的臀围＞胸围＞腰围尺寸，但在不同部位的纵向结构线中，人体胸、腰、臀的体表形态却并不相同，例如对于标准体型来说，前腰省处胸部最高，腹部相对平坦；侧面胯骨最突出，而胸围处的高度相对收缩，这些增加了衣身结构设计的复杂程度。

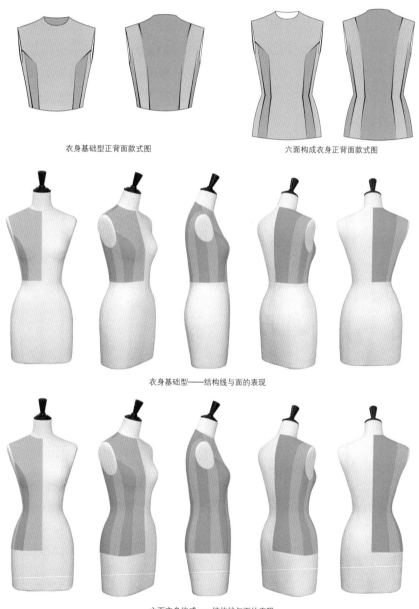

衣身基础型正背面款式图　　　　　　　　　六面构成衣身正背面款式图

衣身基础型——结构线与面的表现

六面衣身构成——结构线与面的表现

图3-7　六面衣身构成原理

3.2.1 六面衣身构成的省道原理

省道是合体廓型的造型基础。衣身基础型的省道形状为三角形，塑造胸背部突出、腰部收细的倒圆台造型，省尖一般指向凸点，省大一般指向凹陷区域；加入臀围要素后，衣身塑造的是沙漏状造型，与衣身基础型的省道形状有很大的区别。

图3-8是参考衣身基础型设计的衣身结构区域的划分，在160/84A规格人台上设计衣身纵向结构线的位置，将衣身基础型结构线自腰部向下延长至臀围，分别与对应区域的臀围线垂直。表3-1表现的是各结构线处的人台胸腰高度差、腰臀高度差、胸臀高度差，高度差指在同一纵向结构区域，不同水平线位置的人体凸、凹点间的投影距离。图3-9是肩、胸、腰、臀的水平断面重合图与纵向结构线的位置关系图，该图能够清晰表现各纵向结构区域不同水平位凹、凸点的投影距离。表3-1是在胸围84cm、腰围66cm、臀围91cm的160/84A规格的人台上，采用卷尺、直角尺、水平仪、取形归、杆状计测器等工具综合测量获得的胸腰高度差、腰臀高度差、胸臀高度差，当体型发生变化，该结果也会随之发生变化。表3-1中，因人体前半身、后半身体态不同，前身凸起区域在胸高，后背凸起区域在背宽，因此后半身的胸腰高度差、胸臀高度差关系中的胸围要素，指的是后背的背宽区域，而不是后背胸围区域。表中根据各部位水平断面重合图，获得六面构成不同部位纵向结构线处在胸腰臀三个部位的高度差和高度对比关系。体表不同部位的高度特征，是六面衣身构成省道设计的重要参考。

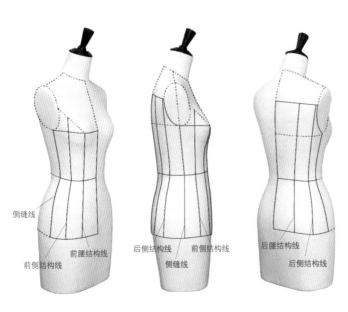

图3-8　衣身纵向结构线的分布

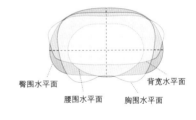
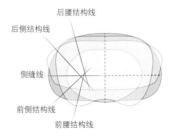

图3-9　纵向结构线与肩、胸、腰、臀的关系

表 3-1　纵向结构线在胸、腰、臀水平位的高度差　　　　　　　　单位：cm

项目	水平断面重合与高度差			
	胸腰水平断面	腰臀水平断面	胸臀水平断面	体表高低状态分析
前腰纵向结构线				前腰纵向结构线处，胸最高、腰最低
差值	3.5	1.7	1.4	
前侧纵向结构线				前侧纵向结构线处，臀最高、腰最低
差值	3.5	5	2.3	
侧缝线				侧缝结构线处，臀最高、腰最低
差值	3.4	5.4	3.2	
项目	水平断面重合与高度差			
	腰背水平断面	腰臀水平断面	背臀水平断面	体表高低状态分析
后侧纵向结构线				后侧纵向结构线处，背部最高、腰最低
差值	6.2	5.7	0.6	
后腰纵向结构线				后腰纵向结构线处，臀最高、腰最低
差值	3.2	5.5	1.8	
后中线				后中线处，臀最高、腰最低
差值	1	3.6	3	

注　表中测量人体为160/84A标准规格的人台，当人体形态发生变化时，表中数值也发生变化；在应用中可作为参考数据。

（1）六面构成衣身的省道关系

六面衣身构成的廓型特征是胸、腰、臀部位的适体性，参考第二章衣身基础型省道分析的贴体裹布实验，将腰臀部位也进行相应的实验，能够获得各纵向结构线处腰与臀之间的省道关系，通过与上半身的省道关系对比，最终获得六面构成的衣身省量分布关系，实验过程如图3-10所示。

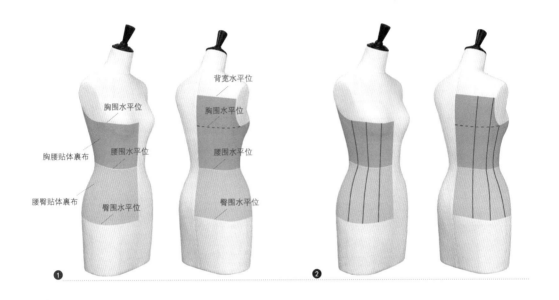

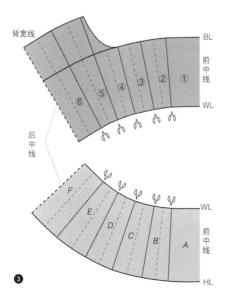

❶ 上半身裹布的区域与衣身基础型省道设计原理部分相同，在人台上制作前中心到后中心的裹布，前身上至胸围水平线、下至腰围水平线，后背上至背宽水平线、下至腰围水平线，布料从前中心向后中心围裹成合体状态；下半身的裹布上至腰围水平线，下至臀围水平线，从前中心向后中心围裹

❷ 根据前述六面构成衣身纵向结构线位置的分布，并参考基础型衣身腰省位的分布，将结构线画在上半身和下半身的裹布上

❸ 分别取上半身、下半身的贴体裹布，将其展开形成平面状态，同时摆正前中心线，上半身获得下弯的扇面结构，下半身获得上弯的扇面结构；平面状态下的纵向结构线仍然与胸围线、腰围线、臀围线呈垂直状态；将贴体裹布沿纵向结构线剪开，上下身分别获得六个剪开的衣片

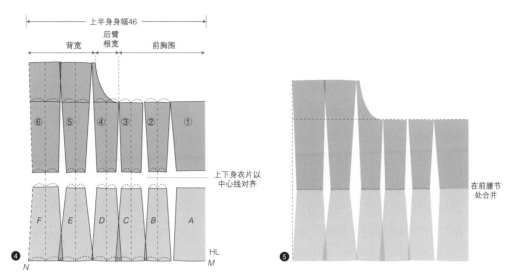

❹ 上下身各衣片的摆放方式：

剪切后分别画出每个衣片的中心线；上半身以胸围为水平位摆正各衣片，胸高点处为省尖，后腰分割线在背宽处有浮余量，⑤与⑥在背宽处重叠；下半身各衣片的中心线与上半身各衣片对齐，例如①对应A，②对应B等，对应完成后，下半身臀围处前中心至后中心距离与上半身相同

❺ 将上半身与下半身剪切后的贴体裹布在前中心腰节对齐，合并上下衣身

图3-10 六面衣身构成贴体裹布实验

图3-10中的立裁实验是将腰围线断开，分别制作胸腰部位、腰臀部位的贴体裹布。将上半身、下半身前后中心线对齐，使上下身的身幅宽度一致，便于结构分析和后续制图。通过观察上、下半身贴体裹布的水平展开图可知：

①前腰纵向结构线处，胸的高度大于腹凸，腹部较平坦，因此①和②在胸围处相切，下半身A和B在臀围处产生空隙，因臀围大于腰围，臀围处空隙量小于腰围处的空隙量；

②前侧纵向结构线处，下半身胯部最突出，胸围处靠近胸侧，因此②和③在胸围线处产生空隙，C和B在臀围处重叠；

③侧缝纵向结构线处，下半身胯部最突出，因此③和④在胸围线处相切，C和D在臀围处重叠；

④后侧纵向结构线处，胸臀高度差最小，这一部位的体表形态为背部、胯部都较突出，腰部收得较细，因此④和⑤在背宽线处相切，D和E在臀围线处形成较少的重叠量，腰部空隙量最大；

⑤后腰纵向结构线处与后侧形态近似，背部、胯部都较突出，但腰部状态没有后侧内收得多，因此⑤和⑥在背宽线处相切，E和F在臀围线处重叠。

胸腰部位贴体裹布做法与第二章衣身基础型相同，展开后的贴体裹布身幅为46cm。人体腰臀之间的形态是类似碗状的复曲面结构，当腰线制作得紧身合体时，裹布贴着人体沿腰线向下，在臀围线处产生了部分浮余量，将下半身裹布切展并与上半身各衣片中心线对齐时，下半身各衣片在臀围线处产生了横向的重叠。

剪切完成后的平面状态，是六面构成衣身结构的基本形式，以省道的概念来看，图中上下半身各衣片在胸围、腰围、臀围处的关系分为省尖、收省量和重叠量，省尖指布片之间相切，不产生或不减少量，收省指布片之间去掉的余量，重叠指布片之间因搭叠产生的增加量；各个衣片在纵向分割线处的重合或分离关系，表现了一个人的体表形态特征，不同体态、体型的人，贴体裹布剪切实验的结果会完全不同。实验用人台的净臀围尺寸一半为45.5cm（整臀围91cm），贴体裹布身幅为46cm，因此图3-10❺中各衣片在臀围处的重叠点为省尖点，A和B则出现0.5cm的收省量。

表3-2中的臀围结构形式与数据是根据第二章上半身立体裁剪贴体裹布实验的腰省测量结果（表2-2），结合表3-1的胸、腰、臀高度特征，以及上半身身幅尺寸、人体净臀围的尺寸得出的。前腰结构线处，因胸部最高，在臀围线处收省0.5cm；前侧、侧缝、后侧、后腰与后中纵向结构线在臀围处无增加量和减少量。因腰臀部分的复曲面结构特征，省尖基本分布在臀围线以上，并且因腹凸、胯凸、臀凸的高点位置不同，各部位的省尖也不在同一条水平线上，其中侧缝臀省省尖位置最高，接近腰臀二等分处；后侧省尖位置最低，接近臀围线。

表 3-2　环形裹布剪切实验结果与省量设计　　　　　　　　单位：cm

纵向结构线	测量要素（平均值）					
	胸围		腰围		臀围	
	结构形式	数值	结构形式	数值	结构形式	数值
前腰结构线	省尖	0	收省	2.7	收省	0.5
前侧结构线	收省	0.5	收省	1.85	省尖	0
侧缝结构线	省尖	0	收省	1.9	省尖	0
后侧结构线	收省	1~1.5	收省	3.8	省尖	0
后腰结构线	收省	0.5~0.8	收省	2.2	省尖	0
后中结构线	收省	0.2~0.3	收省	0.55	省尖	0

通过贴体裹布实验可知，上半身的省道表现胸腰部分的倒圆台造型，省道呈三角形；下半身的省道表现腰臀部分的圆台造型，省道呈倒三角形。当上下切展的衣片在腰围线重合时，则形成菱形的省道形状。六面构成衣身腰部无断缝，是通过纵向的菱形省道来塑造中间小、两边大的沙漏状造型的服装，从而实现人体形态的塑造。

（2）六面构成衣身长度的设计原理

在贴体裹布实验中，上下衣片以前腰节为水平位重合时，侧面、后背的衣片产生了纵向的重叠关系，重叠量在腰部。在前面的图3-10中，后身重叠量较大，前身重叠量较小，这是因不同结构线处人体纵向体表尺寸的差异形成的。上半身由于肩背部的后倾状态，使前身胸围到腰围的体表距离普遍小于后衣身，下半身则由于平坦的腹部、凸起的胯部以及后臀高，使前身腰围到臀围的体表距离普遍小于后衣身（表3-3），因此当贴体裹布的切展衣片在前中心上下身重合时，侧面、后侧及后中心产生了纵向的重叠量，重叠量就是不同结构线处胸腰、腰臀体表尺寸的长度差（图3-11）。

表 3-3　各纵向结构线处人体体表尺寸测量　　　　　　　　　　　　　　　　单位：cm

部位	纵向区域						
	前中	前腰	前侧	侧缝	后侧	后腰	后中
胸腰尺寸	16	16.75	16.25	16.1	16.25	16	16
腰臀尺寸	20	20.1	20.8	20.9	20.85	20.8	20.5
尺寸总和	36	36.85	37.05	37	37.1	36.8	36.5

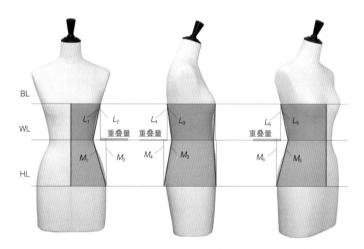

侧缝结构线处，L_1是人体胸围到腰围的体表尺寸，L_2是将L_1从胸围向下垂直后的结果，$L_1=L_2$；M_1是人体腰围到臀围的体表尺寸，M_2是将M_1从臀围向上垂直后的结果，$M_1=M_2$；L_1与M_1相交于腰围水平线处，而M_1和M_2在腰围水平线处重叠，其他纵向结构线处上下的**重叠量**原理与此相同

图3-11　贴体裹布实验中上下衣片纵向重叠量的产生原理

　　表3-3是以胸围、腰围、臀围为水平基准，贴体测量不同纵向结构线处人体体表胸→腰→臀的尺寸结果。测量对象为160/84A号型标准人台，测量方式为手工测量，采用卷尺、直尺、红外水平仪等工具。在确保胸围、腰围、臀围线相对水平的情况下，表中尺寸为同一人台5次测量结果的平均值。从表中可以看出，同一水平范围内，人体在体表不同区域的纵向尺寸是不同的，前侧、侧缝、后侧的尺寸最大，前中尺寸最小，因此将水平切展的贴体裹布以前中心腰节对齐时，其他各个区域都产生了纵向的重叠关系。

六面构成衣身的胸腰臀部分为连身结构，不能通过断开腰线设计腰部的重叠量，因此在表现胸腰臀的合体造型时，需要考虑通过加纵向的衣身长度，以弥补腰部重叠所形成的长度缺失。

3.2.2 六面构成衣身结构设计原理

六面构成衣身结构设计方法从立体裁剪着手，在直观了解衣身廓型与内部结构关系的基础上，测量、观察、分析展开后的平面布样，为结构制图提供制图依据。此款六面构成衣身设计为带有松量的衣身结构。

（1）六面构成衣身立体裁剪

六面构成衣身的款式、尺寸设计均源于衣身基础型，是表现六个立面衣身构成的基础款式。表3-4是六面构成衣身尺寸设计表，表中胸围、腰围、背长尺寸与基础型相等；臀围尺寸在人体净臀围基础上增加3cm的松量。为更好地观察基础型与六面构成衣身结构的关系和变化对比，立体裁剪备布和画布是将基础纸样画在白坯布上，在基础纸样腰围线以下增加20cm的腰长尺寸；为了便于操作，使用将胸省转移至肩线的衣身基础纸样（图3-12）。立体裁剪操作及步骤如图3-13、图3-14所示。

六面构成衣身是表现胸、腰、臀三个部位的立体造型，立体裁剪过程中需将布片的臀围线与人台水平臀围线始终保持重合状态，以保持衣身整体的结构平衡。

表 3-4　六面构成衣身尺寸设计　　　　　　　　　　　　　　单位：cm

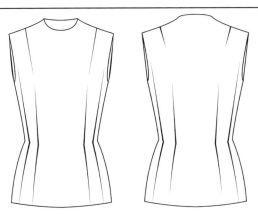

六面构成衣身款式图

项目	胸围	腰围	臀围	背长	腰长	肩宽
人体	84	66	91	38	20	38
基础型	91.5	72	—	38	—	38
六面构成	91.5	72	94	38	20	38

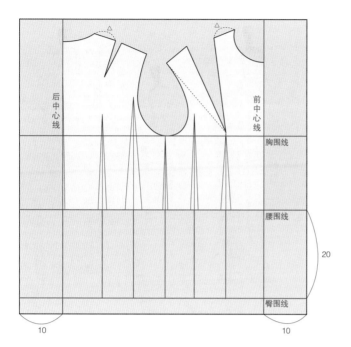

❶ 立体裁剪备布：

　　备布尺寸。六面构成衣身立体裁剪的布料宽
度，参考基础型衣身的身幅，加上15~20cm
的余量；布料长度为基础型前衣长尺寸，加
上腰长20cm及裁剪余量

❷ 画布：

　　在裁取并熨烫好的白坯布上，确定前后中心
线的位置与布料经纱吻合，同时将衣身基础
纸样图拷贝在布料上，图中白色区域为衣身
基础纸样

　　从基础纸样腰围线向下增加20cm的腰长尺
寸，将各省道的中心线延长至臀围线

图3-12　六面构成衣身立体裁剪备布与画布

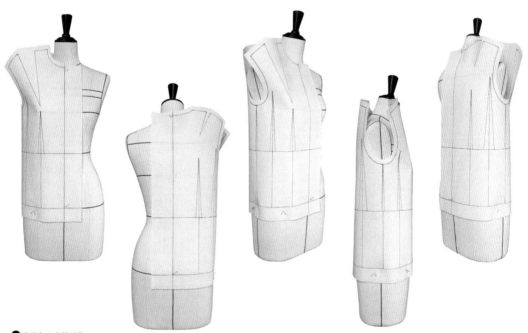

❶ 布片与人台的对位：

　　沿基础型边缘修剪画好的布片，预留1.5~2cm缝份余量；布片上的前后中心线与人台前后中心线重合；布片臀围线与人台水平臀围线重合，
并在底摆用针固定；从臀围向上保持布片的平整

图3-13

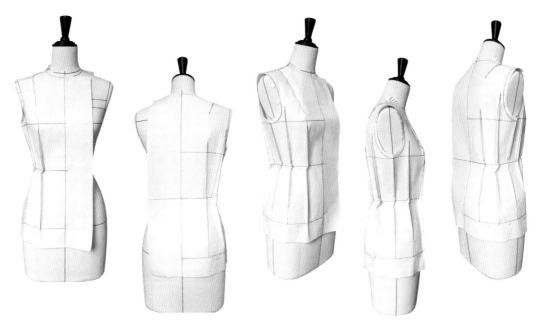

❷ 六面构成衣身廓型的塑造：

运用立体裁剪抓合固定法塑造六面构成腰身的适体形，捏省量与衣身基础型相同，捏省时使各纵向结构线之间的布料纱向保持直丝，

并且布片臀围线和人台臀围水平线始终保持重合状态

腰部造型做好后，从腰部向上推平布料，塑造肩省、胸省；腰部向下找出各纵向结构线在臀围区域的省尖位置

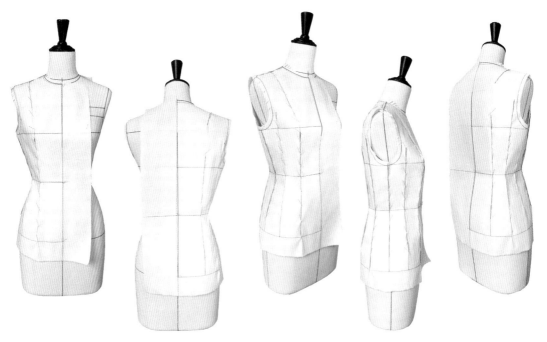

❸ 六面构成衣身立体造型完成：

将腰部抓合固定的针拆掉，根据标记点用盖别固定法整理各部位的省道；注意腰部、省尖部位的立体形态塑造；在布片上标记出前后

中心线

图3-13 六面构成衣身立体裁剪过程

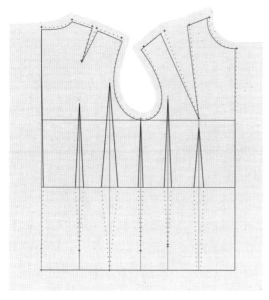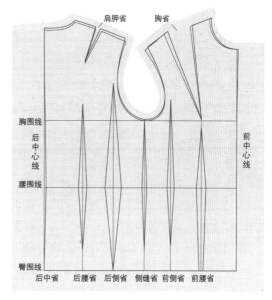

肩胛省　胸省

胸围线

后中心线

腰围线

臀围线

后中省　后腰省　后侧省　侧缝省　前侧省　前腰省

前中心线

将腰部以下的省道线、省尖做标记；在塑造合体六面构成衣身的过程中，肩颈部、袖窿结构发生了变化，将变化后的人台领口线、肩线和袖窿位置标记在新的位置；将布样拆下，整理结构线。图中平面布样中黑色线迹为衣身基础型结构线，红色线为六面构成衣身结构线

图3-14　六面构成衣身立体裁剪布样整理

　　图3-14是六面构成衣身立体裁剪完成后的平面布样结构图，从图中可以看出衣身基础纸样与六面构成衣身结构的对比效果。虽然六面构成衣身腰围线以上是以基础纸样进行立体裁剪操作，但因人体腰臀部位的复杂性，在立体裁剪过程中衣片臀围水平重合并且腰部处于合体状态下，衣身纵向长度的需求量增加，从前表3-3中也可知人体各个体表区域的尺寸不同从而影响不同纵向结构线处衣长的尺寸。因此腰身立体造型完成后，衣片上前后领口位置、肩胛省和胸省尺寸、袖窿底的位置均发生了变化（图3-15），主要表现在以下几点：

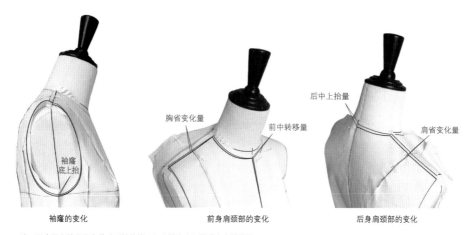

袖窿的变化　　　　前身肩颈部的变化　　　　后身肩颈部的变化

注：图中黑色线为衣身基础型结构线，红色线为六面构成衣身结构线。

图3-15　六面构成半身立体裁剪肩颈部结构线与基础纸样结构线的对比

①领口及肩部整体上抬；

②前中心胸部角度的转移，使领口部分出现角度差量；

③随着侧面水平腰线下移，袖窿位置上抬。

上抬量和角度转移量是衣身长度的增加量，用来弥补收腰所形成的体表尺寸增长量，该增长量与贴体裹布实验中腰部的纵向重叠原理相同。

立体裁剪画布时的腰长尺寸是人体前中心处的测量尺寸，在以臀围为水平基准的情况下，塑造合体衣身所需的衣长加长量，在前后中、前后侧的结构处理方式均不同。完成后的立体造型，六面构成衣身各纵向结构线处的尺寸增长量在侧面最大，前中和后中较小。表3-5是在六面构成衣身布样整理的基础上，对部分结构要素的测量结果，测量方式采用手工测量和应用服装CAD两种，通过多次测量获得平均值。测量衣身基础纸样和变化后衣身结构线的尺寸差，能够为六面构成衣身结构设计提供有效的制图方法。

从表3-5和图3-16、图3-17中可以看出六面构成纸样结构图与基础纸样的变化关系。差量变化较大的部位在胸围线以上，其中：基础纸样后衣片领口线、肩线水平上抬0.6cm，补足后中腰臀体表长度；因靠近腰侧部位的体表尺寸较长，因此领口线、肩线除水平上抬0.6cm之外，还需通过减小肩胛省的角度，使后侧区域的衣长尺寸加长；前衣片可通过减小胸省来增加前侧衣身长度，同时将前颈点进行角度转移，进一步增加颈侧点、肩线至衣身底摆的长度。转移后的前中心线自胸围线向上倾斜，如果设计前开式门襟，则前中线为折线形，如果前中心不设断开线，则可将转移后的前颈点与前中心底摆连成直线，形成倾斜的前中心结构线。

表3-5 基于基础纸样的六面构成衣身纸样
变化部位及测量尺寸 单位：cm

部位名称	尺寸
❶ 后颈点长度差	0.6
❷ 颈侧点长度差	0.6
❸ 肩胛省角度	8°
❹ 胸省角度	15.5°
❺ 前颈点横偏移量	0.3
❻ 袖窿长度差	0.3
❼ 后腰臀省尖位	5
❽ 侧缝腰臀省尖位	6
❾ 前侧腰臀省尖位	7.5
❿ 前腰臀部收省	1

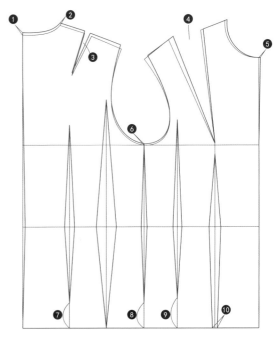

图3-16 基于基础纸样的六面构成衣身变化部位测量

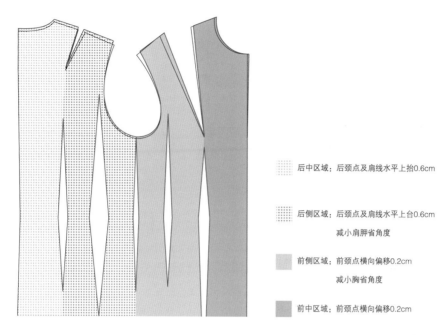

后中区域：后颈点及肩线水平上抬0.6cm

后侧区域：后颈点及肩线水平上台0.6cm
减小肩胛省角度

前侧区域：前颈点横向偏移0.2cm
减小胸省角度

前中区域：前颈点横向偏移0.2cm

图3-17　基于衣身基础纸样的六面构成衣身结构变化

（2）六面构成衣身结构设计与制图

六面构成衣身结构设计是在立体裁剪布样图的测量结果和变化规律分析的基础上，总结的平面结构设计方法。平面设计方法是对立体裁剪经验数据的总结，操作过程快速便捷，实用性较强。图3-18是六面构成衣身结构的平面制图过程，首先需拷贝衣身基础纸样，改变相关结构线的长度、宽度、角度关系，遵循"与基础纸样的紧密结合、具备较广泛的实用性"原则来设计六面构成衣身结构的制图方法，结构设计参照的尺寸见前表3-4。

图3-19是参照图3-18的结构图，使用无弹力的纯棉白坯布制作的样衣。从样衣效果可以看出，衣身胸、腰、臀的松量与人体的造型关系、省道在腰部的收腰效果等，完成后的样衣臀围线（即样衣的底摆线）与人台臀围水平线也保持重合状态，形成以臀围为平衡基准的衣身结构。六面构成衣身腰部的省道设计是菱形省道，省线以直线绘制，因此胸腰臀的收腰造型也表现出一定的直线感。在成衣设计中，可将菱形省道的省边线调整成曲线状态，形成枣核形省道，以便更好地表现收腰的曲面效果。

3.2.3　紧身六面构成衣身立体裁剪与结构设计

衣身基础型的尺寸是基于款式变化的便利性和人体最基本的运动生理需求设计的。六面构成衣身的尺寸设计来源于基础型，胸围、腰围尺寸与基础型相同，臀围是在人体净臀围尺寸的基础上加入最小3cm的放松量。

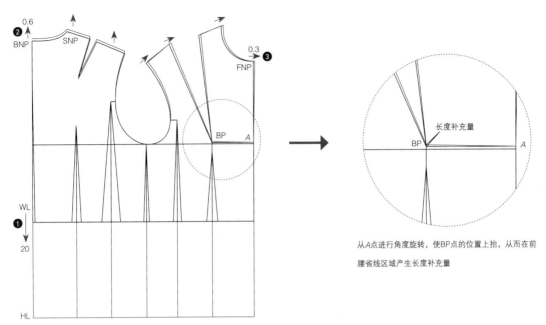

从A点进行角度旋转,使BP点的位置上抬,从而在前腰省线区域产生长度补充量

❶ 拷贝基础纸样,腰围线向下延长20cm,画出臀围线;延长衣身各个省道的中线至臀围

❷ 从基础纸样后颈点向上抬高0.6cm,领口线、肩线、后肩胛省、后腋点以上的袖窿线均水平上抬

❸ 图中A点为乳距线与前中线的交点,以A点为旋转中心,将前颈点FNP向右转移0.3cm,前领口、前肩线、胸省、前腋点以上的袖窿线同时旋转,旋转后的效果如上图所示

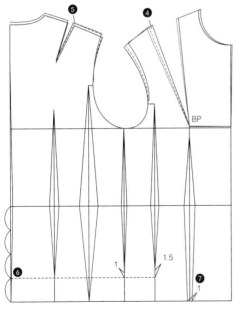

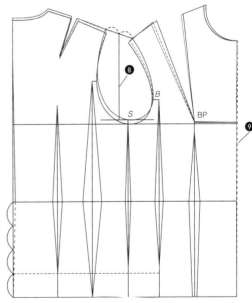

❹ 以BP点为旋转中心,将基础纸样胸省缩小2°,前肩峰点、前袖窿的位置再次上抬

❺ 将水平上抬后的肩胛省缩小2°,后衣片肩峰点的位置发生了位移

❻ 从腰长四等分处画水平线,设计腰臀省的省尖位置

❼ 前腰臀省尺寸=基础纸样身幅(48)–成衣臀围/2(47)

❽ 从改变位置后的前后肩峰点找出平均袖窿深的位置,以平均袖窿深=18cm找到袖窿底的位置S点,画顺前后袖窿曲线

❾ 将前颈点和前中底摆连线,使前中心线呈直线状态
完成六面构成衣身结构制图,图中红色线为完成线

图3-18 六面构成衣身结构制图

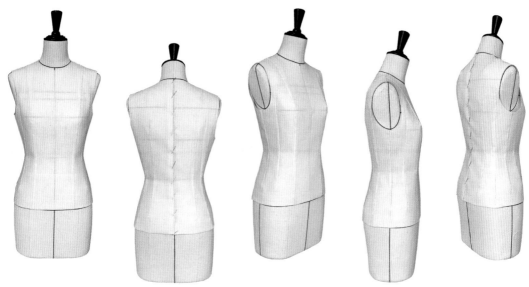

白坯布成衣的前中心没有断开线，因此在结构图中将前颈点FNP与前中心底摆连接成直线。这样做的结果是前中心胸围处会产生少量余量，为0.2~0.3cm，该余量在穿着时可作为松量或损耗量

图3-19 加松量的六面构成衣身平面结构图的白坯布成衣效果

　　紧身六面构成衣身与上一节带有松量的六面构成衣身款式相同，松量设计不同。紧身六面构成衣身的松量设计为零（表3-6），通过立体裁剪和数据测量，分析其与衣身基础型、六面构成衣身的对比关系，找到六面构成衣身从紧身到适体再到宽松的结构变化规律。

表 3-6 紧身六面构成衣身尺寸设计　　　　　　　　　　　　　　　单位：cm

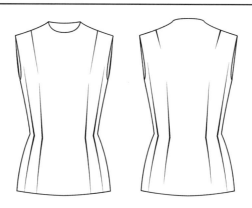

紧身六面构成衣身款式图

项目	胸围	腰围	臀围	背长	腰长	肩宽
人体	84	66	91	38	20	38
六面构成	91.5	72	94	38	20	38
紧身六面构成	84	66	91	38	20	38

　　如图3-20所示是紧身六面构成衣身的立体裁剪过程，备布尺寸、画布方法、立体造型的操作与上一节带有松量的六面构成衣身立体裁剪相同，不同之处在于胸腰臀收省量的增加，使衣身整体呈现合体的、包裹人体的紧身状态。立体裁剪过程中的省道抓合部分，因腰部收省量增加，胸围也呈现合体状态，因此胸围线区域、背宽线区域的省尖位置根据造

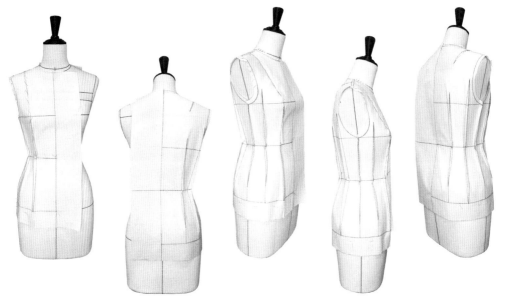

❶ 运用抓合固定法塑造腰身的适体形，捏省量最大化，塑造紧身合体的腰身造型；捏省时各纵向结构线之间的布料纱向保持直丝，布片臀围线和人
　　台臀围水平线始终保持重合状态；根据腰身合体的程度，塑造合适的肩部造型

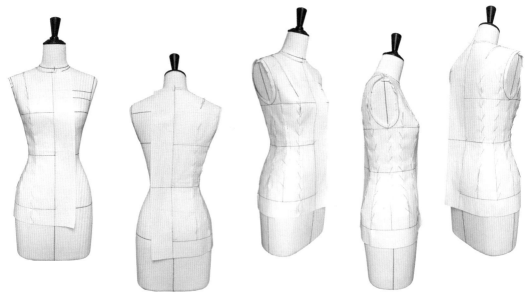

❷ 根据标记点用盖别固定法整理各部位的腰省和肩线；将衣身各部省道线、前后中心线做标记；完成紧身六面构成衣身立体裁剪

图3-20　紧身六面构成衣身立体裁剪过程

型的合适度都有上移，臀围线区域腰臀省的省尖位置也有下移；省道整理和盖别部分，为塑造合体的腰身曲线，省边线的形状发生了变化，由原来直线式的菱形省道，变为曲线式的枣核形省道（图3-21）。立体裁剪完成后的立体造型，衣身布片不紧绷，松量为零，突出人体曲线的表达，衣身平整无皱褶。

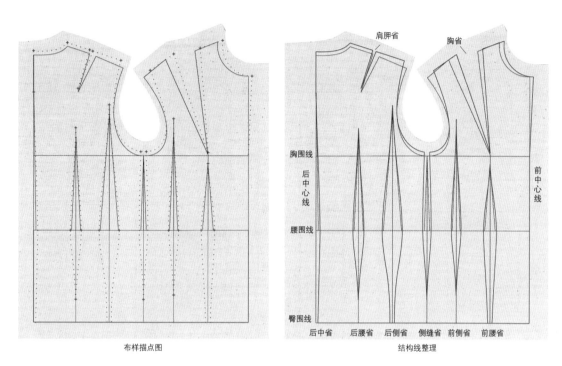

布样整理与平面分析：将腰省、肩胛省、胸省、肩线及领口线做标记，从人台上取下后，整理标记点，完成紧身六面构成衣身造型布样的整理

注：平面布样中黑色线迹为衣身基础型结构线，红色线为紧身六面构成衣身结构线。

图3-21　紧身六面构成衣身立体裁剪布样整理

表3-7是图3-21紧身六面构成衣身立体造型布样图的测量结果（测量部位参考图3-16）。根据测量结果，结合有松量的六面构成衣身结构制图，可以设计紧身六面构成衣身的结构制图方法。图3-22是紧身六面构成衣身结构的平面制图过程，部分制图方式与图3-18六面构成衣身结构制图相同。

表 3-7　紧身六面构成衣身立体裁剪布样尺寸测量　　　　　单位：cm

部位名称	数值	部位名称	数值
后颈点长度差	0.8	后腰臀省尖位	5
颈侧点长度差	0.8	侧缝腰臀省尖位	5.5
肩胛省角度	5°	前侧腰臀省尖位	7

续表

部位名称	数值	部位名称	数值
胸省角度	16°	前腰臀部收省	1
前颈点横偏移量	0.8	后侧臀部收省	1
袖窿长度差	1.2	后中臀部收省	0.5

注 后颈点长度差、颈侧点长度差、前颈点横偏移量是相对于衣身基础型测量的两点之间的差值。

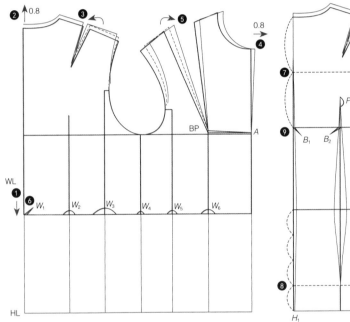

❶ 拷贝基础纸样；腰围线向下延长20cm，画出臀围线；延长衣身
　各个省道的中线至臀围

❷ 从基础纸样后颈点向上抬高0.8cm，领口线、肩线、肩胛省、
　后腋点以上的袖窿线均水平上抬；

❸ 肩胛省在衣身基础型上减小4°~5°

❹ 图中A点为乳距线与前中线的交点，以A点为旋转中心，将前颈
　点FNP向右转移0.8cm，前领口、前肩线、胸省、前腋点以上
　的袖窿同时旋转，旋转后的效果如图所示

❺ 胸省在基础纸样胸省角度基础上减小2°~3°

❻ 总省量=基础纸样身幅-成衣W/2
　根据第二章基础纸样腰省的比例分配原则，计算W_1~W_6各部位
　的省量大小

❼ 设计腰省省尖：
　基础纸样后颈点至胸围线之间二等分点的横线，为后背宽线，将后
　侧省的省尖点延长至背宽线上，尺寸记作P_2，$P_2=P_1=P_3$
　设计臀省省尖及收省量：

❽ $H_1=W_1-$（0.3~0.5cm）
　$H_2=$1cm
　$H_3=$1cm
　$H_4=$基础纸样身幅-（成衣臀围/2）-H_1-H_2

❾ 设计胸围尺寸：
　腰省省尖、臀省省尖及收省量确定好后，绘制枣核形省边线；B_1、
　B_2、B_3、B_5为画完省线后的测量值；
　$B_4=$身幅-成衣胸围/2-（$B_1+B_2+B_3+B_5$）

❿ 根据变化后的前后肩峰点，找到平均袖窿深的位置，确定袖窿底S
　点，将侧缝延长，完成紧身六面构成衣身结构制图

图3-22　紧身六面构成衣身结构制图

　　图3-22中纸样前中心的处理方式为前颈点、前中底摆直线连接的前中无断缝的形式。紧身六面构成衣身的前颈点向右旋转了0.8cm，当旋转后的前颈点与底摆中线连接后，胸围线、腰围线处的前中心产生了多余的空隙量，胸围空隙量约为0.3cm，腰围空隙量为0.15~0.2cm。缝制成衣后，在前中心胸围、腰围处形成松量，可视作紧身衣包裹人体必要的围度差以及缝合过程中面料厚度所需的损耗量。

　　六面构成衣身基础型的腰身以直线的省道来表现，图3-22紧身六面构成衣身结构采用曲线形式的省道线。在结构设计中，直线的省道线或分割线塑造的立体表面切面感较强，曲线的省道线或分割线塑造的立体表面更为平滑圆顺。紧身六面构成衣身造型贴体，无松量，并且需要表现人体体表的曲面形态，所以采用曲线形式的省道线，将直线的菱形省道转化为前述的枣核形省道。

　　图3-23是人体体表曲面与省边线曲线形态的对应关系。图中红色虚线代表不同方向观察人体时的体表曲线形态，红色实线为省道线。为了更好地观察省道线的曲面状态，后衣片肩胛省省尖与后腰省省尖相连，前衣片BP点与前腰省省尖相连。从后中心向前中心方向依次将省边线标记为曲线①、曲线②……曲线①、②是肩胛省与后腰省的组合，曲线⑨、⑩是转移至肩线处的胸省与前腰省的组合：

　　从正面、背面观察人体时，曲线①、③、⑤、⑥、⑧、⑩与人体腰侧曲线形态一致，腰围线以上为圆曲线形态；从侧面观察人体时，曲线②、④、⑦、⑨与人体前、后体表曲线形态一致，表现人体的肩胛骨、胸凸造型，腰围线以上为反向曲线（即S形曲线）；无论从正面还是侧面观察人体，腰围线以下表现出较为均衡的腰臀造型，在纸样上为反向曲线（即S形曲线）形态。

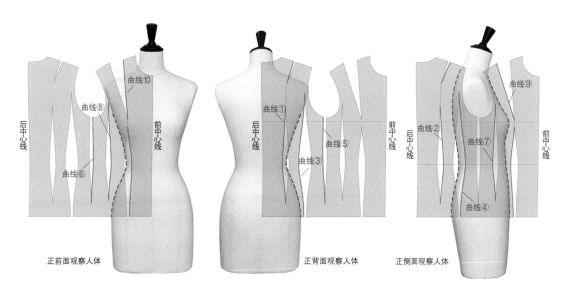

图3-23　人体体表曲面与省道曲线形态的对应关系

图3-24是紧身六面构成衣身平面结构制图的白坯布成衣效果。该成衣的尺寸与人体净体尺寸相同，着装效果适体，长度合适；下摆水平线与人台臀围水平线重合，较好地做到了衣身的结构平衡；曲面塑造饱满圆润，腰身光滑平整，无牵拉褶皱。与图3-19有松量的六面构成基础型白坯布成衣相比，枣核形省道对体型曲线的表现效果较好，能更好地表现胸部造型、腰背部的曲面形态。在成衣结构设计中，可根据不同的设计需求，采用直线式的菱形省道或曲线式的枣核形省道。

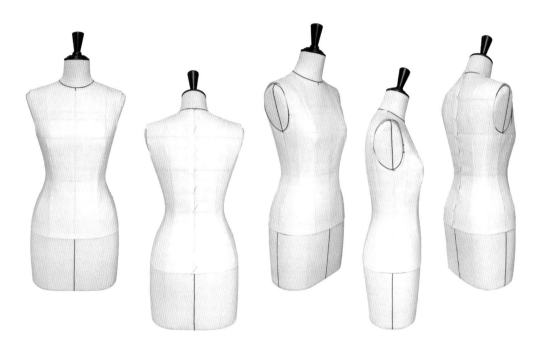

图3-24　紧身六面构成衣身平面结构制图的白坯布成衣效果

3.2.4　加松量的六面构成衣身与紧身六面构成衣身结构对比

加松量的六面构成衣身与紧身六面构成衣身是基于衣身基础型而进行的相同款式、不同松量的造型实验。基础型表现的是人体的胸腰造型，而六面构成衣身是加入臀围要素，表现人体的胸腰臀造型，从这个意义上来说，六面构成是进行成衣设计的基础款式，这个基础款式适用于合体的服装类别。

图3-25是带有松量的六面构成、紧身六面构成、衣身基础型的平面结构重合图。因人体各个部位体表尺寸的差异，增加衣身长度的方法，除了平行移动结构线的位置外，还可以通过缩小肩胛省和胸省，利用角度量的转移增加长度量。平行移动法是长度量的均衡增加；角度转移法，就可以做到某一部位的长度基本保持不变，而增加另一部位的长度。

结合前述的立体裁剪实验和坯布缝合效果，可以看出，六面构成衣身越合体，所使用的衣长就越长。

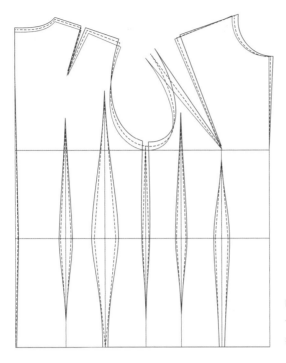

图中黑色线为基础型结构线、作图基础线，红色虚线为有松量的六面构成衣身结构线，红色实线为紧身六面构成衣身结构线

图3-25　紧身六面构成与有松量的六面构成衣身结构图对比

3.3　四面衣身构成

　　四面构成的衣身结构是由四个纵向的面、三条纵向的结构线构成。四个面包括正面、前侧面、后侧面和背面，三条线包括前腰结构线、侧缝结构线和后侧结构线。四面构成衣身结构的设计源于衣身基础型，并可参考六面构成的衣身设计形式，因此四面构成可用于表现胸、腰造型，也可以表现胸、腰、臀造型（图3-26）。

　　与六面构成衣身相比，四面构成衣身的纵向结构线数量较少，对曲面的造型能力较六面构成弱，但比三面构成的造型能力强，同时因较少的纵向结构线增加了工艺缝制的效率，因此在成衣结构设计中，采用四面构成设计合体廓型的女装案例较多。四面构成衣身前侧、后侧的结构线位置接近前身二等分处、后身二等分处，并且前侧结构线通过胸高点。结构线可采用省道形式，也可采用分割线形式。

　　图3-26中的两种四面构成衣身表现形式，衣身纵向结构线的设计位置相同，区别在于衣长的位置及腰或及臀。表现胸腰关系的四面衣身构成后文简称四面构成衣身基础型，表现胸腰臀关系的四面衣身构成简称四面构成衣身。

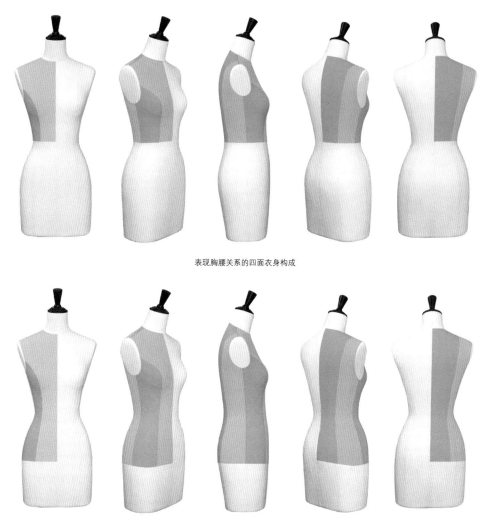

表现胸腰关系的四面衣身构成

表现胸腰臀关系的四面衣身构成

图3-26　四面构成的衣身表现形式

3.3.1　四面构成衣身的省道原理

　　四面构成衣身结构属于合体廓型的衣身类别，因此其省道的结构设计及原理可参考六面构成的实验方法、制图方法，相关的实验结果也可采用。衣身的省道设计，主要在于省量设计和省位设计。四面构成衣身与六面构成衣身的胸围、腰围、臀围尺寸相同，省位的设计不同。

　　图3-27是在六面构成贴体裹布实验结果的基础上，去掉前侧和后侧的剪切线，只在前腰、侧面和后腰保留剪切线，形成四面构成衣身腰省的基本分布。在六面构成基础上做的变化是：前中侧面与前侧面合并为一个衣片（以下称前侧片），后中侧面和后侧面合并为一个衣片（以下称后侧片）。通过合并衣片，减少衣身的纵向结构线，同时使前腰、后腰纵向结构线的位置处于腰身分割的最佳位置，这样更有利于合体廓型的塑造。

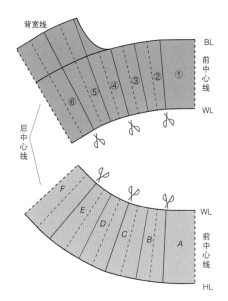
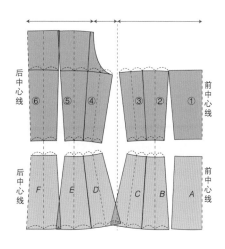

❶贴体裹布的立体裁剪操作与六面构成相同，分为腰围线以
　上和腰围线以下两个部分。在布片上画好剪切线的位置
　（实线表示）以及各衣片的中心线（虚线表示）；四面构成
　前侧、后侧部位不剪开，前腰、侧面和后腰位置剪开

❷沿前腰、侧缝、后腰剪开后，上半身衣片①、②、⑤、⑥
　的摆放方式与六面构成贴体裹布实验相同，衣片③和④不
　做剪切，分别与衣片②和⑤构成前侧片和后侧片
　下半身各衣片的摆放方式与上半身相同

图3-27　四面构成贴体裹布剪切实验

　　图3-27中的平面图形是无弹性的白坯布包裹人体并塑造人体形态后形成的，观察切展
后的上、下衣片可知：

　　①胸围线在前后中心趋于水平状态，使衣片①和⑥的平面形状接近倒梯形，靠近前侧
和后侧区域，胸围线、腰围线开始向侧缝下弯形成弧线，使合并后的前侧片与后侧片形状
为环形的局部；

　　②下半身与上半身结构特征相同，衣片A和F的形状为梯形，靠近前侧和后侧区域，
臀围线、腰围线开始向侧缝上弯形成弧线，使合并后的前侧片与后侧片形状为环形的局
部。

　　六面构成、四面构成贴体裹布展开形式的差异，以及靠近侧面的衣片形态的变化，是
基于人体体型的造型原理、贴体裹布的切展与拼合原理、结构线的设计决定的。

　　人体胸腰部类似一个倒置的圆台体，腰臀部类似正的圆台体，图3-28是矩形框架与圆
台体的造型设计实验。图中第一竖栏的矩形框架尺寸均为21cm×5cm，在框架内设计不同
数量的剪切线，每个剪切线处设计省量。剪切线数量不同，但是总省量相同，使拼合后下
边缘的尺寸相同。四个小实验的剪切数量依次为4条、3条、2条和1条，每个矩形框架的总
省量设计为5cm，根据分割线数量平均分配省量。

　　通过观察图3-28的实验结果可知：在矩形框架尺寸相同、总省量相同的情况向下，分
割的单位越小，分割线数量越多，拼合后上、下边缘的曲线形态越圆顺，曲度也越大；分

割的单位越小，分割线数量越多，越容易塑造形态均衡的圆台体。图中四个类型中，采用4条和3条分割线的立体造型效果较好，从不同的角度观察，模型的曲面构成相对均匀，圆台体的上、下截面较水平；1条和2条分割线塑造的圆台体，在旋转90°摆放后，产生了造型倾斜的状态，且上、下截面不够水平。

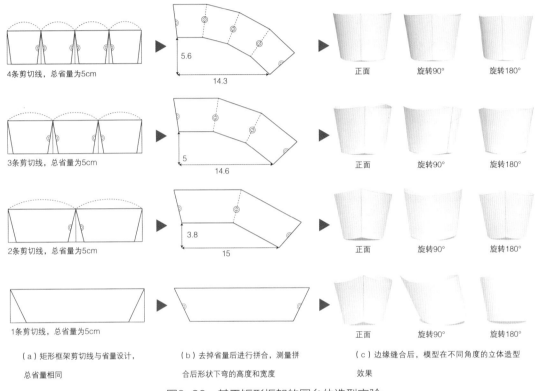

4条剪切线，总省量为5cm

3条剪切线，总省量为5cm

2条剪切线，总省量为5cm

1条剪切线，总省量为5cm

（a）矩形框架剪切线与省量设计，
总省量相同

（b）去掉省量后进行拼合，测量拼
合后形状下弯的高度和宽度

（c）边缘缝合后，模型在不同角度的立体造型
效果

图3-28　基于矩形框架的圆台体造型实验

　　实验中的贴体裹布造型是贴合于人体体表的紧身形态，将贴体裹布以六面构成的形式切展，各衣片的胸围、臀围摆水平后，其结构轮廓接近矩形框架的形状，这种形式有利于平面结构分析和设计制图方法；无论是立体裁剪的环形裹布（前图3-10❸），还是剪切并设计省量的矩形框架（前图3-10❹），两者最终的立体造型相同，平面图形与结构构成不同。

　　将贴体裹布以四面构成的形式切展，或合并六面构成前中侧衣片与前侧衣片、后中侧衣片与后侧衣片，最终的贴体裹布立体形态与适体性仍然不变，改变的是衣身的结构构成。

　　四面构成衣身贴体裹布的剪切实验，将六面构成前后侧的剪切线合并，塑造上半身下弯、下半身上翘的平面形状，以更均衡地塑造胸腰部、腰臀部的圆台体造型，同时能够明确六面构成与四面构成的结构变化关系；另外侧面胸围线下落、底摆上翘也是四面构成衣身纸样区别于六面构成衣身纸样的最大特点。

3.3.2　四面构成衣身基础型结构设计

　　四面构成衣身基础型表现人体的胸腰结构，根据前述四面构成贴体裹布实验，可在原型基础上合并前侧省、后侧省获得四面构成衣身基础型，可直接利用衣身基础型进行平面结构制图。

　　图3-29中的结构设计方式是直接拼合衣身基础纸样的前侧省和后侧省，形成衣身的四面构成形式。拼合后，衣身的胸围、腰围、背长、肩宽等基础尺寸不变。为便于白坯布立体造型的实验操作，将基础纸样的胸省转移至肩线缝合。

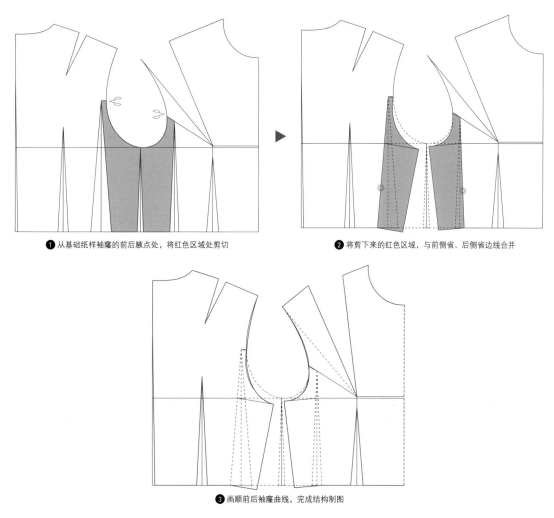

❶ 从基础纸样袖窿的前后腋点处，将红色区域处剪切　　　　❷ 将剪下来的红色区域，与前侧省、后侧省边线合并

❸ 画顺前后袖窿曲线，完成结构制图

图3-29　四面构成衣身基础型结构设计A

　　图3-30（a）是图3-29四面构成衣身基础型结构图的白坯布成衣效果。成衣的胸部、肩背部、腰部立体形态光滑平整，曲线塑造较为饱满，衣身无褶皱，但是腰身松量的分布较不均衡。从正面、背面观察，侧面的腰线紧贴人体侧腰处，松量不足；从侧面观察，前

中区域、后中区域的腰线与人体具有较大的距离，松量较大。前袖窿区域的余量较大，后腋点区域则紧贴人体，松量不够，且后袖窿上半部分有少量浮余量。基于白坯布样衣的外观特征，可以看出图3-29结构设计A的四面构成基础型衣身的问题所在：

在衣身基础纸样腰省分配的基础上，需要根据四面构成衣身的造型需求，重新分配各个腰省的尺寸，腰省尺寸的分配直接影响腰部松量、胸部松量的均衡性。

在衣身基础纸样上直接合并前侧省、后侧省，使剪切口处产生浮余量，影响袖窿的造型；需将剪切口位置调整，降低省道拼合对袖窿形态的影响。

针对图3-29的四面构成衣身基础型结构图所存在问题，将其进行结构修正。腰围尺寸不变，一半衣身的总省量设计为12cm。前后身总省量的分配比例不变，前身40%，后身60%。在前后身比例分配不变的基础上，通过调整前腰、前侧、后中、后腰、后侧省量的分配、调整省道位置，设计松量均衡、结构线均衡的四面构成衣身结构，调整方法如图3-31所示。与基础型相比，四面构成基础型后中心腰部收省比例增大，后腰省增大，后侧省减小，侧缝省不变；前腰省增大、前侧省减小。前侧省和后侧省参与省量分配，在纸样处理上将腰部重叠来形成收省效果。由此调整后的四面构成衣身基础型结构设计的白坯布成衣如图3-30（b）所示。

（a）四面构成衣身基础型结构设计A白坯布成衣

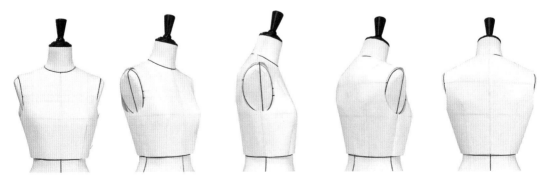

（b）四面构成衣身基础型结构设计B白坯布成衣

图3-30　四面构成衣身基础型白坯布成衣效果

　　从图3-30可以看出，图（b）从正面、侧面观察，腰围线处的松量较图（a）更为均衡；从侧面看，图（b）中的前袖窿形态更为平整服帖，后侧袖窿区域产生了较多的松量，胸围在正面、侧面的松量分布也较为均衡；因省道的缝合形式为直线缝合，图（b）的后腰省缝造型平整度没有图（a）好，在成衣制作时，可将直线形的省道改为曲线，即枣核形省道效果会更好。四面构成衣身基础型结构设计B结构制图如图3-31所示。

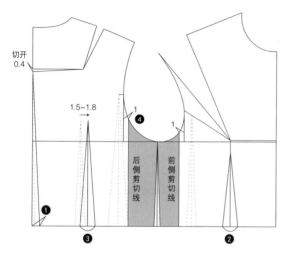 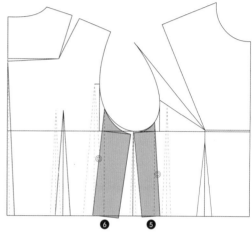

❶ 后中心自肩胛省水平线处向下切开0.4cm，原来的后中心向内
　 倾斜，在后腰节处收10%~12.5%的总省量

❷ 根据四面构成衣身省道的分布，设计前腰省省量约为25%总
　 省量

❸ 移动后腰省的位置，设计后腰省省量为25%~30%总省量

❹ 设计前后侧剪切线的位置，在前后袖窿切线向内1~1.5cm处

❺ 以前侧剪切线与前袖窿的交点为旋转中心，在前侧腰线处重叠
　 约10%的总省量

❻ 以后侧剪切线与后袖窿的交点为旋转中心，在后侧腰线处重叠
　 17.5%~20%的总省量

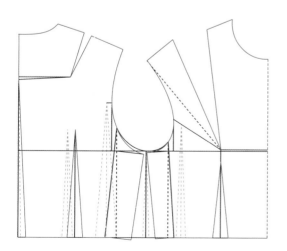

❼ 修顺袖窿曲线，完成四面构成衣身结构的调整；图中红色实
　 线为四面构成衣身调整后的结构轮廓线

图3-31　四面构成衣身基础型结构设计B结构制图

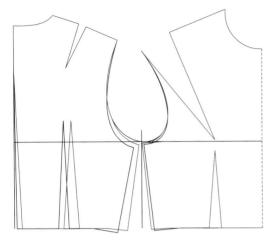

图3-32 两种四面构成衣身基础型结构设计重合图

图3-32是两种结构设计的重合图［黑色线是结构设计（a），红色线是结构设计（b）］，相较之下，除省道位置和省量的变化外，袖窿底的位置两者有较大的不同，A款的袖窿底下落位置更低，侧面的下弯度更明显，虽然能够塑造合体的倒圆台造型，但是作为成衣来说，容易使袖窿底部区域的松量不足，因此B款在A款的基础上，改变省量分布和前后侧重叠量、重叠位置的设计，使B款的松量分布更均衡、更适合四面构成的衣身结构形式。

3.3.3 四面构成衣身结构设计

四面构成衣身表现人体的胸腰臀关系，是在前述四面构成衣身基础型款式的基础上，加入腰长尺寸获得的。表现胸腰臀关系的四面构成衣身，涉及衣长的变化及下半身腰臀省的造型设计，同时腰臀省的设计具有较大的不确定性，因此采用立体裁剪的方式进行实验。图3-33~图3-36展示了相关实验过程。

表3-8是四面构成衣身的尺寸设计，胸围、腰围与衣身基础型相同，臀围尺寸设计为96cm。图3-33是立体裁剪前的画布准备，腰围线以上的衣身结构采用前述图3-31的结构设计，下半身腰长尺寸为20cm。

表 3-8 四面构成衣身尺寸设计　　　　　　　　　　　　　　单位：cm

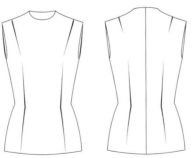

四面构成衣身款式图

项目	胸围	腰围	臀围	背长	腰长	肩宽
人体	84	66	91	38	20	38
基础型	91.5	72	—	38	—	38
四面构成衣身	91.5	72	96	38	20	38

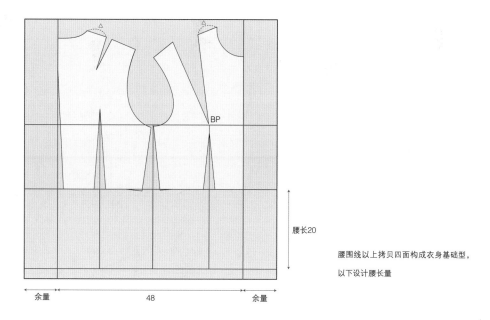

余量　　　　　　　48　　　　　　　余量

腰长20

腰围线以上拷贝四面构成衣身基础型，
以下设计腰长量

图3-33　四面构成衣身立体裁剪备布与画布

如图3-34所示为四面构成衣身立体裁剪的过程。

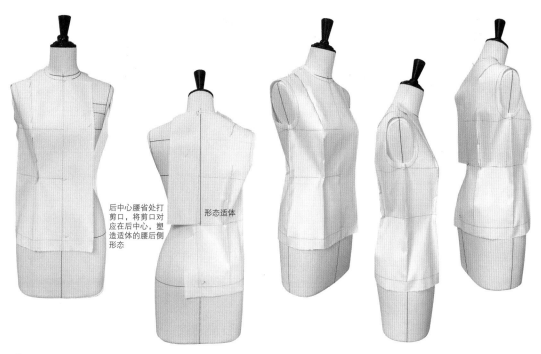

后中心腰省处打剪口，将剪口对应在后中心，塑造适体的腰后侧形态

形态适体

❶ 将画好的布片前后中心对位，在人台上，前中心胸围、腰围、臀围对齐，后中心腰部与腰省线对齐；布片上的臀围线始终与人台臀围线重合；用抓别法固定前腰省、后腰省

图3-34

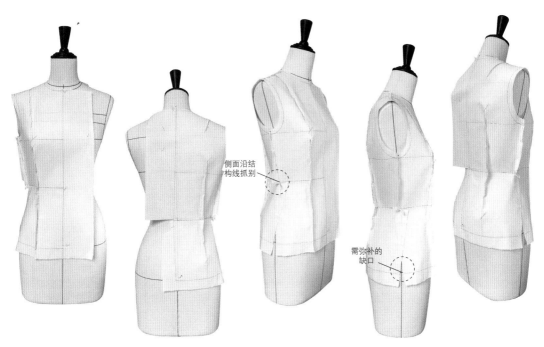

❷ 沿侧缝中线将布片剪开，形成前后两个衣片，便于进行前后侧收腰造型的制作；用抓别法固定侧缝腰节点及腰围线以上部分，臀围线始终与人台臀围重
合，保持水平状态，以臀围为基准向上塑造腰身的合体造型；固定肩胛省、胸省；前腰臀围线处收省，后腰臀围线以上设计省尖，因臀围尺寸和腰臀造
型，臀围在侧缝线处形成缺口

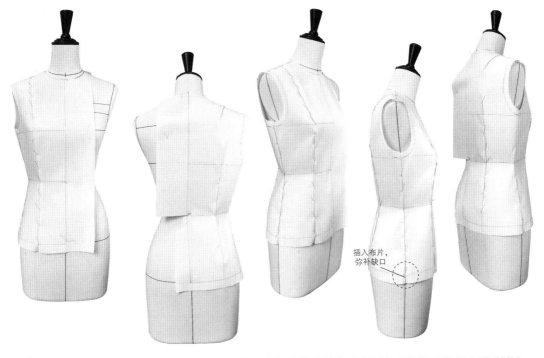

❸ 腰省处打剪口，用盖别法固定腰身各部位的省道；臀围在侧线处插入布片，使侧摆造型完整；完成表现胸腰臀关系的四面构成衣身立体裁剪操作

图3-34　四面构成衣身立体裁剪

如图3-35所示为对四面构成衣身立体裁剪布样进行整理和平面分析，以获得相关的测量数据（图3-36、表3-9）。

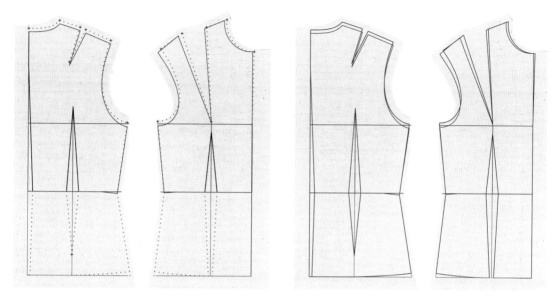

腰部以下的省道线、省尖做标记，将变化后的人台领口线、肩线和袖窿位置做标记，将布样拆下，整理结构线；右图中红色粗线是四面构成衣身结构的完成线

图3-35 四面构成衣身立体裁剪布样整理与平面分析

通过对四面构成衣身立体裁剪布样的整理与分析，对相关部位进行尺寸数据测量（图3-36），测量方式与六面构成衣身变化部位测量相同。根据整理后的布样图和测量尺寸（表3-9）可以看出：

①完成后的四面构成衣身后颈点较四面构成衣身基础型抬高0.8cm，与六面构成的测量结果相比，其抬高量更大，这是因后腰中心收省量大于六面构成衣身后中收省量，导致后中区域纵向尺寸加长；

②后身因保证后侧区域腰身合适，故衣长需加长，图中肩部抬高量约0.8cm，与后颈点抬高量相同，呈现后领线、肩斜线平行抬高的状态，这样的状况下，使肩胛省角度保持不变；

③前衣身前颈点的横向偏移量、胸省变化量与六面构成相同；

④前后袖窿、肩部造型不变；因肩部抬高，袖窿底也抬高0.8cm，保持袖窿深不变；

⑤因前腰臀部收省、后中心臀部收省，在保证臀围尺寸合适的基础上，侧缝臀围的插片尺寸为1.8~2cm，将布片进行平面整理，插片尺寸表现为纸样的"重叠量"。

图3-37是结合表3-9的立体裁剪实验测量结果，采用平面制图的方法绘制的四面构成衣身结构图。图3-38是该款结构设计的白坯布成衣效果。从成衣照片可以看出，衣身廓型适体，袖窿、胸围及腰围松量适度。在结构设计过程中，腰线以上的前后侧衣身设计了

剪切重叠，袖窿底和侧面腰节点均下落，与下摆在腰部重叠，因此白坯布成衣在缝制过程中，侧缝线腰节重叠处设计了拔开量，缝制完成的腰身侧线平整、曲面圆顺。

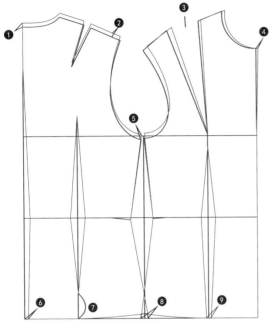

图3-36 四面构成衣身基础型立体裁剪结果测量

表 3-9 测量数据表 单位：cm

部位名称	数值
❶ 后颈点长度差	0.8
❷ 肩线长度差	0.8
❸ 胸省角度	基础型胸省−2°
❹ 前颈点横偏移量	0.3
❺ 袖窿长度差	0.3~0.4
❻ 后中臀收省	0.7
❼ 后腰臀省尖位	5
❽ 侧缝臀围重叠量	1.8~2
❾ 前腰臀部收省	1

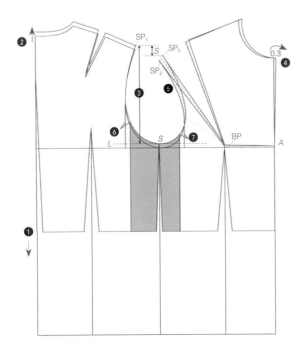

❶ 拷贝四面构成衣身基础纸样（结构设计B）；腰围线向下延长20cm，画出臀围线，延长前腰省、后腰省、侧缝省的中线至臀围

❷ 基础纸样后领口、后肩斜线、肩胛省水平向上抬高0.8cm

❸ 以新的后肩峰点SP_1为基准测量后袖窿深19cm，找出袖窿深线L、新的袖窿底S点

❹ 以A点为旋转中心，将前颈点FNP向右转移0.3cm，前领口、前肩线、胸省、前腋点以上的袖窿线同时旋转，前肩峰点转至SP_2

❺ 前后袖窿深相差2cm，将前袖窿处的省边旋转，与2cm水平线相交，找到新的前肩峰点SP_3，根据点SP_1、S、SP_3重新画顺袖窿曲线

❻ 后侧剪切线从背宽线向外平移1cm

❼ 前侧剪切线从基础纸样前袖窿弧切线处向外平移1cm

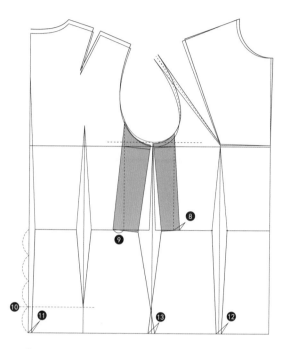
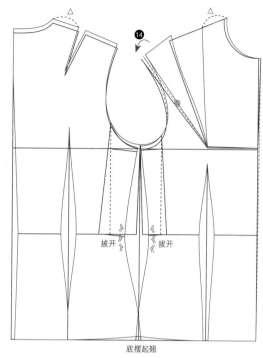

拔开 拔开

底摆起翘

⑧ 根据图3-31的四面构成衣身基础纸样的腰省比例分配原则,计算前
侧剪切线处在腰部的收省量,将省量合并重叠

⑨ 合并重叠后侧腰省量

⑩ 后腰臀省尖位于腰长1/4水平线处

⑪ 后中臀部收省量=后中腰部收省量−0.5cm

⑫ 前腰臀部收省1cm

⑬ 侧面臀围重叠量共1.8~2cm;将重叠量分别与前侧下落腰节点、后
侧下落腰节点相连

⑭ 将胸省转移至肩线处,便于白坯布成衣的制作

将四面构成衣身结构图后中心、后腰、侧缝、前腰处的省道线,调整为
枣核形省道,完成四面构成衣身结构制图

图3-37 四面构成衣身结构制图

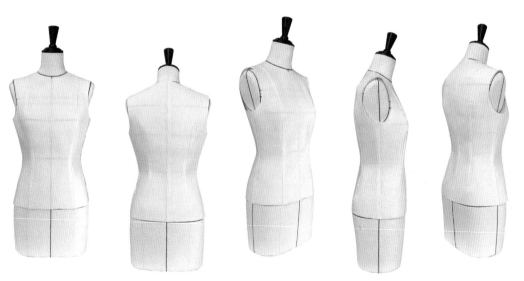

图3-38 四面构成衣身平面结构制图的白坯布成衣效果

　　四面构成衣身胸臀的尺寸设计考虑了款式的造型美感，以及满足人体运动的最小放松量。在利用四面构成衣身进行成衣设计中，可根据款式、面料需求适度增加或减小胸腰臀的尺寸设计；此外，胸臀差、胸腰差及腰臀差也可做出变化，形成强调收腰、大摆的夸张X造型，或者形成弱化收腰、大摆的含蓄造型。臀围尺寸的设计影响衣摆的造型，其尺寸的加量设计可设计在侧缝处、增大重叠量；如果前侧、后侧采用分割线的形式，则后侧底摆处也可设计适度的重叠量，加大衣摆造型。图3-38为四面构成衣身平面结构制图的白坯布成衣效果。

3.4　三面衣身构成

　　三面衣身构成是由三个纵向的面、两条纵向的结构线构成。三个面包括正面、侧面和背面，两条线包括前侧结构线和后侧结构线。相比四面构成，三面构成的腰身具有较大松量；对比两面构成，又能适度塑造腰身的曲线。因女装中三面构成的衣身结构最初源于男士西服结构，因此三面构成在成衣设计中，可以表现中性化的服装风格。同时又因宽松的衣身结构，舒适的穿着需求，便利的裁剪和工艺，使三面构成在成衣设计中应用广泛。

　　三面构成衣身的结构设计同样是从衣身基础型的变化而来。图3-39是衣身基础型、六面构成衣身与三面构成衣身的款式图对比。三面构成衣身的前侧结构线与基础型的前侧省位置在相同区域，后侧结构线与基础型后侧省位置在相同区域。三面构成去掉了基础型的后腰省和侧缝省，使整体衣身结构更为简洁。图3-39中，表现胸腰关系的三面衣身构成，后文简称三面构成衣身基础型；表现胸腰臀关系的三面衣身构成，后文简称三面构成衣身。

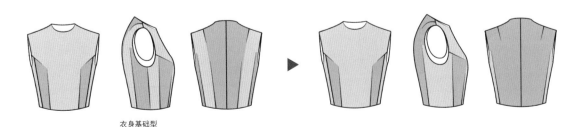

衣身基础型

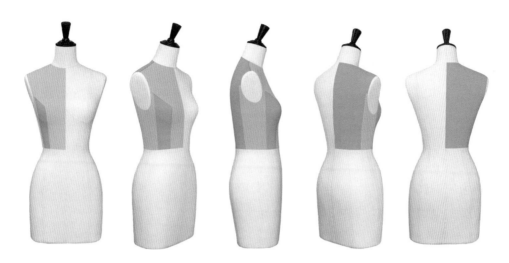

表现胸腰结构的三面构成衣身（三面构成衣身基础型）

表现胸腰结构的三面构成衣身去掉了基础型的侧缝省和后腰省，前衣身保留胸省和前腰省，以塑造前身胸腰部分的合体状态。图中不同的颜色代表不同的立体面，前衣片由于胸省和前腰纵向结构线的作用构成了两个面，是前身六面构成与后身三面构成组合的形式。在衣身构成的划分上，本书将其归类为三面构成的衣身形式。

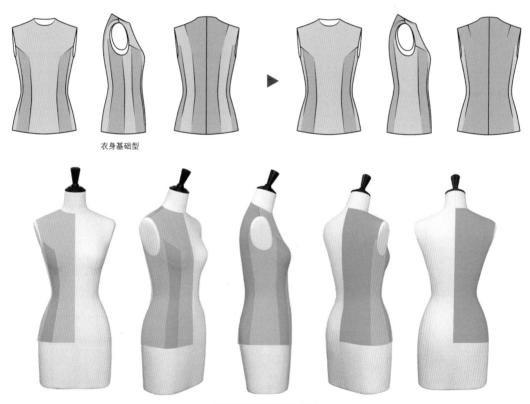

衣身基础型

表现胸腰臀结构的三面构成衣身

表现胸腰臀结构的三面构成衣身在表现胸腰关系的三面构成的基础上加入臀围要素，尺寸不变；前腰、前侧、后侧结构线向下延长至臀围

图3-39 三面构成衣身的结构原理及分类表现

3.4.1 三面构成衣身的省道原理

三面构成衣身前侧和后侧结构线位置与六面构成结构近似，因此三面构成衣身的省道分析可参考六面构成衣身的贴体裹布原理进行设计实验。图3-40、图3-41是结合图3-39三面构成衣身纵向结构的特点，在贴体裹布上进行不同形式的剪切实验，并基于每种剪切方法，在衣身基础纸样上进行三面构成的衣身结构设计和白坯布造型实验。

（1）三面构成剪开法

三面构成剪开法是在三面构成的结构线处剪开贴体裹布，例如剪开前腰、前侧、后侧位置的结构线；后腰、侧缝处的结构线不做剪开处理。

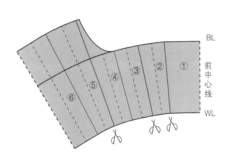

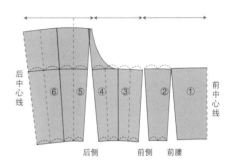

❶裹布的立体裁剪操作与六面构成剪切实验相同，在布片上画好剪切线的位置（红色实线表示）和各衣片的中心线（虚线表示）；侧缝、后腰部位不剪开，前腰、前侧和后侧位置剪开

❷沿前腰、前侧、后侧剪开后，衣片①②与六面构成剪切方式相同，衣片③④为侧衣片，合并线为侧衣片的垂直参考线，衣片⑤⑥为后衣片，衣片⑤的中线或合并线为后衣片垂直摆放的参考线

（a）三面构成衣身贴体裹布剪切实验

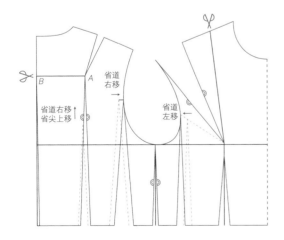

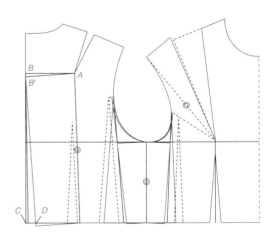

❶在基础纸样上：后腰省平行右移至肩胛省尖点A处；将后腰省省尖延长至A点，设计A点与后中线的垂直AB为剪切线；前侧省、后侧省平行移动至袖窿处，省线与袖窿相切；在肩线处设计剪切线

❷以A点为旋转中心，合并调整后腰省，同时B点打开，后省道线随之旋转；打开量BB′可设计为缩缝量；合并侧缝省，袖窿底区域打开，袖窿底形状发生变化；将胸省转移至肩线处

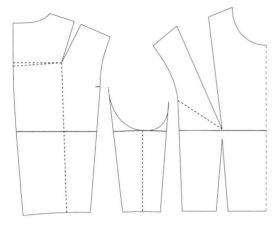

❸分离纸样，完成三面构成衣身前片、侧片、后片的基础分
割设计

（b）基于贴体裹布剪切方式的三面构成衣身结构设计

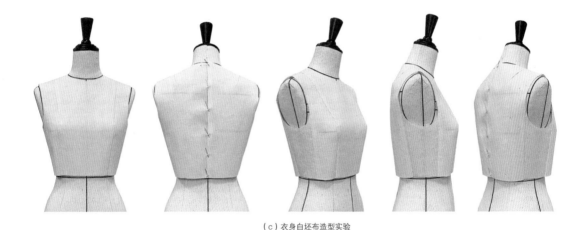

（c）衣身白坯布造型实验

图3-40　基于贴体裹布剪开法的三面构成省道设计实验

　　裹布的剪切方式是在六面构成衣身剪切的基础上，减少剪切线形成三面构成的衣身结构，因此三面构成衣身的结构设计参考了衣身基础型的纵向结构划分，通过调整衣身基础型的省道位置、合并省道获得：

　　①在纸样的处理上，将基础纸样前侧省道线、后侧省道线的位置调整至袖窿切线处，一方面是由于侧缝省合并会使基础型的袖窿底形态发生变化，这样可以便于纸样的操作处理；另一方面使三面构成衣身的侧面造型更完整和美观，同时便于缝合和相关工艺处理；

　　②人体站立姿态时，腰部前倾，肩胛骨是腰部以上后背的凸起区域，将后腰省省尖上调至肩胛省省尖，利于进行省道转移和后背三面构成的结构变化；

　　③胸省调整至肩线处，同样是便于工艺处理及白坯布样衣的缝合实验。

　　依据贴体裹布的剪切方法，在基础纸样上将后腰省、侧缝省合并，侧面衣片胸围线形状呈扇形，能够塑造适体的侧面体表形态；后衣片⑤和⑥拼合后，后中心线的角度发生了变化，使后中腰部有了更多的收省量。完成后的造型腰围尺寸不变，与衣身基础型具有近似的廓型，合体度较高，前后袖窿造型适体，胸腰部曲面造型转折圆顺；因后腰省在转移合并过程中省尖增高，使该部分胸围处收省量加大，胸围缩小了0.6~0.8cm。

（2）六面构成剪开法

六面构成剪开法是将贴体裹布以六面构成衣身的形式剪切，在保持胸围水平的基础上，结合三面构成衣身的分割形式，将六面构成衣身不同部位的剪开量设计为收省量或松量。

图3-41（a）六面构成剪开法中，合并衣片③④、⑤⑥，使两个衣片间的省量以松量的形式存在，保持胸围的水平状态。

图3-41（b）中的衣身结构设计，前侧省与后侧省的位置采用与图3-41（a）相同的处理方式，将其平移至袖窿处，胸省也转移至肩线处，便于纸样处理和白坯布造型实验。

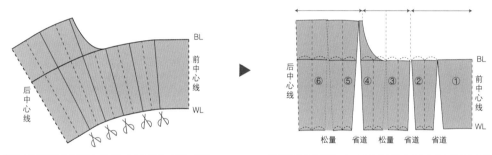

❶裹布剪切线的位置设计与六面构成衣身相同，前腰、前侧、侧面、后侧与后腰部分全部剪开

❷贴体裹布剪切后，每个衣片的摆放方式也与六面构成衣身相同，各衣片沿中线摆放垂直，组合后的胸围线呈水平状态；根据三面构成的衣身结构设计，在前侧、后侧和前腰部分设计省道，其余剪开量为松量

（a）三面构成衣身贴体裹布剪切实验

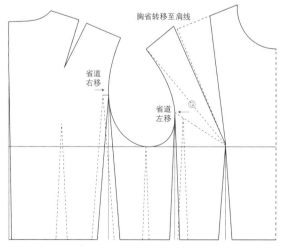

（b）基于贴体裹布六面构成剪开法的三面构成衣身结构设计

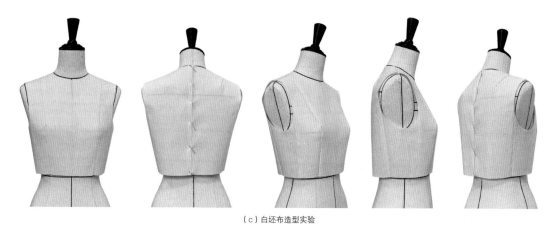

（c）白坯布造型实验

图3-41　贴体裹布六面构成剪开法的三面构成省道设计实验

六面构成剪开法的三面构成衣身设计，在省道设计过程中，保持各衣片的胸围线呈水平状态，后腰省、侧缝处的省量为松量，其余省道缝合，完成后的造型腰围尺寸变大，腰身较为宽松，白坯布效果的前后袖窿曲面、胸腰造型较为平整圆顺。因后腰省和后侧省作为松量，从整体造型上看，前身造型适体，后身造型宽松，前后身松量分配不够均衡。

3.4.2　三面构成衣身基础型结构设计

采用三面构成剪切或六面构成剪切的形式处理贴体裹布，使之形成三面构成的衣身形式，其区别在于如何处理后腰省、侧缝省。三面构成剪切法将省量转移合并，造型适体，但胸部松量不足，且结构制图过程较为烦琐；六面构成剪切法将省量作为松量，结构制图过程简便，但前后身省量、松量分配不均衡，腰身前紧后松，下面将综合两种方法的优点来进行三面构成衣身基础型的结构设计。

（1）**三面构成衣身基础型结构设计思路**

①三面构成衣身基础型表现胸腰结构，衣长至腰，这种形式的衣身结构易于塑造合体的造型，腰围尺寸设计可与基础型相同。如果三面构成衣身表现的是胸腰臀结构（即三面构成衣身），那么合体度的塑造相对于六面构成衣身、四面构成衣身来说较为困难，因后身纵向分割线的设计太少，不足以表现贴体的腰身造型，因此三面构成衣身基础型的腰围尺寸为了与表现胸腰臀关系的三面构成衣身相匹配，数据设定较四面构成、六面构成偏大。衣身基础型、六面构成衣身基础型、四面构成衣身基础型及六面构成衣身、四面构成衣身的腰围尺寸均设计为72cm，三面构成衣身基础型的腰围尺寸在此基础上增加4cm的松量，即76cm的腰围尺寸，胸围、背长、肩宽尺寸与衣身基础型相同。

②三面构成衣身基础型省量的分配。合理的腰省省量分配是一件上衣前后身松量均衡的关键。基础型前衣身的省量分配是前腰省、前侧省和侧缝省占40%的总省量，后衣身的省量分配是后中省、后腰省、后侧省和侧缝省占60%的总省量。三面构成衣身在前腰、前

侧、后侧及后中设计纵向结构线，因此在三面构成衣身结构中，后中腰省和后侧省占60%的总省量，前腰省和前侧省占40%的总省量。

前面所讲图3-40（b）的结构设计方法是将省道合并，后腰省转移至后中省，侧缝省一半转移至后侧省，另一半转移至前侧省，前腰省保持不变。根据基础型前身腰省占总省量40%、后身腰省占总省量60%的比例来计算，三面构成衣身结构中，后中省占总省量20%、后侧省占总省量40%、前侧省占总省量20%、前腰省占总省量20%。在实际应用中，在保持前后身腰省占比40%∶60%的基础上，各个腰省的占比可根据款式需求和结构线的设计进行调整：三面构成衣身基础型中，前侧省占比20%~25%、前腰省占比15%~20%，前衣身腰省共占比40%；后侧省占比40%~47.5%，后中省占比12.5%~20%，后衣身腰省共占比60%。

③三面构成衣身基础型前后侧结构线的形态设计。从图3-40和图3-41看移动前侧省、后侧省的位置，移动之后两省的省尖位于袖窿线上，因此对于三面构成衣身来说，前后侧省道同时也是前后侧分割线，将衣身分为前衣片、侧片和后衣片三个分开的、独立的衣片形式。

在三面构成衣身基础型结构设计中，结合图3-23人体体表曲面与省道曲线形态的对应关系原理，将直线的前后侧分割线设计为圆曲线和反向曲线形式，改变纵向分割线的形状，使之更符合人体侧面的曲线形态，使衣身的造型更为流畅和美观。

（2）三面构成衣身基础型结构制图

图3-42是依据前述设计思路完成的三面构成衣身基础型结构制图及白坯布造型实验。衣身前后侧的收省形式以分割线的形式表现，利于后续成衣的结构设计。

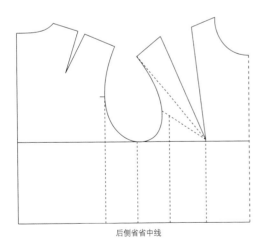

❶拷贝不收省基础纸样，调整后侧省省中线的位置至袖窿线处，后中心线为垂直线

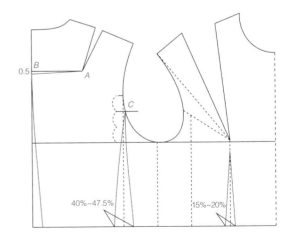

❷腰省总省量=身幅−76/2=10cm，76是三面构成衣身基础型的腰围尺寸设计值；后腰省设计：以肩胛省尖A点为旋转中心，将B点打开0.5cm，后中心线随之向右侧倾斜，形成后中腰省的收省量，后中腰省占总省量的12.5%~20%；后侧省=10×（60%−后中腰省），前侧省=10×（15%~20%），后中省省边线、后侧省省边线以曲线分割的形式表现

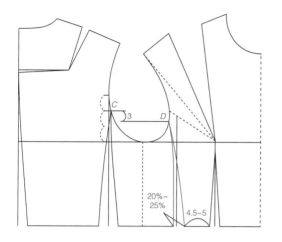 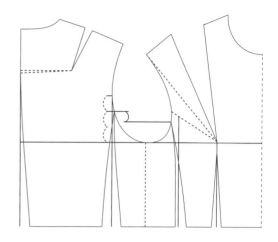

❸ 前侧省与前腰省的间距设计为4.5~5cm，前侧省=10×（20%~25%）

参照C点的位置找到D点，将前侧省道线以曲线分割的形式表现

❹ 完成三面构成衣身基础型结构制图

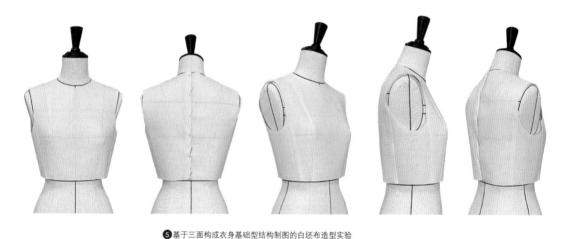

❺ 基于三面构成衣身基础型结构制图的白坯布造型实验

图3-42 三面构成衣身基础型结构设计

在结构设计中，后中心收省方法同样采用剪切法，但图3-40的后腰省合并后，后中心收省量较大，在一定程度上也缩小了胸围尺寸，因此将A点至B点的旋转尺寸以固定值0.5cm来设计后腰省的省量，旋转后的后中心腰部收省量较为合适，作图方式便捷，同时尺寸也在12.5%~20%的省量占比范围之内，白坯布造型也表现出较为均衡的腰部造型。三面构成衣身前侧、后侧分割线C、D点的位置，在设计时应略低于基础纸样省尖的位置，降低侧衣片上端的缝合难度，另外需保持C点高于D点的位置比例关系，这样更符合人体侧面的姿态。前侧省的省位是以前腰省的位置来确定的，通过具体的尺寸设计能更好地控制前腰省和前侧省在腰围线上的造型比例。与图3-40相比，该方法在侧缝处保留腰省，即保持侧衣片胸围的水平状态，形成了前、后、侧整体的衣身平衡。

图3-42中三面构成衣身基础型的白坯布造型实验，与图3-40、3-41的白坯布实验对比

来看，前、后、侧腰身的省量分配较为均衡，腰部造型适体，胸围松量合适，袖窿形态圆顺。侧面造型符合人体的姿态，以曲线分割线的形式表现，使整体的衣身廓型更为柔和，在结构制图中应用曲线分割线表现曲面形态的能力更强。

3.4.3　三面构成衣身结构设计

三面构成衣身表现人体的胸、腰、臀关系，因此参考前述六面构成、四面构成衣身的设计方法，在三面构成衣身基础型上加入腰长尺寸，运用立体裁剪的方式获得合适的腰臀造型，同时分析腰臀造型对三面构成衣身结构的影响。

三面构成衣身的立体造型实验，胸省位置同样设计在肩线处，便于省道的工艺处理；前侧、后侧采用分割线的形式；臀围尺寸在胸围、腰围尺寸增加的基础上，设计为96cm的臀围尺寸，在人体净臀围尺寸的基础上增加5cm的松量（表3-10）。

表3-10　三面构成衣身尺寸设计　　　　　　　　　　　　单位：cm

三面构成衣身款式图

项目	胸围	腰围	臀围	背长	腰长	肩宽
人体	84	66	91	38	20	38
基础型	91.5	72	—	38	—	38
三面构成	92~93	76	96	38	20	38

如图3-43所示是三面构成衣身立体裁剪的备布和画布情况，因采用纵向分割断开的造型方式，采用三块布料进行立体裁剪。每块布画好垂直基准线，前衣片、后衣片的垂直基准线为前后中心线，侧片的垂直基准线为矩形布块的二等分线。在立体造型实验中，胸腰部分造型参考图3-42的三面构成衣身基础纸样，依据布片上的垂直基准线、水平基准线将基础纸样的形状拷贝在对应的前、侧、后布片上，便于在完成立体造型后，对三面构成衣身和基础型的结构做出对比。

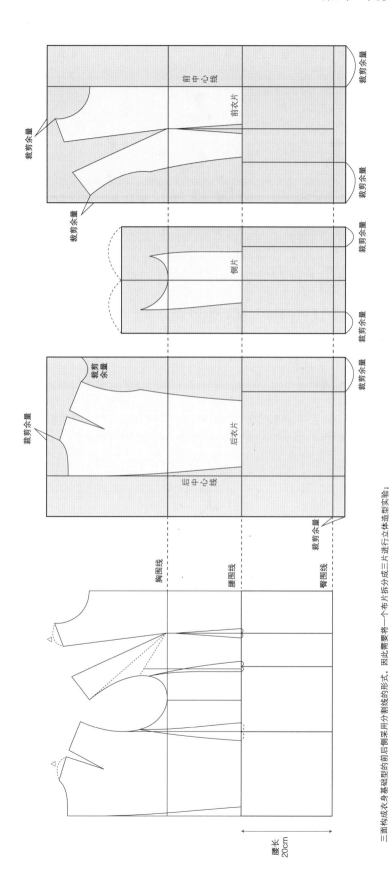

图3-43 三面构成衣身立体裁剪备布与画布

三面构成衣身基础型的前后侧采用分割线的形式，因此需要将一个布片拆分成三片进行立体造型实验。

在三面构成衣身基础型的纸样上，前后中心自腰线向下加长腰长尺寸20cm，同时延长前腰省、前侧省、后侧省、后腰省的省中线至臀围线，将纸样拷贝至白坯布上，侧片的经纱中心线与三面构成基础型结构图的侧缝线重合；在拷贝完成图形的上下左右增加适度的裁剪余量。前、后中心裁剪余量较大，为10~15cm。

胸围线
腰围线
臀围线

腰长
20cm

裁剪余量

后中心线

后衣片

裁剪余量

侧片

裁剪余量

前中心线

前衣片

裁剪余量

裁剪余量

三面构成衣身的立体裁剪过程示意（图3-44）。

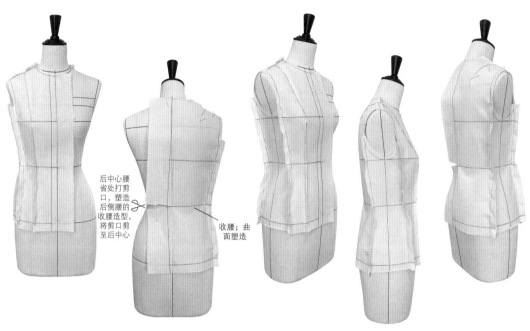

后中心腰
省处打剪
口，塑造
后侧腰的
收腰造型，
将剪口剪
至后中心

✂

收腰；曲
面塑造

❶ 将画好的布片前后中心对位在人台上，同时将布片的臀围线与人台臀围线对齐；根据拷贝的三面构成衣身基础纸样，用立体裁剪抓合法固定前侧省、后侧省，后中心腰线根据省道量做剪口，塑造胸腰部分的收省造型；根据胸腰部分的缝合状态，塑造下半身腰臀部分的造型

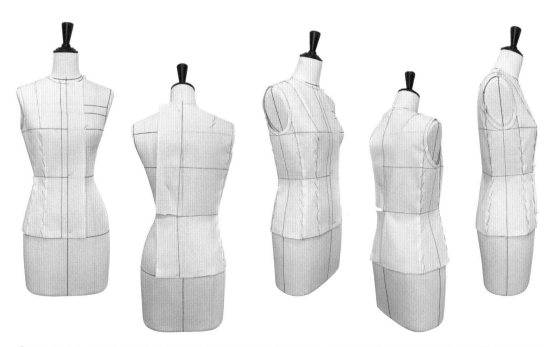

❷ 整理塑造好的胸、腰、臀造型，用盖别法固定前腰省、前侧缝和后侧缝；塑造肩部形态：在胸腰臀造型合适、同时保持衣片与人台臀围线水平重合的状态下，塑造肩胛省、前胸省和肩部造型，完成三面构成衣身的立体造型

图3-44　三面构成衣身立体裁剪

对完成的三面构成衣身立体裁剪布样进行整理画线，标记及平面分析（图3-45）。

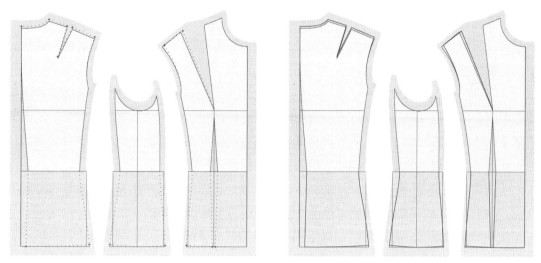

将完成的立体造型腰部以下的省道线、省尖做标记，在变化后的人台领口线、肩线和袖窿位置做标记；拆开布片，整理结构线；右图中红色粗线是三面构成衣身结构的完成线

图3-45 三面构成衣身立体裁剪布样整理与平面分析

将画线和标记做好的裁片按基础纸样身幅尺寸拼合，前衣片、侧片与后衣片的胸围线、腰围线、臀围线保持水平，拼合后前侧、后侧臀围形成纸样的重叠关系，后中和前腰臀围线处形成收省量。在前后侧重叠的基础上，底摆起翘，塑造立体造型状态下的水平底摆（图3-46）。三个布片拼合后，对相关部位的测量结果如表3-11所示。

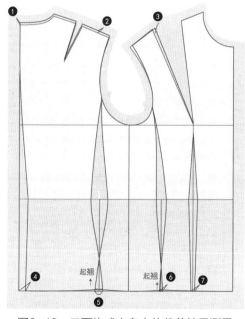

图3-46 三面构成衣身立体裁剪结果测量

表3-11 测量数据表　单位：cm

部位名称	数值
❶ 后颈点长度差	0.5
❷ 肩线长度差	0.5
❸ 胸省角度调整	1.5°
❹ 后中臀收省	1.5
❺ 后侧臀重叠	1.5
❻ 前侧臀重叠	0.8
❼ 前腰臀部收省	0.8

从表3–11测量数据表可知：

①三面构成衣身与衣身基础型相比，后颈点抬高0.5cm，胸角度减少1.5°；

②在立体造型塑造的过程中，因人体臀部后凸，前腹较平坦，后中臀省较前腰臀省收省量大，后侧臀部的体表曲度大于前侧，有较大的腰臀差，因此后侧臀围线处的重叠量大于前侧臀重叠量。

③三面构成衣身的臀围尺寸是在人体尺寸上增加了5cm的松量，为96cm的成衣臀围尺寸。对于合体廓型来说，收腰、大摆的造型感多在侧面去塑造，前后造型相对平坦，这也是基于人体的形态特征、人体的运动特征而形成的造型方式，因此三面构成衣身臀围的尺寸设计，可通过调整前后侧臀围处的重叠量，获得合适的腰臀造型。

④前腰、后腰部分的臀省设计与对应的前腰省、后中腰省尺寸相关。当腰省尺寸发生变化，为塑造衣身腰臀造型的均衡感，臀省尺寸也可相应做出调整。

图3–47是根据表3–11的测量结果绘制的三面构成衣身结构图。该结构图衣身的尺寸设计参照表3–10。肩部的设计结合立体造型的测量结果、基础型肩部和袖窿深的画法，在抬高后领口、后肩线的基础上，通过前后袖窿深的差量来设计胸省的旋转角度；腰省的设计结合后腰省的省道转移和前身40%、后身60%的省量分配来计算；臀围线上各结构线处的收省、重叠关系，以成衣臀围和身幅的尺寸差来获取，即成衣臀围=身幅–后中臀省E–前腰臀省F+后侧重叠量H+前侧重叠G，前腰臀省、后中臀省和前侧臀重叠量为固定值进行制图，后侧臀重叠量则为变量，可根据臀围尺寸的变化做出相应的调整，根据前述成衣臀围与身幅的差值计算公式，得出后侧重叠量H的计算公式为：后侧重叠H=成衣臀围/2–（身幅–后中臀省E+前侧重叠G–前腰臀省F）。

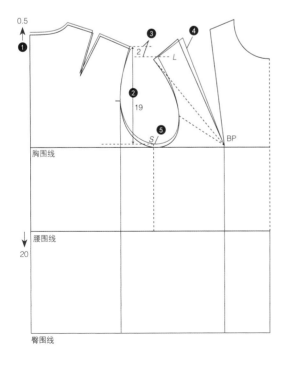

拷贝衣身基础型，腰围线向下延长20cm，画出臀围线；

延长前腰省的中线至臀围，从后腋点向臀围画垂线；

❶基础型后领口、后肩斜线、肩胛省水平向上抬高0.5cm

❷以抬高后的后肩峰点为基准测量后袖窿深19cm，确定新的袖窿底S点

❸前后袖窿深相差2cm

❹以BP点为旋转中心，将前肩峰点位置转移至水平线L处，缩小胸省角度

❺根据新的前后肩峰点、袖窿底点画顺袖窿曲线

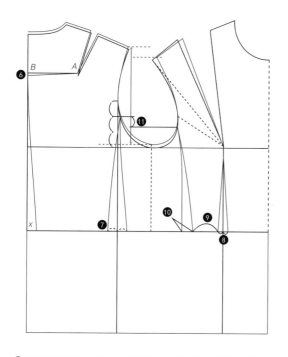
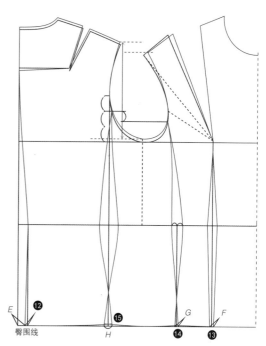

❻以A点为旋转中心，将后中心B点打开0.5cm，形成后中腰部的收省量x

❼后侧收省=（基础型身幅－半身成衣腰围）×60%－后中腰省x

❽前腰收省=（基础型身幅－半身成衣腰围）×20%

❾前腰省与前侧省间距4.5~5cm

❿前侧省=（基础型身幅－半身成衣腰围）×20%

⓫设计前后侧分割线与袖隆的交点位置，前后相差2~2.5cm

⓬从后腰省向臀围画垂线，垂足向后中偏移0.5cm，确定后中臀省的大小

⓭前腰臀省设计值为0.8cm

⓮前侧臀围线处重叠量为0.8cm

⓯后侧重叠H=成衣臀围/2－（身幅－后中臀省E+前侧重叠G－前腰臀省F

图3-47　三面构成衣身结构制图

图3-48是图3-47结构设计图的白坯布成衣效果，成衣效果与图3-44造型效果相同，腰

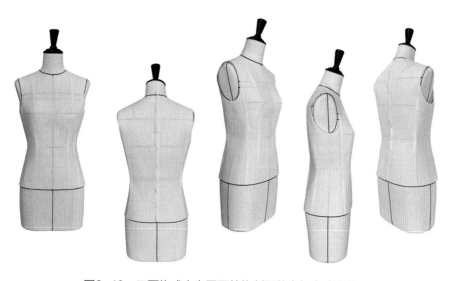

图3-48　三面构成衣身平面结构制图的白坯布成衣效果

身平整，结构转折明确，袖窿造型合适。三面构成衣身前身造型适体，通过前腰省、前侧分割线的省量塑造适体的前身"胸腰臀"形态；后背造型较宽松，通过后侧分割线、后中心线腰部的省量塑造后身"背→腰→臀"的造型。与四面构成衣身相比，三面构成衣身腰身松量增加，后侧形态较挺括，开始表现出直线的外轮廓特征。

3.4.4 三面构成衣身省道形态的变化

三面构成衣身前衣身只在前侧设计分割线，该分割线距离女子的胸高位置较远，无法通过前侧分割线塑造胸高点之下的胸腰造型和腰臀造型，因此在款式设计上，三面构成衣身的前衣片有两种表现形式（图3-49）：

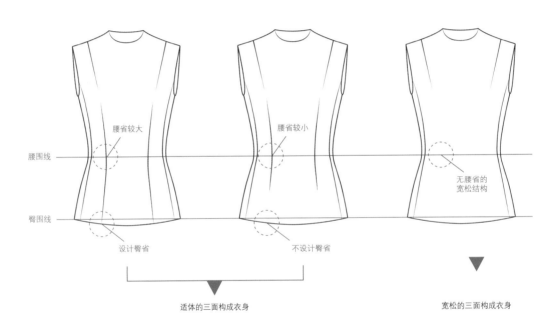

图3-49　三面构成前衣身的不同表现形式

①适体的三面构成衣身：前衣片结合胸省和前腰省，塑造更为合体的前片结构，使整个前身造型接近六面构成的适体状态，随着前腰省尺寸的调整，可设计臀省（前述图3-47、图3-48）或不设计臀省（图3-50、图3-51）；

②宽松的三面构成衣身：前衣片只表现胸省，前腰省形成腰部松量，使整体的衣身结构都处于相对宽松的状态（图3-50、图3-51）。

适体型的三面构成表现人体的四个面：正面、前侧面、侧面和背面；宽松型的三面构成表现人体的三个面：正面、侧面和背面。在实际应用中，这两种形式的后背造型基本相同，重点变化在前身腰部的形态变化。在成衣结构设计中，结合松量的设计，能够呈现出更加多样化的三面构成衣身结构设计。

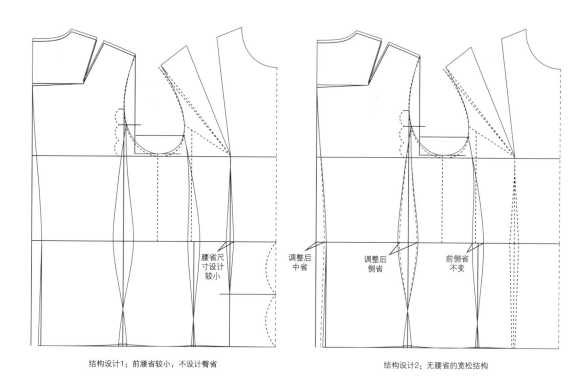

结构设计1：前腰省较小，不设计臀省

结构设计2：无腰省的宽松结构

图3-50　三面构成前衣身前腰省的结构设计

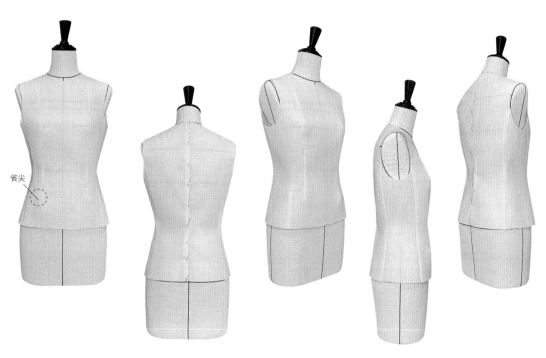

（a）前腰省较小、不设计臀省的成衣表现

图3-51

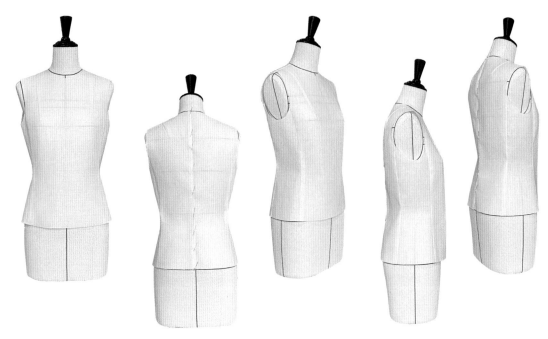

（b）无前腰省宽松结构的成衣表现

图3-51　三面构成前衣身前腰省设计的成衣表现

　　图3-51（a）是在合体三面构成衣身的基础上，前腰省臀围线不设计臀省量的结构设计图与成衣表现。臀省量的大小是依据腰省大小来确定的，当前腰省尺寸较大，为塑造前身腰腹部的造型，可在臀围处加入适量臀省量，当前身腰省尺寸较小，可不设计臀省，在臀围处留出少量的松量。图3-51（b）是腰部宽松的三面构成衣身结构设计图与成衣表现，在结构设计过程中，三面构成衣身去掉了前腰省，使前身腰部形态更为宽松，因此前侧分割线处的腰省量设计采用了25%的最大省量分配。在成衣应用中，在去掉前腰省的基础上，可适度调小后中腰省和后侧腰省的尺寸，使整体衣身结构的松量分配更为均衡。

3.5　两面衣身构成

　　两面构成的衣身结构，是由两个纵向的面、一条纵向的结构线构成。两个面包括正面、背面或前面、后面，一条线即纵向结构线，以省道或分割线的形式表现。结构线的位置参考衣身基础型的省道位置分布，可以设在人体胸腰省处、前侧省处、侧缝省处，或后侧省、后腰省处（图3-52）。两面构成衣身结构的设计可用于表现胸、腰造型，也可以表现胸、腰、臀造型。

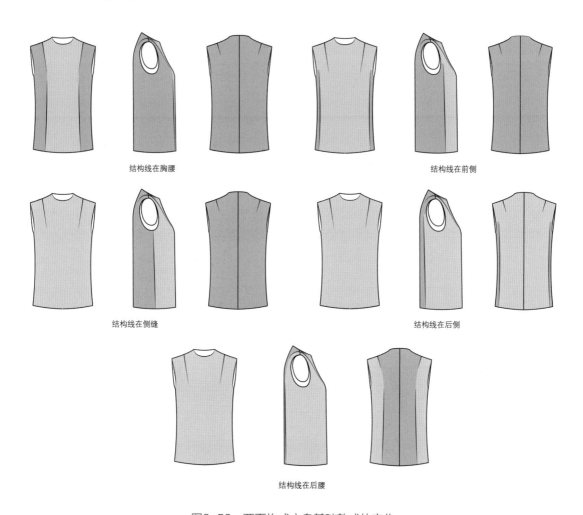

结构线在胸腰

结构线在前侧

结构线在侧缝

结构线在后侧

结构线在后腰

图3-52　两面构成衣身基础款式的变化

六面构成、四面构成、三面构成衣身塑造的是适合于人体结构的合体廓型，并随着纵向结构线数量的减小，宽松度逐渐增加。而两面构成的衣身只有一条纵向的结构线，塑造人体曲面的能力较弱，因此两面构成的衣身胸围线以下廓型以直线型为主，不塑造人体胸腰、腰臀的合体形态，但随着结构线位置的变化，其也能够塑造局部腰身的适体状态。

3.5.1　两面构成衣身的省道原理

两面构成衣身的省道设计，表现在一条纵向结构线的省量、省位设计。一条线塑造胸腰部合体的能力有限，因此两面构成的衣身基础纸样结构设计，是在衣身基础纸样上保持肩颈部、胸部和背部的立体状态，保留肩胛省和胸省，前身胸围线以下、后身背宽线以下去掉腰省，塑造宽松的腰身造型，下文称作箱形衣身基础型，对应的纸样为箱形基础纸样。

（1）箱形基础纸样的结构设计

图3-53是箱型基础纸样结构图和白坯布成衣造型（为方便成衣制作，将基础纸样的胸省转移至肩线处）。

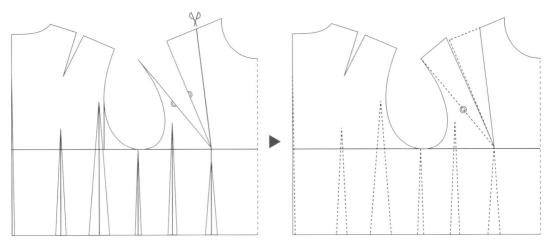

箱形基础纸样结构设计1

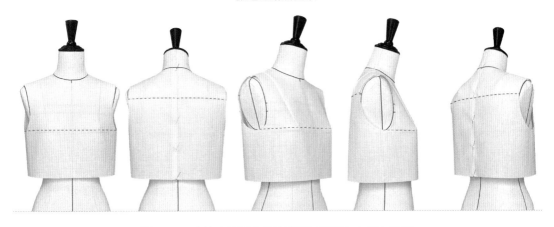

图3-53　直接去掉腰省的箱形基础纸样与白坯布造型

图3-53中所示箱形基础纸样的结构设计是直接去掉衣身基础纸样的腰省。通过观察白坯布样衣可知，胸围线以上、背宽线以上合体，以下塑造直线形的腰身廓型，衣身腰围线松量较为均衡。但该白坯布样衣依然存在一些问题：背宽线与后袖窿相交处有浮余量（图3-54）。在塑造后侧省、后腰省时，该余量是满足合体状态下腰身的长度而存在的，在宽松的箱形衣身状态下，该余量可通过省道转移消除，也可留在袖窿处作为松量。图3-54中将该余量转移至肩胛省处，使肩胛省量加大，后袖窿尺寸减小，塑造后袖窿在箱形状态下后背与侧面圆顺的转折关系。

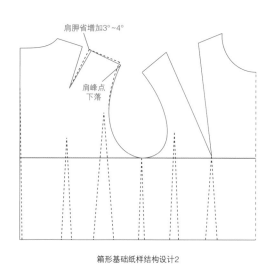

箱形基础纸样结构设计2

图3-54 箱型基础纸样肩胛省的调整

图3-55是在箱形基础纸样上加长衣长至臀围线，表现胸、腰、臀的结构关系的箱形衣身。调整肩胛省后的箱形衣身白坯布造型后袖窿处转折关系圆顺，无浮余量。观察修正后的纸样可知，因肩胛省量加大3°~4°，后肩峰点下落0.5~0.6cm，原肩峰点与新肩峰点之间的落差即转移至肩胛省处的后袖窿浮余量，新肩峰点至衣摆的长度与原来相比缩小，使衣身的背宽线、胸围线依然保持水平状态塑造直线型的胸腰廓型。

箱形基础纸样的身幅为48cm，臀围尺寸为96cm，人体净体臀围尺寸为91cm，因此衣长加长后，衣身臀围的宽松量为6cm。衣长加长至臀围线后，从造型图观察，胸围至臀围松量均衡，前后胸侧松量均衡，袖窿造型合适，衣身廓型平直，较好地表现出了箱形的廓型特征（图3-55）。

（2）**两面构成衣身纵向结构线的分布与设计**

图3-55的箱形衣身纸样塑造直线的廓型，在侧面的袖窿底向下设计一条纵向分割线，此分割线将衣身区分为前后衣片，在结构上可划分为两面构成，但该分割线不塑造立体廓型，腰身造型仍为平面式。

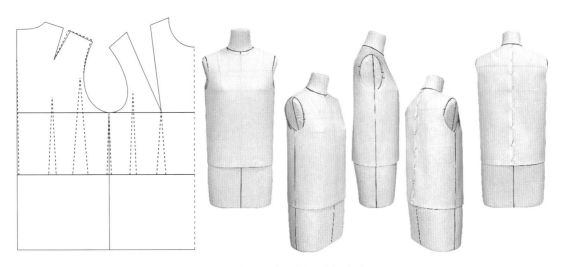

图3-55 箱形衣身纸样及白坯布造型

　　两面构成衣身由两个面、一条纵向结构线构成。纵向结构线的位置除了可设在图3-55中的侧缝区域外，也可参考合体衣身基础纸样的其他省位分布，在不同的位置设计结构线。并且在结构线处基于衣身的宽松度及造型需求，在腰部可设计省量或不设计省量。

　　图3-56是依据合体衣身基础纸样的省道位置分布，形成的五种不同的、在腰身局部呈现一定收腰效果的两面构成衣身结构形式。因纵向分割线数量少，因此收腰的量有限，整体造型仍然为宽松的廓型。

3.5.2 两面构成衣身结构设计

　　两面构成衣身的结构变化，是在图3-55的箱形衣身纸样上，参考图3-56的省位分布，设计胸、腰、臀的结构关系。在箱形衣身纸样上，两面构成衣身通过一条纵向结构线和腰部的收省，结合后中缝的腰省设计，可以塑造局部适体的廓型：

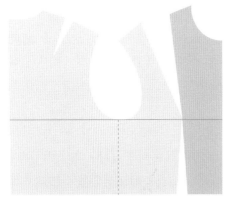

结构线在胸腰

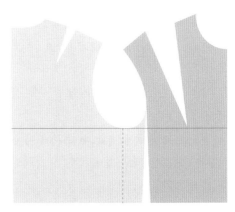

结构线在前侧

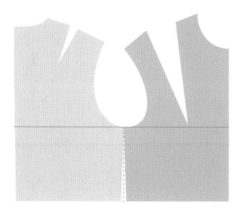

结构线在侧缝

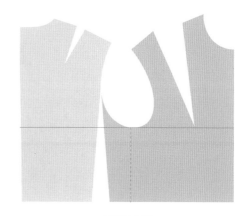

结构线在后侧

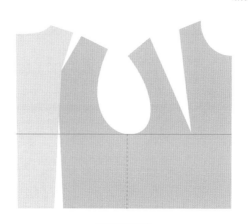

结构线在后腰背

图3-56　合体衣身基础纸样的两面构成衣身省位分布

①前身胸腰处适体：保留前胸腰省，设计腰省与臀省的关系；

②前侧适体：保留前侧省，设计前侧省与臀部重叠量的关系；

③侧缝适体：保留侧缝省，设计侧缝省与臀部重叠量的关系；

④后侧适体：保留后侧省，设计后侧省与臀部重叠量的关系；

⑤后腰适体：保留后腰省，设计后腰省与臀部尺寸的关系。

图3-57中的（a）、（b）、（c）、（d）、（e）是两面构成衣身纵向结构线在不同部位分布的结构设计图和白坯布成衣。胸围线以上保留肩胛省、胸省，前身塑造胸围线以下、后身塑造背宽线以下两面构成衣身的胸腰臀结构关系。两面构成衣身只有一条纵向结构线，依据造型要求，可将此线设计为直线或收省状态，从而产生平面的或立体的衣身造型。腰部的收省尺寸、位置、形式参考合体衣身基础纸样。在收省过程中，依据收省位置的不同，后身衣长、前侧衣长都有所调整。臀部收省或重叠关系参考三面构成、四面构成衣身纸样，臀部收省的尺寸则依据造型和臀部松量而定。

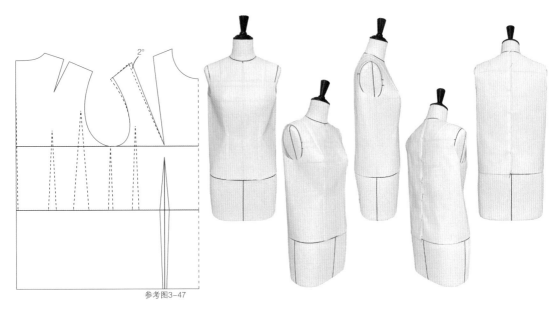

参考图3-47

（a）两面构成衣身的前腰省与臀省结构设计

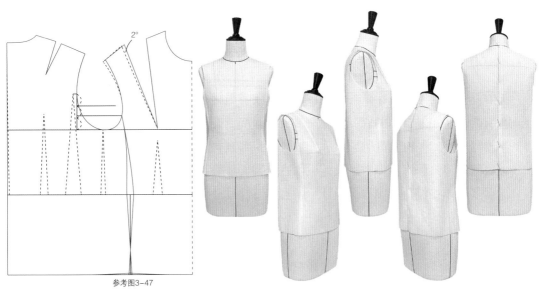

参考图3-47

（b）两面构成衣身的前侧省与臀部重叠量结构设计

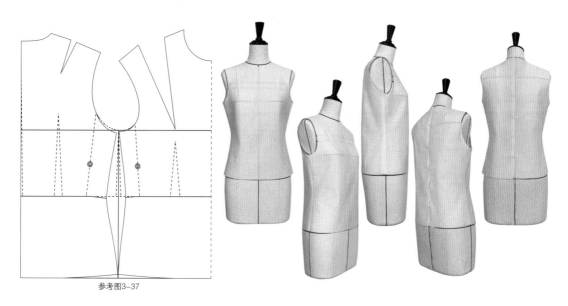

参考图3-37

（c）两面构成衣身的侧缝省与臀部重叠量结构设计

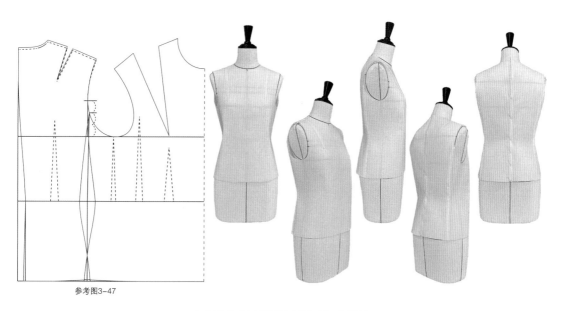

参考图3-47

（d）两面构成衣身的后侧省与臀部重叠量结构设计

图3-57

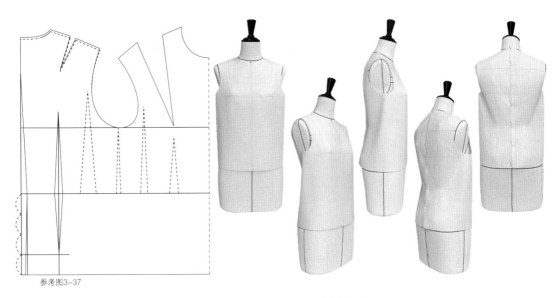

参考图3-37

（e）两面构成衣身的后腰省与臀部尺寸的结构设计

图3-57　两面构成衣身纸样结构设计与白坯布造型

第4章 | 衣身松量设计原理

4.1　衣身松量的分类

　　服装松量是存在于人体与服装之间的空间关系。合体紧窄的服装松量少，服装与人体之间产生的空间较小；宽松肥大的服装松量多，服装与人体之间产生的空间较大。对于梭织面料来说，平面的、无弹性的材质特点，使松量的设计除了表现着装后人体基本的运动需求，即运动松量外，也在塑造服装本身的空间造型，即造型松量。运动松量和造型松量共同存在于一件衣服中，对松量的需求和使用侧重点不同，在结构设计上也会产生很大的差异。服装的松量设计合适，人体做相应的动作时感受不到局部面料的抻拉所带来的压迫感和束缚感，对运动动作也不会产生影响，同时服装的造型也能保持美观的状态。

　　服装的运动松量有两个角度，其一是人穿着服装在坐、蹲、走路、抬举手臂、弯腰等日常运动的基础上，服装应该满足的基本松量；其二是指人穿着服装做一些如跑步、瑜伽、篮球、乒乓球等专业运动时，服装应该满足的运动松量。本书中讨论的运动松量，是以日常动作引起的体表变化为主要参考进行衣身的松量设计。

　　从第1章人体不同部位关节的运动范围和运动特性可知，人体肩关节运动范围最大，手臂可上举、水平伸展、后伸和前屈。人体静立状态下，腋下区域皮肤呈收缩状态，当肩关节运动时，就对腋下、肩胸部、体侧的体表皮肤产生了牵拉，从图4-1中可看出体表皮肤变化率能够形成的最大区域就集中在人体侧面，体表面积的变化率可达到36.6%~75%。

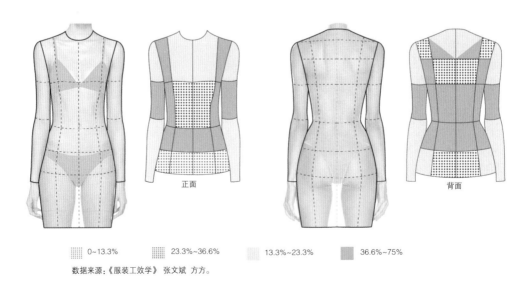

正面　　　　　　　　　　　　　　背面

▦ 0~13.3%　　▦ 23.3%~36.6%　　▢ 13.3%~23.3%　　■ 36.6%~75%

数据来源：《服装工效学》 张文斌　方方。

图4-1　上半身体表各部位表面积的变化率

人体腰椎的运动变化次于肩关节。腰椎可以进行前弯、后仰和侧弯运动，对人体胸围线与腹围线之间区域的皮肤牵拉影响较大，为23.3%~36.6%。

上半身肩关节运动时，对靠近前后中心区域的肩胸部体表皮肤牵拉较小，为13.3%~23.3%；腰椎运动时，对臀围处的体表皮肤牵拉影响也较小，臀围处体表皮肤的牵拉是通过髋关节的运动产生较大的变化率，这种变化对裤装、裙装影响较大，因本书讨论上衣的结构设计与变化原理，因此臀围处的皮肤变化率仅以腰椎运动产生的体表皮肤牵拉作为参考。

人体向前运动的变化范围大于向后，因此人体后背体表皮肤的拉伸量要大于前身，而前身的体表收缩要大于后身。人体前后体表不同区域的皮肤变形特点，在很大程度上决定了服装前后身的松量设计。

服装的造型松量是在人体的基础上塑造包覆在其外表的空间造型。与运动松量相比，造型松量倾向于表达基于人体的外部造型设计，也就是说松量的追加，是基于"塑型"这一角度去考虑的，而塑形的概念，不仅是塑造符合人体形态的服装廓型，同样也可塑造千变万化的空间形态。

造型松量的设计需求包括三个方面：生理需求、实用需求、设计需求。以生理需求为目标的造型松量，考虑着装的生理健康和舒适度，例如过于紧窄或局部紧窄的服装，在长时间穿着后对人体皮肤造成压迫感；过紧或过宽的服装，其保暖性相对也会降低。以实用需求为目标的造型松量，考虑着装的环境和用途，例如礼仪服装和工作服的造型松量就需要从不同的角度考虑。以设计需求为目标的造型松量，更多地考虑造型设计感。在实际应用中通常根据穿着对象、穿着环境和款式要素这三种需求综合起来考虑服装松量的设计。

对于造型松量而言，因服装面料材质的特殊性，增加了较大造型松量的服装局部，由于重量的作用从人体的支撑面自然悬垂，形成悬垂流动的造型松量，例如波浪裙、斗篷；另外，增加的造型量也可以应用支撑材料，例如垫肩、裙撑、铁丝、衬等，在人体外塑造一个固定的壳体，形成符合人体或夸张人体的三维空间造型。

4.1.1　横向松量、纵向松量与角度松量

观察服装结构的角度不同，对松量的理解也不同。从立体造型的角度观察服装，松量可表现为造型量、运动量、宽松度；从平面纸样的角度观察服装，松量体现为平面图形的宽度、长度和角度的变化。本章所讲述的松量设计变化，是在前述的基础纸样上增加量或减少量来形成衣身的松量设计，这里的"量"即指松量，分为三类：横向松量——平面纸样宽度的变化，纵向松量——平面纸样长度的变化，角度松量——平面纸样角度的变化。

图4-2以圆柱体和矩形为例，阐述从平面纸样的角度，松量的基础分类和设计变化原理。横向松量与纵向松量的设计是在平行移动的基础上增加或减小矩形的宽度与长度，完成后的造型与原始造型相比，围度、长度增大或减小，廓型的基础架构不变，仍然是柱体

形态。角度松量的设计是在旋转移动的基础上改变基础图形的边缘轮廓型状，使立体廓型的基础架构发生改变，从柱体变成了圆台体，并且随着旋转位置、旋转尺寸的变化，造型形态也会随之发生变化，形成不规则的立体。

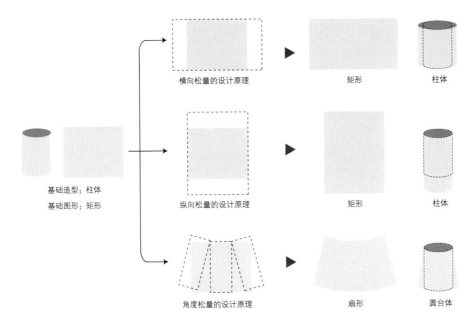

图4-2　松量的基础分类与设计原理

女上衣的基本结构组成包括衣身、袖子和领子，因此上衣的横向松量集中表现为衣身、袖子、领子纸样局部宽度、围度的变化；纵向松量表现为衣身、袖子、领子纸样局部的深度、高度和长度的变化；角度松量表现为衣身、袖子、领子纸样局部的体表角度和造型设计。表4-1是结合人体测量基础尺寸、基础纸样的结构制图方法和衣身结构设计确定的女上衣的常用松量设计部位。

表4-1　女上衣的常用松量设计部位

	横向松量		纵向松量			角度松量	
	围度	宽度	长度	深度	高度	体表角度	服装造型
部位	胸围	肩宽	背长	袖窿深	前胸高	肩斜度	绱袖角度
	腰围	胸宽	腰长	前领深	后胸高	肩胛省	
	臀围	背宽	袖长	后领深	袖山高	胸省	
	摆围	袖窿宽	衣长			腰省	
	领围	前领宽				肘省	
	袖肥	后领宽					
	袖口	乳尖距					

　　横向松量设计体现在服装纸样的围度、宽度上。围度是横向围裹人体某一部位的一圈所形成的尺寸，围度松量是在这一圈的基础上，增加或减少尺寸形成服装围度的变化；宽度是在围度的基础上某一局部的横宽尺寸，例如袖窿宽和乳间距都属于胸围的局部尺寸，袖窿宽同时也属于袖肥的局部尺寸。横向松量的设计，需要在增加或减少围度松量的基础上，相应地变化局部的宽度，均衡分布整体的横向松量。

　　纵向松量设计体现在服装纸样的长度、深度和高度上。深度、高度都属于长度的局部尺寸，上衣纸样中的深度、高度变化，在很大程度上决定的是局部造型，对整体造型影响较小，长度一定，深度、高度的变化基本不会影响长度的变化，例如袖山高尺寸调整，袖长不变；背长尺寸调整，对衣长的尺寸没有大的影响。因此纵向松量的设计需要在合理设计深度和高度的基础上，控制整体的长度松量。

　　角度松量是基于人体的体表角度和服装造型的需求确定的。合体类上衣塑造的体表角度包括肩胛骨、胸高、胸腰差、肩斜度等，并通过省道来表现，因此基于人体体表角度的松量，体现在省量的大小变化、省长的长短变化等；基于服装造型的角度松量，一方面可以用省道来表现，另一方面可以通过角度剪切与旋转来实现造型加量和减量。

4.1.2　女上衣基础型的松量

　　女上衣结构设计需要在基础型上通过横向、纵向、角度松量的增加或减少来完成不同款式的纸样变化，此方法为纸样设计中的"基型法"，因此在基础型上展开结构设计之前，需要充分了解基础型的结构特点、纸样特点、人体在穿着基础型时服装与人体的空间关系、在进行日常运动时基础型着装的舒适度问题等。充分了解基础型与人体的关系，是进行下一步结构设计的前提，具有非常重要的意义。

　　图4-3所示是运用三维虚拟软件表现的六面构成衣身与人体的松量关系。六面构成衣身的省道关系、围度尺寸与衣身基础型相同，并在此基础上增加腰臀关系，因此本章将六面构成衣身作为基础型，观察其与人体的空间关系。由图4-3可以看出，当服装效果

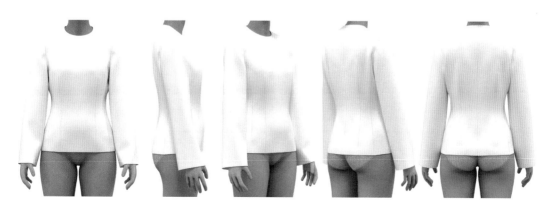

图4-3

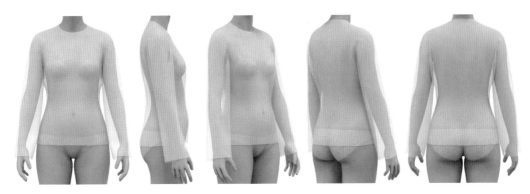

图4-3　女上衣基础型与人体的松量关系

调整为半透明状，能够较为清楚地观察到服装与人体之间的空间关系。表4-2是基础型
与人体尺寸的数据关系，尺寸以横向松量、纵向松量、角度松量作为划分，使上衣基础
型的基本结构尺寸与人体的局部尺寸都能——对应，以明确服装与人体在各个局部的松
量关系。

表 4-2　女上衣基础型与人体的松量关系　　　　　　　　　　　　单位：cm

项目		人体尺寸		上衣基础型尺寸		基础型松量
横向松量	围度	胸围	84	胸围	91~92	7~8
		腰围	66	腰围	72	6
		臀围	91	臀围	94~95	4
		颈围	36~38	领围	39~39.5	1.5~3
		臂围	26~28	袖肥	30~33	4~7
		腕围	14~15.5	袖口	30~33	14.5~19
	宽度	肩宽	38	肩宽	38	0
		胸宽	15.5	胸宽	16	0.5
		背宽	17.5	背宽	18	0.5
		臂根厚	10~11.5	袖窿宽	11.5~12	0.5~1.5
		前领宽	—	前领宽	6.9	—
		后领宽	—	后领宽	7.6	—
		乳间距	18	乳间距	18	0
纵向松量	长度	背长	38	背长	38	0
		腰长	18~20	腰长	18~20	0
		臂长	51.5~52.5	袖长	56~58	4.5~5.5

续表

项目			人体尺寸		上衣基础型尺寸		基础型松量
纵向松量	深度		臂根高	11~11.5	袖窿圆高	15.5~16	4~5
			前领深	—	前领深	7.6	—
			后领深	—	后领深	1.9	—
	高度		前胸高	24.5~25	前胸高	24.5	0~0.5
			后胸高	23.5~24	后胸高	23.6	0.4
			臂根高	11~11.5	袖山高	14~15.5	3~3.5
角度松量	体表角度		肩斜度	23.5°~24°	肩斜度	19.5°	4°~4.5°
			肩胛骨角度	11°	肩胛省	10°	1°
			胸凸角度	17.5°~18°	胸省	17°~17.5°	0°~1°
			肘部前屈	12°~12.5°	肘省	0°	—
			手臂上抬	0°~35°	绱袖角度	16°~18°	—
			手臂前斜	6.18°	袖前斜度	4°~5°	1.18°~2.18°

注 前领宽、后领宽、前领深、后领深尺寸对应领围线的横、纵向指标，在表中人体尺寸上没有标注；横向松量、纵向松量对应的各个尺寸均为人体自然站立状态下所测得的尺寸；肘部前屈的角度是人体自然站立状态下，手臂自然下垂时前臂的角度与垂直线之间的夹角；手臂上抬的角度是手臂侧举0°~35°，所匹配的袖基础型绱袖角度在16°~18°；手臂前斜的角度是手臂自然下垂时，肩峰点与手腕中点连线呈现的角度。

对应表4-2和人体运动变化范围，能够比较清楚地明确上衣基础型松量的造型表现和尺寸变化的关系。

横向松量中胸围松量最大，除了满足人体呼吸所需的空间外，当手臂进行运动时，袖子对前后侧衣身产生牵拉，需要在胸围处设计一定的松量；腰椎运动幅度小于肩关节，对腰围尺寸影响较大，对臀围尺寸影响较小，因此腰围松量设计为6cm，臀围尺寸的松量设计为臀部的最小放松量；袖子基础型的造型为直筒袖，因此袖口尺寸与袖肥相同，相对于手腕来说松量较大。

纵向松量中，臂根的高度对应衣身袖窿圆高和袖子袖山高。手臂在进行上举、前屈和后伸的动作时，腋下皮肤皱褶拉伸，体表尺寸变长，因此在考虑穿着舒适性的情况下，臂根底部与袖窿底部保留4~5cm的尺寸差；袖山高尺寸略低于袖窿圆高，在绱袖时表现为一定的绱袖角度。

角度松量表现为人体的体表角度，包括肩斜度、胸角度、肩胛骨角度、胸腰差，腰臀差，以及袖子与衣身的角度关系，包括袖前斜度、绱袖角度等。角度的变化，在一定程度上也影响服装造型的松量，例如肩斜度变化，影响服装与人体在肩部的空间关系。塑造胸腰差、腰臀差的腰省与臀省的变化，影响服装与人体在腰臀部位的空间造型。

　　服装松量设计合适，着装舒适度就会大幅提升。影响服装着装舒适度的因素，包括服装对于人体的压力、服装材料的保暖性和吸湿透气性，而松量在很大程度上影响服装对人体的压力。服装作用于人体的压力有两种表现形式，一种是由于服装的重力作用对人体产生的压力，另一种是由于材料的变形产生张力，从而产生作用于人体上的压力，对人体产生压迫感。人体的不同部位所能承受的压力也是不同的，例如人体腰部，压力在0~1.47kPa时无感觉或无不舒服的感觉，压力超过2.46kPa时感觉极不舒服；小腿前部的压力极限值在0~2451Pa，小腿后部的服装压超过1961.3Pa时，才能比较敏感地感受到服装压的变化。

　　图4-4是在CLO3D软件中，虚拟人体穿着上衣基础型时，在不同的动作下服装对人体的压力表现。服装尺寸、人体尺寸与表4-2相同，面料性能设置为梭织无弹性面料。图中压力表中蓝绿色区域相对于人体的压力较小，红橙色区域相对于人体的压力稍大，单位为kPa。图中从上到下人体的动作依次为手臂自然下垂、手臂上举、手臂水平前伸、手臂后伸、腰部下弯，在不同动作下，服装相对于人体的压力值是不同的。从图4-4中可以看出，在动作范围幅度最大的情况下，上衣基础型局部对人体的最大压力值集中在蓝色区域；在日常着装状态下，基础型松量设计合适，压力值处于较舒适的范围。在实际穿着中，穿着习惯、测试动作标准程度、个体压力的耐受度、面料特性、温度等都会对服装压力的舒适性产生影响，因此虚拟软件展示的压力图仅可作为参考。

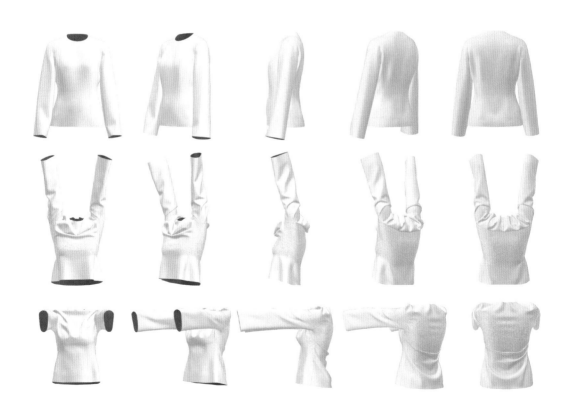

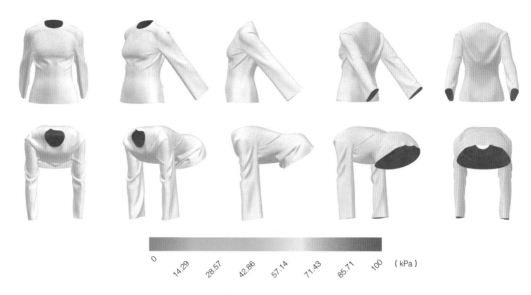

| 0 | 14.29 | 28.57 | 42.86 | 57.14 | 71.43 | 85.71 | 100 | (kPa) |

图4-4 女上衣基础型在不同动作下产生的压力

4.2 合体类衣身的松量设计

　　本章对服装松量的设计与探讨，是在上一章衣身结构分类的基础上进行的。衣身构成包括六面构成、四面构成、三面构成和两面构成，其中六面构成、四面构成和三面构成属于合体类衣身结构，两面构成属于宽松类衣身结构。作为成衣基础型，上一章所述的各类衣身结构的尺寸设计，满足人体基本的运动需求，是每一类衣身结构所应具备的基本松量。因此本章松量设计的方向，是在基本松量的基础上，探讨如何在不同的目的和需求下增加服装松量，满足衣身廓型相同的前提下，各个局部的松量能够灵活变化的结构设计方法。

　　在合体类衣身结构中，四面构成和三面构成在成衣中应用较多，因此本节以四面构成、三面构成衣身作为松量设计的出发点。

　　合体类衣身结构塑造符合人体腰身的曲线造型，腰部收省，呈现"X"的廓型特征，其松量设计有多种思路：

　　首先，这种收腰的廓型在衬衫、连衣裙、外套中都有应用，并且因服装品种和材料的不同，每一品类的服装松量设计也是不同的。贴身穿着的四面构成衬衫，肩胸部合体，胸、腰、臀的松量设计与基础型相同。外穿的四面构成大衣，由于内穿衬衫、毛衣等保暖衣物，因此大衣的肩部、袖窿结构处理、胸腰臀尺寸与合体衬衫大不相同，其松量的设计需要满足内部穿着衣物所需的空间量。

其次，由于服装面料的弹力、厚薄、性能不同，在结构设计中采用的松量也不同。例如无弹力的面料，在结构设计中应考虑足够的松量，才能不影响人体的正常运动、对服装造成撕扯与破裂；弹力较大的面料，由于弹性可满足一部分运动的需求，使其在穿着时具备一定的张力，因此其松量设计较无弹性面料稍小。此外，不同厚薄的面料在不同的缝合工艺中，需满足一定的松量，以降低面料厚度差形成的服装尺寸误差。

最后，相同体型的两个人，其身高、胸围尺寸相同，但体态、动作习惯、穿衣习惯不同，就形成了不同的松量需求；相同廓型的服装，有的人习惯穿着更大尺寸的胸围，着装的舒适度是首要的，有的人习惯穿着尺寸偏小的服装，精致干练的形态和外观是首要的。在不同的着装场所、环境、文化中，人们对舒适感和束缚感的需求也不相同，舒适的着装使人身心放松，例如家居服、运动休闲服；对人体某部位造成压力的服装通过束缚人体增强某种仪式感，表现庄重的着装氛围，例如礼服、正式场合穿着的职业装等。

综合人体的运动规律和着装松量需求，合体类衣身结构的松量设计包括肩胸部松量设计和胸腰臀松量设计，在结构设计方法上，结合前述纵向、横向、角度松量的分配，对四面构成、三面构成衣身结构做出相应的改变。

4.2.1　合体类衣身肩胸部松量设计

肩颈部、肩胸部是服装穿着时的支撑面，因重力的原因，该部位的服装与人体的空间量为0，有时因压力的作用，该部位的空间呈负值。肩胸部的松量设计，主要体现在垫肩量的设计、内层衣物在肩部的厚度、袖窿大小、领口大小，这些部位所涉及纸样的横向、纵向、角度结构要素包括肩宽、前后领宽、胸宽、背宽、前后领深、袖窿深、肩斜度、肩胛骨角度和胸角度。

（1）增加垫肩的衣身肩部结构设计

垫肩是应用在服装肩部的撑垫类材料，一般用在里料和面料之间，设计肩部造型时，需要考虑不同形态、厚度的垫肩撑起的空间造型，在结构设计时加入合适的松量。

垫肩在形态上有平头垫肩、圆头垫肩和翘肩垫肩，用来塑造不同的肩部形态。垫肩以薄、厚之分来塑造肩端的厚度，从侧面观察，垫肩也影响袖窿顶部的宽度（图4-5）。

（a）垫肩的基本结构及形态分类

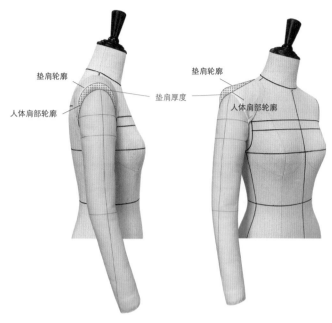

（b）垫肩与人体的结构关系

图4-5 垫肩形态

　　图4-6（a）中垫肩的造型作用主要集中在肩部红色阴影区域，在靠近肩峰点的位置最厚，并且以肩峰点为中心，向前、后、颈侧三个方向逐渐变薄，与人体肩部贴合。图4-6（b）图中的俯视图是肩部的横截面，红色虚线代表垫肩的截面形态，从图中可以看出肩端部分增厚，使后肩、前肩部分的横向曲度变小，在一定程度上削弱了胸角度和肩胛骨角度；侧视图中，人体自然肩部形态所形成的胸角度$\angle\alpha_1$、肩胛骨角度$\angle\alpha_2$大于加了垫肩后的胸角度$\angle\beta_1$、肩胛骨角度$\angle\beta_2$，因此在垫肩的结构设计中，可以利用减小胸省和肩胛省的方法来形成垫肩结构的松量。

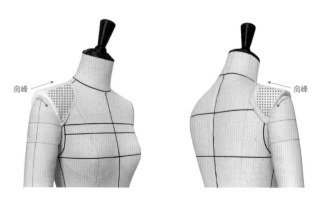

（a）垫肩在肩部的造型区域

图4-6

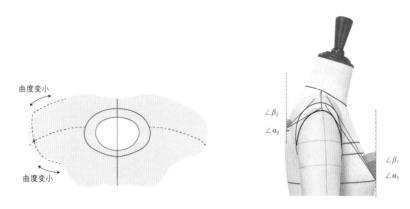

（b）垫肩对肩胛骨角度、胸角度的影响

图4-6　垫肩对衣身肩部结构的影响

　　图4-7是垫肩松量结构设计图，该设计方法结合垫肩与人体肩部的形态关系，将胸省与肩胛省的部分省量转移至前后肩峰处，胸省和肩胛省缩小，肩峰点位置抬高，形成了肩峰部位的垫肩松量；此外，在省道转移过程中，需根据所使用的垫肩厚度，转移相应的省量，因前后肩部形态的差异，垫肩厚度在前后肩的分配比例相差约0.4cm，即后肩垫肩松量设计为"垫肩厚度/2+0.2cm"，前肩垫肩松量设计为"垫肩厚度/2−0.2cm"。

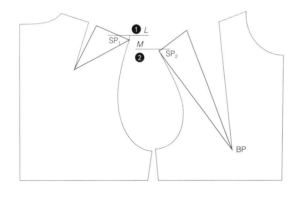

❶ 肩胛省尖与后肩峰点SP_1连线，SP_1垂直上抬"垫肩厚度/2+0.2cm"，画出水平线L

❷ 胸省省尖（BP点）与前肩峰点SP_2连线，SP_2垂直上抬"垫肩厚度/2−0.2cm"，画出水平线M

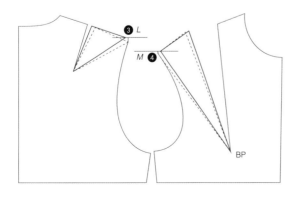

❸ 以肩胛省尖为旋转中心，将SP_1旋转至水平线L上，同时缩小肩胛省

❹ 以BP点为旋转中心，将SP_2旋转至水平线M上，同时缩小胸省

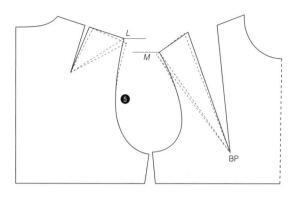

❺新的前后肩峰点分别向前、后腋点处顺袖窿曲线，完成垫肩形成的肩部结构松量设计

图4-7　垫肩形成的衣身肩部结构松量设计

（2）肩部厚度设计

肩部厚度是指多层衣物穿着时，内层衣物在肩部形成一定的厚度，罩在外面的大衣需要满足一定的松量，给予内层衣物一定的空间，使衣长及肩部造型保持不变。图4-8是肩部厚度的结构设计图，肩斜线通过平行上抬形成需要的松量，肩斜线上抬之后，肩胛省与胸省角度不变，省边线尺寸延长；前后领宽不变，前后领深变长；袖窿线向上延长，肩斜线与袖窿线形成的夹角不变。

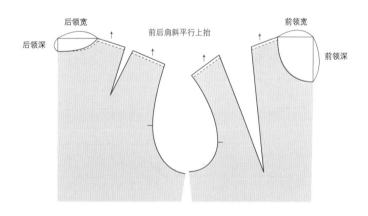

图4-8　肩部厚度的结构设计

（3）肩宽设计

对于160/84A标准体型的人来说，手臂自然下垂时所测量的肩宽是38cm，根据运动规律可知，手臂伸展、上举等动作时的肩宽均小于38cm，因此基础型的肩宽尺寸设计为38cm，服装肩峰点与人体肩峰点在同一位置，满足手臂下垂时肩部皮肤伸展的最大状态，同时也是装袖类袖型在肩部最合适的缝袖位置。

肩宽尺寸可根据款式需求进行宽度的加减。在成衣设计中，肩部有较夸张造型的袖子所匹配的肩宽应小于基础型衣身的肩宽，例如搭配泡泡袖的衣身肩宽尺寸需要缩减，避免加入皱褶后使肩部造型过宽；另外，肩宽尺寸增加后，也可进行宽肩造型的设计，借助垫肩或其他支撑材料增加肩部的宽度和饱满度，塑造男性化的、中性的着装风格，或使肩部的宽度自然下落，形成轻松休闲的落肩袖型。

肩宽尺寸的变化是宽度量的增加，不涉及角度量，因此改变肩宽尺寸的方法是从肩峰点的位置沿肩斜线向内缩减小肩宽尺寸，或向外延长肩斜线，增加小肩宽尺寸。肩宽增加，肩峰点外移，需要以新的肩峰点为基准点重新绘制衣身袖窿弧线（图4-9）。

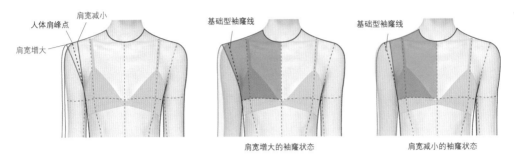

（a）肩宽尺寸变化对肩部造型的影响

（b）肩宽尺寸变化的纸样处理

图4-9　肩宽结构设计

（4）胸宽、背宽松量设计

胸宽、背宽是位于人体肩、胸之间的横向尺寸，控制该部位的衣身宽度，也影响袖窿的宽度和造型。160/84A体型女上衣基础型的胸宽设计为16cm，背宽设计18cm，基本与人体胸背宽尺寸相同，便于绱袖和手臂的运动。

在胸宽、背宽部位的松量设计中，一般无袖服装的胸背宽尺寸在基础型的尺寸上可适度减小；绱袖服装的胸背宽尺寸以基础型胸背宽尺寸为准，也可根据衣身的宽松度，在此基础上增加适度的宽度量。因胸宽与背宽位于肩、胸之间，在实际应用中，该部位的松量设计需要考虑肩宽、胸围尺寸，使肩宽、胸背宽、胸围三个部位满足合适的结构比例和数据关系。肩宽尺寸较大，胸背宽也需要相应增加尺寸；肩宽尺寸较小，胸背宽则需要相应减小尺寸，使衣身袖窿弧线保持圆顺。

图4-10是胸宽、背宽的结构设计图，胸背宽尺寸的增加，是在前后腋点处向衣片外侧增加一定的宽度。在合体衣身结构中，因款式的限制，胸宽、背宽尺寸的增加量较小，并且前胸宽的尺寸增加幅度小于后背宽，以满足前后身的比例关系和手臂的运动规律。胸背宽的松量设计完成，需重新连接肩峰点、变化后的前后腋点、袖窿底点，形成新的袖窿弧线。

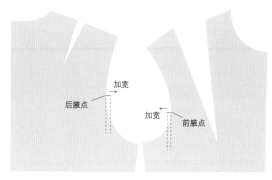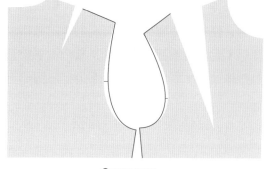

❶在基础纸样的前后腋点处增加胸宽、背宽尺寸　　　　　　　　　　　　　　　　❷圆顺袖窿弧线

图4-10　胸宽、背宽松量结构设计

（5）袖窿深设计

袖窿深是衣身结构中的纵向松量，袖窿深指平面结构图中肩峰点到袖窿底的距离，袖窿圆高指在立体造型中，肩峰点到袖窿底的距离。前表4-2中基础型的袖窿圆高为15.5~16cm，袖窿底端接近人体胸围水平线，是合体的普通成衣较常用的位置，该位置与臂根底部保留4~5cm的空间，降低了袖窿底部对人体腋下部位的摩擦，增强了穿着的舒适度。

袖窿深松量的设计，是在基础型上继续增加袖窿的深度。与肩部平行松量的原理相同，都是在人体穿着多层衣物的情况下，袖窿底需要在侧缝的位置下落，加大袖窿深度，为内层衣物的袖底保留足够的容纳空间。

衣身松量设计的需求较为多样，图4-11是综合垫肩松量、肩部平行松量、肩宽加宽、胸宽背宽松量、袖窿深度等需求的松量结构设计图和松量变化前后的纸样对比图。

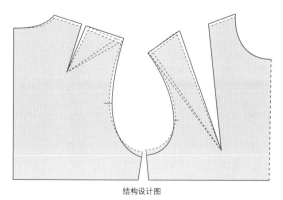

结构设计图　　　　　　　　　　　　　　　　纸样对比图

图4-11　综合松量的结构设计

图中的松量设计是相对于肩宽、垫肩、胸背宽、袖窿深度有所变化，在实际应用中，可根据实际需求做出相应的松量调整，例如垫肩松量增加，其他要素不变，或肩宽、胸宽尺寸增加，其他要素不变等。相对于基础纸样，加入松量后的肩胸部纸样变化较大的区域集中在侧面，前后中心造型相对稳定。

女上装肩胸部的松量设计涉及肩斜度、胸背宽和袖窿深，影响整个肩部造型。肩胸部也是服装穿着在人体上的支撑面，影响整体衣身的结构平衡。肩胸部松量设计不足，衣摆上吊，使衣身造型出现不美观的牵拉皱褶；肩胸部松量设计过大，产生塌陷皱褶，肩部立体感不足。肩胸部松量设计是整个上衣松量设计的局部，在衣身结构设计中，仍需考虑衣身整体结构、衣袖结构的关系进行肩胸部不同部位的松量设计。

4.2.2　合体类衣身胸腰臀松量设计

肩、胸、腰、臀是女上装廓型变化的四个主体区域，上一节论述了肩胸部位的松量设计，在于肩部支撑区域内部撑垫的厚度、袖窿形态的变化，那么胸腰臀部位的松量设计，主要集中在胸围、腰围、臀围的尺寸变化和设计。

胸围、腰围、臀围是衣身结构的围度尺寸，不同的情况下，胸、腰、臀三围尺寸设计会有所不同。例如，上衣基础型胸围91cm、腰围72cm、臀围94cm，在基础型的三围尺寸上，各增加3cm的松量，即胸围94cm、腰围75cm、臀围97cm，获得的衣身松量增加，胸、腰、臀的比例关系不变，廓型不变，该松量的设计方法为平行横向松量的追加；另一种情况是，胸围增加2cm，腰围尺寸不变，臀围增加3cm，即胸围93cm、腰围72cm、臀围97cm，获得的衣身胸围、臀围松量增加，胸、腰、臀的比例关系、廓型均发生变化，该松量的设计方法为角度松量的追加。

横向松量、角度松量的追加方法原理可参考前图4-2，但在成衣结构中，还需要考虑以下几点：胸腰差、腰臀差使合体衣身的省道线、分割线呈现S形曲线结构；松量追加的过程中，对肩线、省道、袖窿结构会产生什么样的影响；衣身结构不同，松量设计也会有所区别，例如三面构成衣身的松量设计方法与四面构成衣身不同。人体的运动特点，使衣身的松量分布并不均衡，图4-12所示是根据人体体表皮肤的拉伸规律和人体的运动特点而设定的女上衣衣身松量分布位置，主要集中在前后公主线与侧缝之间区域。前后中心结构相对较为稳定，除造型需求外，例如搭门宽度设计、搭门造型设计等，从运动机能性上来讲该处无横向松量设计。

在平面纸样上松量设计的应用，体现为纸样展开和纸样重叠。衣身结构局部不设分割线或省道线的情况下，切开后的纸样完成重叠、展开的操作后，通过边缘连接形成新的完整的纸样；在衣身结构局部设有结构线的情况下，两块纸样之间通过重叠量的大小来调整松量追加的多寡，完成后的纸样仍然是两块纸样之间的结构关系（表4-3）。

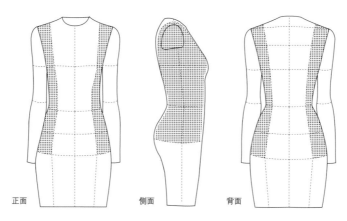

正面　　　　　　　　侧面　　　　　　　　背面

图4-12　女上衣衣身松量分布

表 4-3　基于不同纸样构成的松量设计原理

项目	原始构成	纸样操作			完成纸样	立体造型
纸样构成	一块布：不设计分割线的情况	横向变化	平行展开			
			平行重叠			
		角度变化	角度展开			
			角度重叠			
	两块布：设计分割线的情况	横向变化	平行减量			
			平行加量			
		角度变化	角度减量			
			角度加量			

表4-3是在不同的纸样构成状态下，为使原始纸样和完成后的变化纸样保持相同的结构构成（一块布构成或两块布构成），采用纸样剪切、重叠、加量、减量来进行造型松量的设计。纸样基础构成不同，采用重叠或展开所形成的结果完全不同。一块布的纸样基础构成，不设分割线或省道线，想要进行宽度量或角度量的变化，需要采取剪切→展开或重叠→连接外轮廓的操作完成松量的增加或减少；两块布的纸样基础构成，设有分割线或省道线，以分割线或省道线为基础，采取绘制加量线或减量线→纸样加量或减量的操作完成松量的增加或减少。对于一块布的纸样构成，重叠的本质是减法，展开的本质是加法；而对于两块布的纸样构成，加量形成两块纸样的重叠，减量则形成两块纸样之间的展开。接下来将要探讨的三面构成、四面构成衣身松量追加的结构设计方法，即是以一块布、两块布的纸样基础构成为设计原理展开。

（1）横向松量在合体类衣身中的结构设计

横向松量即平行移动，结合衣身松量的分布和不同纸样构成的松量设计原理，四面构成、三面构成衣身的松量设计如图4-13、图4-14所示。在图4-12中衣身松量主要集中在前后公主线与侧缝之间区域，因此四面构成衣身的横向松量设计，是将该区域进行纸样的变形和分割，形成衣身横向松量的追加。

四面构成衣身横向松量的设计位置如图4-13所示：

①松量设计在前后身侧缝线处：前后衣身基础纸样不动，将前后身侧缝线分别向外平行移动追加松量，平移的线之间在胸围、臀围处产生较大的重叠。在侧缝处设计横向松量，完成后纸样的袖窿底形态有较小的变形，松量在造型上集中在侧线上，前胸宽、后背宽受此操作影响较小。

②松量设计在前后身公主线处：肩胛省与后腰省相连，臀省省尖通向底摆，将前侧、后侧衣片分别向外平行移动，移动量即追加的松量，移动后前侧、后侧衣片在侧缝胸围、臀围处产生较大的重叠。在前后身公主线处设计横向松量，完成后纸样肩宽、胸宽、背宽、袖窿底均有变宽和变形，因腰省大小不变，因此松量在造型上集中在前后公主线至侧缝这一区域。在实际应用中，追加完松量可适度调整肩宽、胸宽和背宽的尺寸，使肩胸部造型合适。

③松量设计在前后腋点区域：将前侧衣身前腋点、后侧衣身后腋点处向底摆设计剪切线，剪开后分别向外平行移动，移动量即追加的松量，移动后前侧、后侧衣片也在侧缝胸围、臀围处产生较大的重叠。在前后腋点区域设计横向松量，完成后纸样的胸宽、背宽和袖窿底有较小的变宽和变形，松量在造型上集中在前后侧区域。

三面构成衣身基础型横向松量的设计位置为前后侧分割线和侧缝线处（图4-14）：

①前后侧分割线：三面构成衣身的侧衣片不动，前后身衣片分别向外平行移动追加松量，平移后前侧、后侧的衣身产生展开量，在展开的基础上重新绘制曲线分割线，使前后身收省量不变。完成后的纸样胸宽、背宽尺寸增加，袖窿形状变化，松量在造型上集中在侧面。

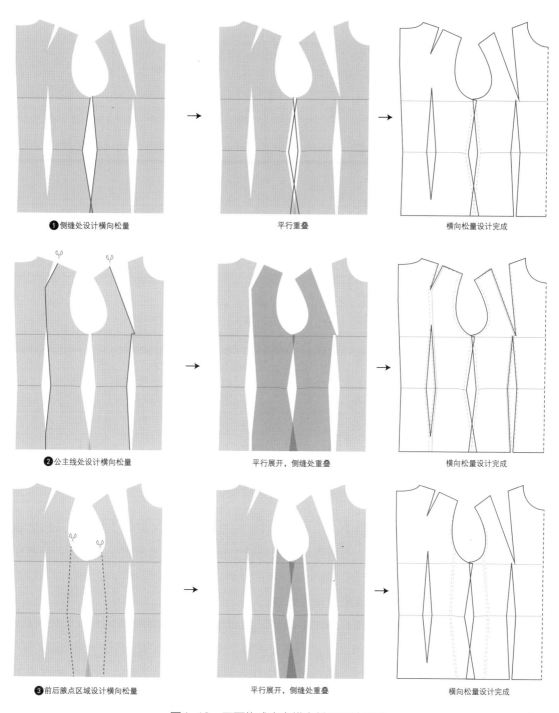

❶ 侧缝处设计横向松量　　　　平行重叠　　　　横向松量设计完成

❷ 公主线处设计横向松量　　　平行展开，侧缝处重叠　　横向松量设计完成

❸ 前后腋点区域设计横向松量　平行展开，侧缝处重叠　横向松量设计完成

图4-13　四面构成衣身横向松量设计原理

　　②侧缝线处：前后衣身纸样不动，将侧衣片沿侧缝线剪切和平行移动，移动后前后衣片和侧衣片在胸围、臀围处重叠量加大。完成后的纸样袖窿底形状有较小的变化，松量在造型上集中在侧面。

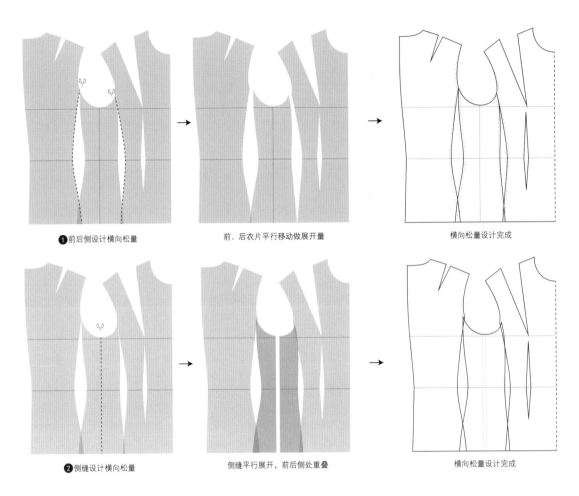

❶ 前后侧设计横向松量　　　　前、后衣片平行移动做展开量　　　　　横向松量设计完成

❷ 侧缝设计横向松量　　　　侧缝平行展开，前后侧处重叠　　　　　横向松量设计完成

图4-14　三面构成衣身横向松量设计原理

　　如果松量设计尺寸较大，集中在一个区域设置松量，会使该区域造型与整体造型之间比例失调，因此在成衣应用中，不同部位的松量加放方法可综合起来应用，将松量分散在不同的位置。

（2）角度松量在合体类衣身中的结构设计

　　角度松量的设计方法是将纸样做中心旋转式的角度变形，达成纸样的角度松量变化，在造型上人体与服装之间呈现角度变化的内空间形态。角度松量的特点是一端增加松量，另一端尺寸不变（参考图4-2）。对于衣身胸、腰、臀的松量变化来说，角度松量能满足不同局部的松量需求，例如：胸围不变，腰围、臀围松量变化；腰围不变，胸围、臀围松量变化；臀围不变，胸围、腰围松量变化；胸围、腰围、臀围松量都发生变化。结合胸、腰、臀不同部位的松量需求，可采取的纸样处理方法包括：

　　①调节腰省大小，可改变腰部的松量。合体类衣身的造型满足人体的体型，腰部最细，基础型的腰部尺寸是在人体尺寸的基础上，增加了6cm的松量，若想增加或减小衣身腰围尺寸，可在基础型上增大或缩小腰省量。

　　②省长高于胸围的区域，省长不变，调节腰省，在一定程度上影响胸围尺寸。胸围与腰围之间的省道，塑造的是胸腰差，省道形式为三角形省，三角形的高度不变，当三角形底边的省量发生变化，三角形顶点区域的宽度也随之发生变化。这一方法主要应用在后背区域。

　　③腰围不变，胸围和臀围松量的追加，可采用剪切加量和重叠加量的方式。松量增加较大的情况下，在同一个衣身可同时采用两种方法；松量增加较小的情况下，可选择其中一个方式增加松量。

　　④三围尺寸都发生变化，且变化量不同，可以先确定好腰围松量，在此基础上采用剪切加量或重叠加量调整胸围和臀围尺寸。

　　以上方法对三面构成、四面构成衣身的角度松量设计都适用，具体设计方法与原理如图4-15、图4-16所示。与横向松量一样，在不同的位置设计重叠量或展开量，形成的造型松量均不同。在侧缝处设计重叠量，松量在造型上集中在侧线处；在前后腋点处设计重叠量或展开量，松量在造型上集中在前后侧。因此在实际应用中，需要根据造型需求将不同的方法综合使用，将追加的松量分解在不同区域，使松量的设计更加均衡。

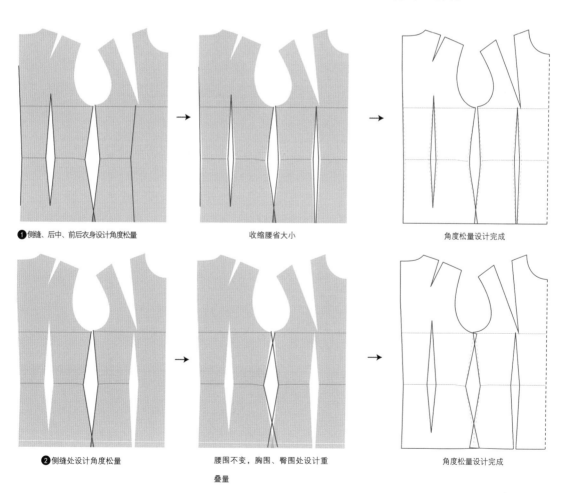

❶侧缝、后中、前后衣身设计角度松量　　　收缩腰省大小　　　角度松量设计完成

❷侧缝处设计角度松量　　　腰围不变，胸围、臀围处设计重叠量　　　角度松量设计完成

图4-15

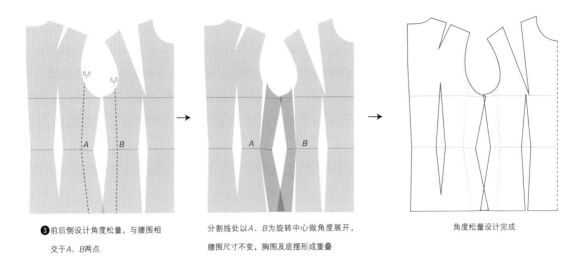

❸前后侧设计角度松量，与腰围相 　　　　分割线处以A、B为旋转中心做角度展开，　　　　角度松量设计完成
　交于A、B两点 　　　　　　　　　　　　腰围尺寸不变，胸围及底摆形成重叠

图4-15　四面构成衣身角度松量设计原理

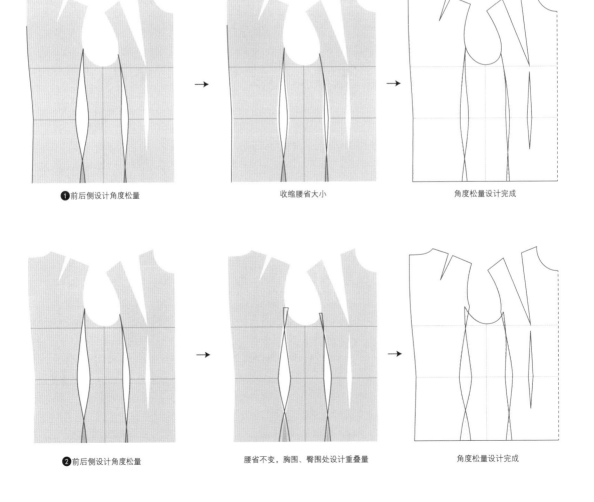

❶前后侧设计角度松量 　　　　　　收缩腰省大小 　　　　　　　　角度松量设计完成

❷前后侧设计角度松量 　　　　　　腰省不变，胸围、臀围处设计重叠量 　　　　角度松量设计完成

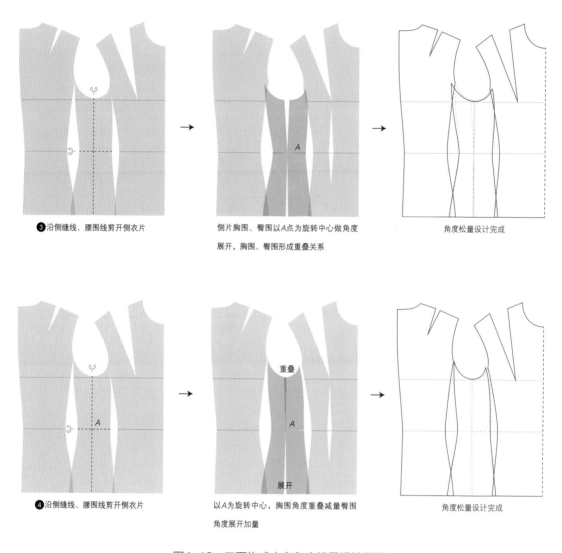

❸沿侧缝线、腰围线剪开侧衣片　　　侧片胸围、臀围以A点为旋转中心做角度　　　角度松量设计完成
　　　　　　　　　　　　　　　　展开，胸围、臀围形成重叠关系

❹沿侧缝线、腰围线剪开侧衣片　　　以A为旋转中心，胸围角度重叠减量臀围　　　角度松量设计完成
　　　　　　　　　　　　　　　　角度展开加量

图4-16　三面构成衣身角度松量设计原理

　　图4-13~图4-16所描述的三面构成、四面构成衣身基础型所涉及的纸样处理包括两块布构成的纸样加量设计、一块布构成的纸样展开，因此松量设计基本上以加法为主。对于减小衣身松量的设计，可在此基础上做两块布构成的纸样减量、一块布构成的纸样重叠设计。图4-16❹即是将❸中侧片的剪切线在胸围处的角度分离设置为角度重叠，重叠后胸围尺寸缩小，下摆设置为角度展开，臀围尺寸增加。

　　合体衣身的松量设计，无论是三面构成还是四面构成，其基础在于衣身的结构线设置，虽然衣身构成不同，但松量的分布区域相同，对纸样的展开或重叠处理相同，对松量在衣身分布均衡性的要求相同。

4.2.3　合体类衣身松量的综合设计——三面构成衣身设计案例

图4-17、图4-18是依据表4-4设计的带有松量的三面构成衣身结构设计及白坯布样衣。表中三面构成衣身即第三章三面构成衣身纸样，作为图4-17结构设计中的基础纸样。带有松量的三面构成衣身是设计纸样，其尺寸设计是在前述基础纸样的尺寸上增加或减小某些部位的尺寸。纸样变化所使用的方法，即综合了本章肩胸部和胸腰臀松量的设计方法共同完成。因表中胸、腰、臀所增加的松量不同，因此纸样变化过程中，先使用了横向松量平行移动的方法，再使用角度松量的方法，改变腰省尺寸和臀省尺寸，使设计纸样的三围尺寸满足表4-4的设计需求。

表 4-4　三面构成衣身松量设计　　单位：cm

项目	三面构成衣身	带有松量的三面构成衣身
胸围	92	96
腰围	76	80
臀围	96	98
背宽	18	18.5
胸宽	16	16.5
肩宽	38	38
后中腰省	2	1.6
后侧腰省	4	4.2
前侧腰省	2.2	2.4
前腰腰省	1.8	1.8

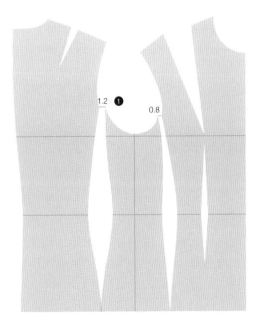

❶基础纸样与设计纸样胸围尺寸差4cm，因此在半身基础纸样中需加入2cm的松量，将基础纸样的前、后衣片横向向外平移2cm，前侧分割线处平移0.8cm，后侧分割线处平移1.2cm

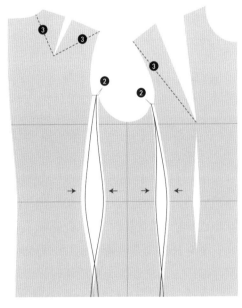

❷平行移动基础纸样的前后侧纵向分割线，移动至所加松量的三分之一处

❸设计肩胛省、胸省的分解转移位置

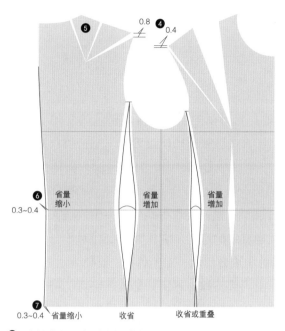
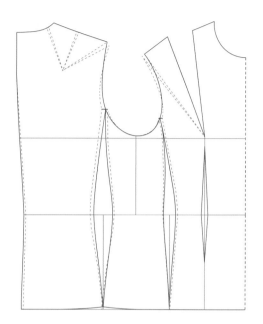

❹ 通过分解转移肩胛省、胸省来设计前后身垫肩厚度，前垫肩厚0.4cm，后垫
　肩厚0.8cm

❺ 将转完垫肩后的肩胛省量，平均分配在肩部和领口处做缩缝处理

❻ 腰省设计：后中心腰省缩小0.3~0.4cm；前侧、后侧腰省在基础纸样省量的
　比例上各加大0.2cm，使收省总量不变

❼ 臀省设计：后中心臀省设计与腰省相同缩小0.3~0.4cm；在缩小的基础上，测
　量臀围后中心至前中心的宽度，根据臀围尺寸设计前侧、后侧臀省的收省
　量或重叠量

❽ 将变化后的肩部纸样、衣身纸样连接，完成增加了松量的三面构
　成衣身基础纸样（设计纸样）

图4-17　三面构成衣身基础型松量设计

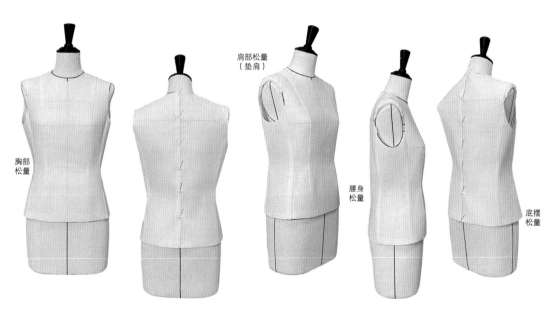

图4-18　三面构成衣身基础型松量设计的白坯布造型

4.3 宽松类衣身的松量设计

对于合体的三面构成、四面构成衣身来说，衣身横向松量和角度松量的变化不改变衣身的基本结构和廓型形态，仍然是塑造类似于人体胸腰臀的体型形态。宽松类衣身则表现人体与服装之间多变的空间关系，肩、胸、腰、臀之间的比例关系不以人体体型为参照，例如肩部合体，胸腰臀尺寸依次增大的梯形廓型，也称作A廓型，以及肩胸部尺寸较大，底摆缩小的倒梯形廓型，也称作V廓型或T廓型，这一类衣身结构不突出表现人体的胸腰臀曲线，而是弱化人体本身的曲线形态，表现直线的造型。宽松类衣身相对于合体类衣身，在服装与人体间留有更多的空间，该空间由于重力作用、工艺种类、支撑方法的不同，以及面料材质的影响，具有更多的表现方式：由内部支撑材料例如棉絮、垫肩、羽绒等填充起来的饱满的空间；由鱼骨、铁丝、藤条等材料搭建的第二空间；由面料本身的质感和重力的双重作用，形成造型的张力或悬垂感；由不同缝制工艺形成的皱褶或皱缩空间等。

本节中宽松类衣身变化的基础衣身结构为第3章的箱形衣身结构。宽松类衣身的松量变化，仍然是以横向松量和角度松量为分类，横向松量的变化使箱形衣身在H廓型类别中保持不变，角度松量的变化则改变衣身的廓型形态，使箱形衣身向梯形廓型和倒梯形廓型的方向变化。

4.3.1 箱形衣身的横向松量设计

箱形衣身与合体类衣身结构相同，肩、胸、腰、臀仍然是其廓型变化的四个主体区域，在保持衣身箱形廓型的基础上，衣身松量的设计可分为两个部分：一部分是肩胸部结构的横向松量设计，该部分包括肩宽、胸宽、背宽尺寸。箱形衣身纸样的肩宽尺寸38cm，胸宽32cm，背宽36cm，与人体肩宽、胸宽和背宽相比，造型较为合体；另一部分是腰身部松量设计，包含胸围、腰围、臀围尺寸；箱形衣身的胸围、腰围、臀围塑造箱形廓型的衣身结构，尺寸相同，均为96cm，与人体胸、腰、臀围度相比，胸围处增加松量12cm，腰围处增加30cm，臀围处增加松量5~6cm，腰部宽松，整体松量适中。

肩胸部、腰身部的横向松量设计是在保持箱形廓型的基础上改变肩、胸、腰、臀部的宽度和围度，松量设计过程中，除将箱形基础衣身的横向宽度进行变化外，袖窿形态、肩胛省与胸省角度所塑造的衣身立体度都将受到影响。

（1）箱形衣身横向松量设计对袖窿形态的影响

袖窿形态的变化反映衣身肩袖部分的结构属性，也对装袖形式有较大的影响。箱形基础衣身的袖窿形态是围绕臂根形成的合体的装袖结构，影响袖窿形态的结构要素包括肩宽、肩峰点的位置、胸宽、背宽、胸围尺寸、袖窿底点的位置等。

图4-19~图4-21是基于两面构成衣身肩胸部适体、腰身宽松、箱形廓型的结构特点，完成的三种不同情况下衣身横向松量的结构设计方法：肩宽、胸宽、背宽适体，腰身部松量增加；肩宽不变，胸宽、背宽、腰身部松量增加；肩宽、背宽、胸宽、腰身部松量均有增加。不同情况下肩宽、胸宽、背宽、腰身尺寸不同，结构比例不同，构成的袖窿形态也不同。

①肩宽、胸宽、背宽尺寸不变，腰身松量增加（图4-19）。在纸样处理上，箱形基础纸样的侧缝位置平行向外增加所需的横向尺寸，袖窿形状不变，袖窿底宽度增加，袖窿底形状较圆。观察白坯布造型，宽松的造型量集中在侧缝区域，手臂放下后，松量集中在前侧、后侧区域，前后腋点处衣身造型适体，袖窿宽度增大。

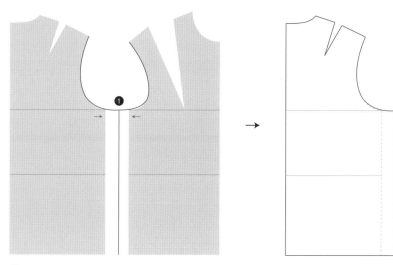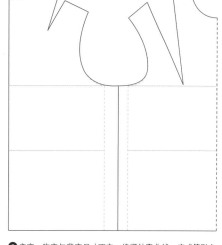

❶将箱形基础纸样从侧缝处平行分离，设计侧面的横向松量，图中横向松量设计为5cm；侧缝位置可设计在松量的二等分处，或稍向前身偏移，使后衣身松量比例大于前衣身

❷肩宽、胸宽与背宽尺寸不变，修顺袖窿曲线；完成箱形衣身的横向松量设计

（a）结构设计图

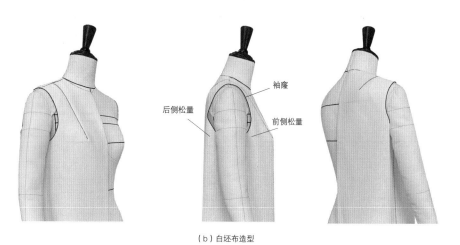

（b）白坯布造型

图4-19 箱形基础衣身的横向松量设计1

　　该方法在款式应用中，适合腰身处增加较小松量的情况。当腰身部分松量需求较大，单纯从侧缝增加过多松量，会使袖窿底部的宽度过大，肩胸部和腰身部分的造型比例失调，影响衣身和装袖造型的美观度；手臂放下时，袖子和衣身在侧缝区域堆积的大量松量也会影响着装的舒适度。

　　②胸宽、背宽、腰身松量增加（图4-20）。在纸样处理上，从侧缝位置平行向外增加所需的横向尺寸，肩峰点位置不变，袖窿底位置不变，胸宽、背宽增加1~2cm，在变化的胸宽、背宽基础上绘制新的袖窿弧线。该方法形成的白坯布造型如图4-20所示，肩部造型合体，宽松的造型量同样集中在前后侧区域，袖窿宽度缩小，袖窿底形状较圆。

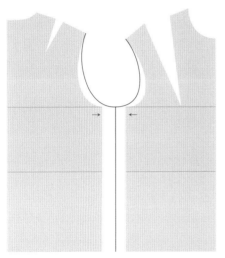

❶箱形基础纸样从侧缝处平行展开，设计侧面的横向松量5cm；确定好袖窿底点后，连接袖窿弧线，胸宽与背宽增加1~2cm

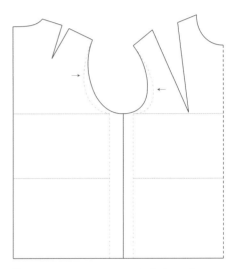

❷修顺袖窿曲线，完成箱形基础纸样的横向松量设计

（a）结构设计图

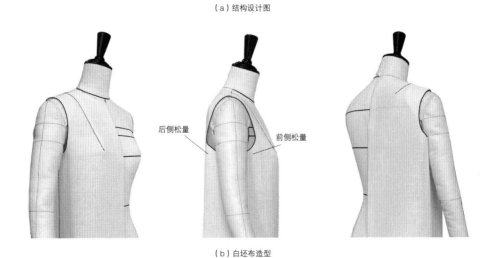

后侧松量　　前侧松量

（b）白坯布造型

图4-20　箱形基础衣身的横向松量设计2

　　胸宽、背宽的松量设计需要确定肩峰点位置和袖窿底点的位置，因此该处的松量设计具有不确定性。在肩宽不变的情况下，为使袖窿弧线整体形态圆顺，胸宽、背宽可增加的余地较小，一般胸宽、背宽的松量设计可以作为修正、圆顺袖窿曲线的调节量。与松量设计1相比，该方法所形成的袖窿底宽度较小。在实际应用中，如果侧缝设计较多的松量，而肩宽要求不变，可通过调节胸宽、背宽尺寸获得均衡的袖窿形态。

　　③肩宽、背宽、胸宽、腰身松量均有增加（图4-21）。在纸样处理上平行增加胸、腰、臀、胸宽、背宽部位的横向尺寸，延长肩斜线的长度，根据肩宽的增加量和肩峰点的位置，适度下落袖窿底，连接肩峰点、胸背宽加宽的位置点、袖窿深下落位置点，形成新的

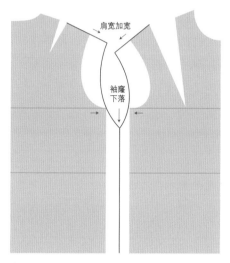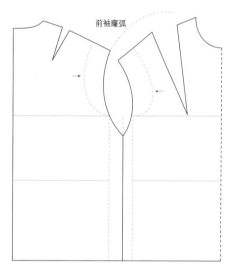

❶ 箱形基础纸样从侧缝处平行展开，设计侧面的横向松量
　5cm，前后肩宽各延长5cm，袖窿底下落4~5cm

❷ 根据前后袖窿拼接的圆顺度调整合适的胸宽、背宽松量，
　修顺袖窿曲线，完成箱形基础纸样的横向松量设计

（a）结构设计图

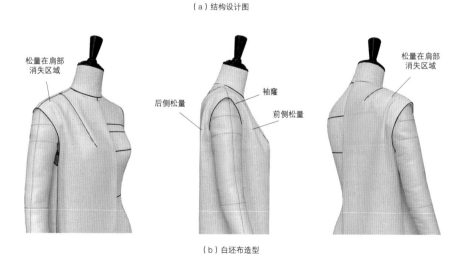

（b）白坯布造型

图4-21　箱形基础衣身的横向松量设计3

袖窿弧线。衣身在横向松量变化时，袖窿底的位置需要根据款式和穿着舒适度做调整，箱形基础纸样的袖窿底位于胸围线上，袖窿深尺寸约为15.5cm，当保持前后肩斜度不变，肩宽追加的松量越多，袖窿深越小，因此在保持肩部宽松的情况下，需要根据肩宽加宽导致的肩点下落量调整袖窿底的下落位置，以匹配合适的袖肥尺寸并保证服装穿着的舒适度。

该方法形成的白坯布造型如图4-21所示，胸宽、背宽、腰身的横向松量集中在前侧、后侧区域，由于胸宽、背宽尺寸增加以及手臂与人体在臂根部的结构特性，增加的胸背宽松量在前后腋点区域堆积少量的皱褶，皱褶消失点靠近肩头，该部分的褶量是手臂放下时前后腋点区域的运动松量和造型松量的储存，手臂抬起，该褶量消失；肩部加宽后，加宽的松量自肩峰点下落，形成落肩式的装袖线，袖窿宽变窄，袖窿底形状呈"V"形。

衣身横向松量的变化影响袖窿的形态。在肩部适体的情况下，肩宽、胸宽与背宽尺寸不变，随着衣身围度的加大，袖窿形态与箱形基础纸样的袖窿形态保持近似的状态，袖窿宽变宽，袖窿底形态为圆弧形，衣身正、侧、背的三维立体区分较明显，装袖具有一定的立体度；在肩部宽松的情况下，随着肩宽、衣身围度的加大，袖窿形态与箱形基础纸样袖窿形态差异也变大，袖窿宽变小，前后袖窿底的夹角变小，形状呈"V"形，该结构弱化衣身的侧面，逐渐呈现出只表现正背面的二维平面的服装特性，装袖也具有一定的平面性（图4-21）。

（2）箱形衣身横向松量设计对肩胛省、胸省角度的影响

合体类衣身构成的基础型肩胛省约为10°，胸省约为17°，六面构成、四面构成、三面衣身构成腰身越合体，肩胛省、胸省角度越小，通过缩小省道角度增加腰身的长度，使衣长与人体曲线适合。

宽松类衣身构成的基础是箱形衣身基础型，其肩胛省为13°~15°，胸省约为17°，随着肩胸部和腰身横向松量的增加，松量越大，对臂根以下人体"侧面"的表现越弱，衣身造型越趋于平面化，肩省、胸省塑造立体的程度越小。图4-22表现的是胸围水平线处衣身横截面与人体的空间关系，其中粗虚线为衣身在胸围水平线处的横截面，阴影部分为人体；人体右侧为手臂放下时服装松量在前后侧堆积成皱褶，人体左侧为手臂抬起，衣身松

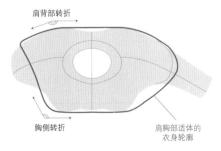

肩胸部适体衣身在胸围处的横截面

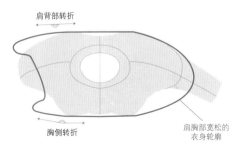

肩胸部宽松衣身在胸围处的横截面

图4-22 不同松量的衣身与人体的空间关系

量在侧面展开的状态。在肩部适体的情况下，袖窿线位置设计在臂根处，胸围、胸背宽、肩宽加放量较小，衣身横截面在前后腋点区域符合人体曲面，从胸高向侧面的转折度较大。在肩部宽松的情况下，随着衣身围度加大，肩宽、胸宽、背宽也变大，从胸高向侧面的转折度较小，胸和肩的立体度被弱化，塑造出平面化的肩胸部造型。

衣身横向松量的追加对胸省、肩胛省角度的影响，可通过立体裁剪实验明确在不同加放量的情况下，与之对应的胸省、肩胛省角度的立体造型特征与结构变化规律。实验以箱形衣身纸样的尺寸为基础，设计不同尺寸的横向松量，对箱形衣身的围度、宽度进行加量变化。随着衣身从半合体到宽松形的转变，腰身横向松量以8cm的尺寸递增，肩宽以6cm的尺寸递增（表4-5），袖窿下落量以2cm的尺寸递增。为便于肩胛省和胸省角度的测量和计算，随着衣身横向松量的变化，衣身的前后肩斜度和衣长保持不变。

表4-5 不同加放量情况下的箱形衣身尺寸设计　　　　　单位：cm

项目		箱形基础纸样	半合体箱形	半宽松箱形	宽松箱形
变量	肩宽	38	44	50	56
	胸围	96	104	112	120
	袖窿下落	0	2	4	6
不变量	前肩斜度	17.5°			
	后肩斜度	21.5°			
	后中衣长	58			

图4-23~图4-25是在表4-5所设定的不同加放量的情况下，立体裁剪的备布与实验过程。实验方法以结构制图与立体裁剪结合的方法进行造型实验，在不同松量设定情况下以立体裁剪的方式塑造肩胛省、胸省角度，绘制袖窿弧线，最后在展开后的布样上获得肩胛省、胸省角度的数据，具体步骤如下：

①绘制基础线：根据箱形基础纸样，在布片上拷贝前后中心线、三围线、领口线、省道线和肩斜线，据表4-5设计横向松量，确定侧缝的位置，腰身部横向松量尺寸设计不同，侧缝线的位置也会发生变化。图中白色区域是基础纸样，红色粗实线为净缝线。为保持袖窿的完整形态及衣身的箱形结构，实验将胸省和肩省的位置设定在肩线处。

②裁剪布片：前后中心保留5~10cm的余量，肩部、袖窿区域粗裁，保留胸省、肩胛省的造型余量。

③立体造型：将前后衣片的中心线固定在人台上，用立体裁剪的方法制作胸省和肩省，制作过程需保持前后衣身平整、三围线处于水平状态；将追加的横向松量放在前后腋点处，向下到底摆，向上消失在肩头。

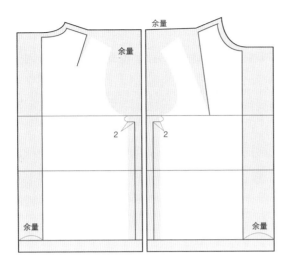

❶ 拷贝箱形基础纸样的衣长、肩斜度、前后领口造型；前后身侧缝处追加2cm松量，袖窿下落2cm，确定袖窿底的位置

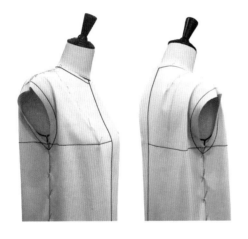

❷ 运用立体裁剪的方式塑造肩胛省、胸省、肩斜线和袖窿形态，完成半身立体造型

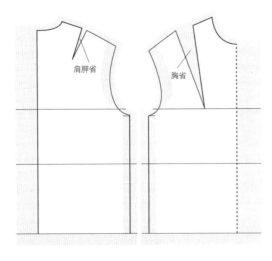

❸ 取下前后衣片，根据标记点位完善衣身结构图，测量肩胛省和胸省角度

图4-23　半合体箱形衣身松量设计与立体造型实验

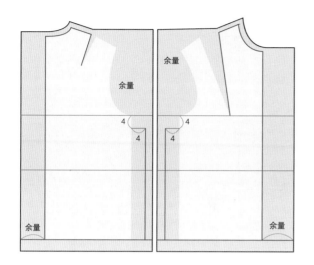

❶拷贝箱形基础纸样的衣长、肩斜度、前后领口造型；前后身侧缝处追加4cm松量，袖窿下落4cm，确定袖窿底的位置

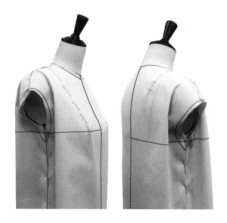

❷运用立体裁剪的方式塑造肩胛省、胸省、肩斜线和袖窿形态，完成半身立体造型

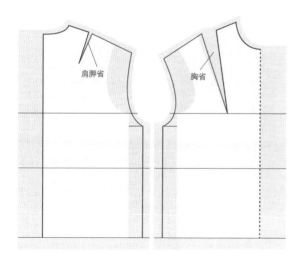

❸取下前后衣片，根据标记点位完善衣身结构图，测量肩胛省和胸省角度

图4-24 半宽松箱形衣身松量设计与立体造型实验

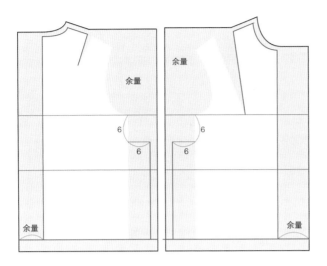

❶ 拷贝箱形基础纸样的衣长、肩斜度、前后领口造型；前
后身侧缝处追加6cm松量，袖窿下落6cm，确定袖窿底
的位置

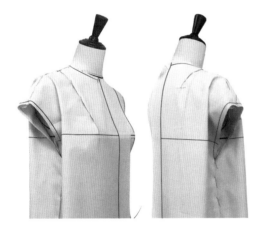

❷ 运用立体裁剪的方式塑造肩胛省、胸省、肩斜线和袖窿
形态，完成半身立体造型

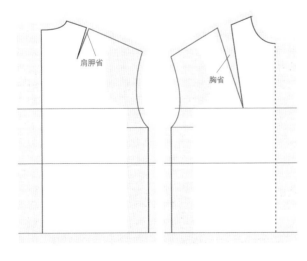

❸ 取下前后衣片，根据标记点位完善衣身结构图，测量肩
胛省和胸省角度

图4-25　宽松箱形衣身松量设计与立体造型实验

④确定肩斜线和肩宽：固定衣身侧缝和肩缝，据表4-5设计肩宽尺寸，肩斜度保持不变；为保证衣身穿着的舒适度，肩宽每加宽6cm，袖窿底位置相应下移2cm。

⑤绘制袖窿弧线：保持造型松量在前后腋点处不动，在侧缝处衣身贴合人体的状态下，绘制袖窿线。

⑥将不同宽松度箱形立体造型做好标记，拆下整理成平面图，测量不同宽松度箱形衣身的胸宽背宽尺寸、胸省角度与肩胛省角度。

在肩宽、腰身部不同横向加放量的情况下，所测量的胸省、肩胛省角度变化如表4-6所示。因立体裁剪方法为手工操作，同一方法制作的同一款式具有一定的误差，因此每一款式的实验数据采用多次实验后的平均值。从表4-6中可以看出，围度每增加8cm和肩宽每增加6cm，胸省减小约1.6°、胸宽增大约3.5cm、肩省减小约2°、背宽增加约3cm。

表 4-6　不同加放量情况下的箱形衣身相关角度变化测量　　　　　　　　　　单位：cm

项目		箱形基础纸样	半合体箱形	半宽松箱形	宽松箱形
变量	肩宽	38	44	50	56
	胸围	96	104	112	120
	袖窿下落	0	2	4	6
实验测量值	胸省角度	17°	13.3°~13.6°	11.6°~12°	10°~10.5°
	胸宽	16	19.2~19.6	22~23.2	25.6~26.3
	肩胛省角度	13°	8.9°~9.2°	6.9°~7.3°	4.9°~5.2°
	背宽	18	21~21.5	24~24.5	27.3~27.6

通过立体造型实验可以看出，肩宽、背宽、胸宽、腰身部松量均有增加的箱形衣身松量设计，不是单纯地在侧缝处加宽衣身，而是以整个侧面为基准，考虑人体肩胸部与手臂的构造、运动特点来恰当设计箱形衣身的松量。穿着服装时，当手臂下垂，袖窿底贴合在人体上，衣身追加的围度松量以皱褶的形式聚集在前后腋点处，皱褶在胸围处最大，向上逐渐消失在肩头，向下延伸至底摆；当袖子向上抬起一定的角度，袖窿向外抻拉，前后腋点处的松量将转移至侧缝，皱褶拉开，以适应人体手臂的运动。

肩胸部、腰身部松量均有增加的箱形衣身，其肩宽与腰身横向松量越大，胸省和肩胛省角度越小。在实际应用中，首先，可以将宽松状态下已经变得比较小的省量再次进行分解转移，利用工艺的方式处理余下的省量（拔开工艺、归拢工艺），从而在不另设省的情况下使平面的布料表现出立体的形态；其次，随着肩宽加宽，肩峰点、装袖线远离臂根，肩袖结构较平面，穿着时呈现出较自然的肩部曲线，在肩部呈现出"O"形的廓型特征；最后，箱形衣身横向松量的追加对前后中心区域的结构要素影响最小，前后侧区域最大，正侧面次之，因此在进行衣身内部的结构设计时，可以根据横向松量与不同部位结构要素的影响值进行领口、搭门、侧缝、底摆等的结构设计。

4.3.2 箱形衣身的角度松量设计

从前述可知衣身的角度松量的设计方法是对纸样进行角度重叠和角度展开得到的。箱形衣身基础型腰身造型较为宽松，其角度松量设计主要表现为角度展开，形成较宽松的造型量。结合人体体型特征、着装舒适度和着装习惯，造型量的分布区域主要集中在人体前后侧，根据角度重叠和角度展开原理，对箱形基础纸样前后身进行剪切的位置，设定在胸省和肩胛省处，在纸样上分别从肩胛省、胸省省尖、前后腋点处向底摆画垂线，该垂线即造型量的切展线。因箱形基础纸样展开位置和旋转中心的不同设定，可形成倒梯形廓型和梯形廓型（图4-26）。

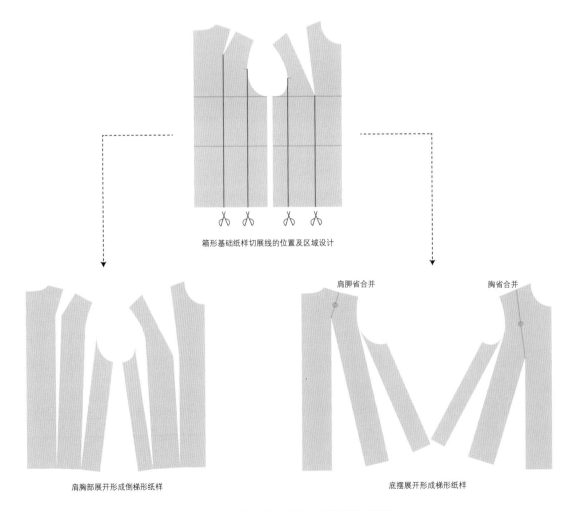

箱形基础纸样切展线的位置及区域设计

肩胛省合并　　　　　　胸省合并

肩胸部展开形成倒梯形纸样　　　　　　底摆展开形成梯形纸样

图4-26　箱形衣身的角度松量设计原理

（1）倒梯形衣身结构设计

倒梯形廓型的特点是肩胸部尺寸较大，底摆收缩。对纸样的处理为加大肩宽、胸宽、背宽和胸围尺寸，底摆尺寸保持不变。图4-26中箱形基础纸样的衣摆尺寸不变，以衣摆线与切展线的交点为旋转中心，打开肩胛省、胸省省尖、前后腋点，进行角度旋转形成角度展开量，肩胛省、胸省省尖相对于前后腋点更靠近前后中心，因此其角度展开量小于前后腋点处的展开量。

图4-27是基于图4-26的切展方法完成的倒梯形基础廓型结构设计及白坯布成衣造型。图中肩胛省、胸省省尖处的展开量设计为2cm，前后腋点处展开量设计为4cm。展开后肩峰点、前后腋点、前后袖窿底点位置外移，对应的肩宽、胸宽、背宽、胸围尺寸变大，纸样结构类似上一节肩宽、背宽、胸宽、腰身部松量均有增加的箱形衣身横向松量设计，因此可参考宽度量的增加对省道角度的影响（表4-6），在展开后的纸样上重新绘制肩胛省与胸省，调整肩线，根据前后腋点位置修顺袖窿弧线，完成倒梯形基础廓型的结构设计。从前侧、后侧及侧面观察白坯布成衣造型，肩胸部增加的角度松量在前后腋点处形成堆积的皱褶，向上消失在肩头，向下消失在底摆；从正面、背面观察白坯布造型，其底摆尺寸较为合适，肩部较宽，呈现明显的倒梯形造型。

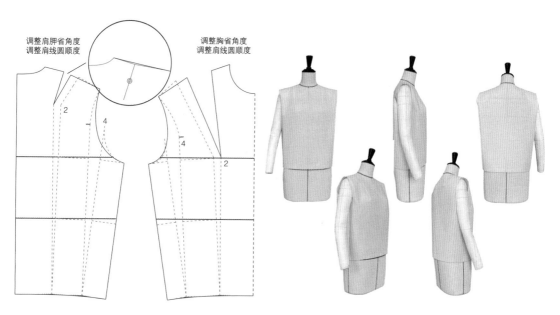

图4-27 倒梯形廓型衣身松量设计与立体造型实验

（2）梯形衣身结构设计

梯形廓型的特点是肩胸部适体，底摆尺寸加大。箱形基础纸样在胸围线以上设计肩胛省和胸省，以保持胸围线的水平状态。在梯形廓型设计中，可将基础纸样的肩胛省、胸省转移至底摆，将省道量转化为底摆的造型量。对纸样的处理是以肩胛省、胸省省尖为旋转中心，合并肩胛省和胸省，打开切展线，在切展线处形成角度造型量。图4-28结构设计是基于图4-26的切展方法完成的梯形基础廓型结构设计及白坯布成衣造型，除省道量的转移外，还需要在前后腋点处继续进行角度展开，使梯形廓型下摆的悬垂波浪更加均衡。对纸样的操作是以前后腋点为旋转中心，打开切展线，根据肩胛省、胸省展开的角度量，在前后腋点处设计合适的切展量。一般来说，底摆展开的角度量越大，形成的波浪也越大，梯形的廓型感越明显。

从不同的角度观察白坯布造型，梯形廓型均较为明确，底摆的波浪造型均衡，皱褶向肩胸部消失，衔接自然；波浪与切展位置一致，分布在前后腋点处、肩胛省和胸省省尖处，侧缝的位置没有波浪。在成衣应用中，为保证穿着时放置手臂的舒适性，侧缝处的角度量不宜设计太大，图4-28中的侧缝角度量是在底摆处加宽3cm，与袖窿底点相连，形成侧缝处追加的角度量。

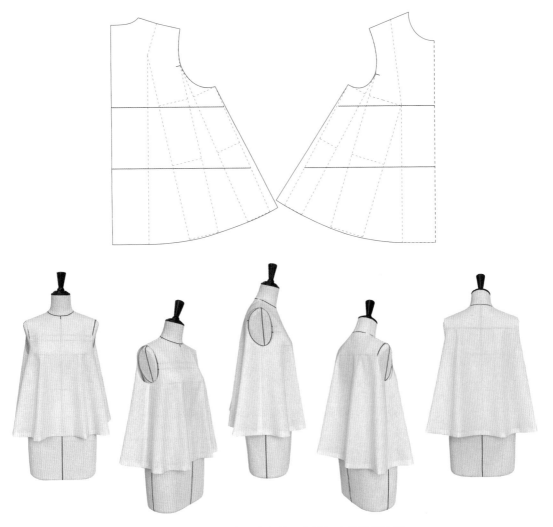

图4-28　梯形廓型衣身松量设计与立体造型实验

第5章

领子结构设计原理

领子是位于上衣领口、靠近人面部的结构部位，属于女上装的局部或部件设计。不同的领型影响服装的整体造型、着装者的精神面貌。本章的领子结构设计原理包括立领、立翻领、平翻领和翻驳领这四大基础领型。

5.1　立领结构设计原理

立领是所有领型结构中相对简洁、单纯的领子结构，其造型以衣身领口线为基础，穿着时立起。立领的历史发展也比较悠久，最初的立领以直条布带镶拼在领口和门襟上，例如中国传统大襟服饰领口的领缘。民国时期的旗袍是立领结构的黄金时期，立领的高矮变化、造型变化最为丰富。立领作为大众的、经典的领型样式一直沿用至今，其造型简洁、防风保暖、穿着便利，无论是休闲场合还是正式场合，立领在现代女装中的应用仍非常广泛（图5-1）。

传统领型（图片来源:《衣冠大成》）　　　　　　　　旗袍立领（图片来源:《旗袍艺术》）

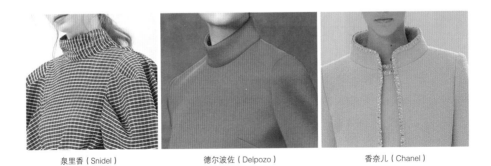

泉里香（Snidel）　　　　　德尔波佐（Delpozo）　　　　　香奈儿（Chanel）

图5-1　立领造型

5.1.1　基础立领的造型与颈部的结构关系

人体颈部从颈根部向上逐渐变细，由颈椎作为颈部的主体支柱，外部覆盖颈阔肌、胸锁乳突肌、斜方肌、斜角肌等肌群，如图5-2（a）所示。人体颈前锁骨窝、颈后第七颈椎棘突点、颈部外侧斜方肌前端是服装学意义上的前颈点（FNP）、后颈点（BNP）和颈侧点（SNP）。这三个点明确了肩颈部的颈根围线和衣身的基础领口线，基础立领的形态就是从颈根围线或称衣身领口线向上，围绕颈部一圈形成的圆台体结构。

图5-2（b）表现了基础立领的相关造型要素，包括领底线（与衣身领口线缝合）、领上口线、后领宽和前领宽。基础立领的圆台体造型符合人体颈部的构造，为上小下大的正圆台体造型，因人体肩颈部特殊的结构特征和运动特征，领底线、领上口线、后领宽和前领宽构成的圆台体结构在人体颈部又具有比较特殊的造型形态：

①人体自然站立状态下，面部向前，从侧面观察人体，后颈点高于前颈点，颈根截面后高前低，因此立领造型为向前倾斜的圆台体造型。

②观察颈部结构的水平断面图，人体颈根围和衣身领口线并不是一个正圆，而是一个左右横宽、前后稍扁的不规则椭圆形，如图5-2（c）所示，该椭圆形的横向直径位置偏后，因此后领口、后领上口尺寸小于前领口、前领上口尺寸。

③颈椎关节的运动较为灵活和频繁，从着装舒适性上考虑，领口线、领上口线的尺寸设计应稍大于颈根围和颈上围，标准人体的颈根围尺寸为37~38cm，颈上围尺寸为33cm。

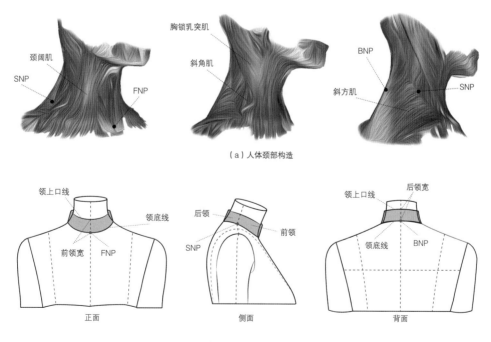

（a）人体颈部构造

（b）立领与颈部的造型关系

图5-2

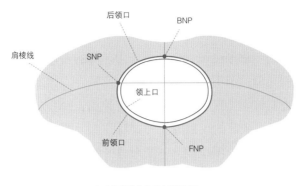

（c）颈部结构关系水平断面图

图5-2 基础立领与颈部的结构关系

④从颈椎关节的运动特性考虑，人体颈部向前弯、向左右侧弯的运动幅度和频率大于向后仰，因此基础立领的前领宽度不宜太大，前后领宽的设计一般为后领宽大于前领宽，侧面领宽为前后领宽的平均值。

5.1.2 基础立领立体造型与二维平面的转化

基础立领的款式特征是领底线围度较大、领上口围度较小的圆台体造型。在立体裁剪过程中，可以运用直条布对颈部进行围裹并观察其在正面、侧面和俯视等不同角度的状态，然后在此基础上调整领底线的位置、领上口线的尺寸、领子的整体造型。直条立领后中心及后颈点与人体的对应关系确定后，将领底线固定在衣身领口线上。完成后的领子从侧面观察，前领上口、后领上口在前后中心处空间量较大，不贴合颈部；从正面观察，侧面领上口贴合颈部，在颈侧的空间量不足；整体来看，直条立领形成的领子造型与颈部的空间量、塑造的圆台体廓型不够均衡（图5-3）。

基于直条立领空间松量分布不均衡的造型特点，需在此基础上调整立领的形态，使调整后的基础立领领底线与衣身领口线尺寸对合，领上口线形态与颈部形态对应，与颈部保留均衡的松量空间。表5-1是基础立领的尺寸规格表，该表中的领子尺寸与直条立领相比，后领宽、领底尺寸不变，领上口和前领宽尺寸重新进行了设计。领子造型的调整基于此表的尺寸信息，如图5-4所示。

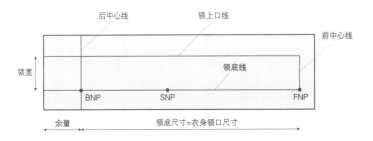

❶直条立领备布与画布，在布块上绘制后中心线、领底线，确定领宽；预留裁剪的余量，裁剪布块

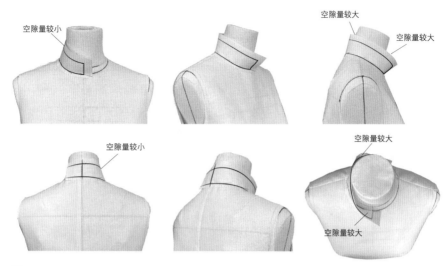

❷直条立领立体造型：把画好的领底线沿BNP→SNP→FNP固定在衣身领口线上，在立体裁剪的过程中，为便于造型操作，领底线以下的余量打剪口至领底线上

图5-3 直条立领立体造型A

表 5-1 基础立领立体造型规格尺寸 单位：cm

部位	前领宽	后领宽	领底线	领上口线
尺寸	3	3.5	40	36~37
备注	设计值	设计值	测量值	设计值

❶以颈侧点为中心，将后侧、颈侧和前侧区域的领底线向外拉伸，并做剪切口至衣身领口线处，塑造颈侧区域领子与颈部的空间量，缩小后领过大的空间量；前侧区域的领底线向外拉伸，缩小前领上口与颈部较大的空间量，使前领区域的领上口尺寸适体

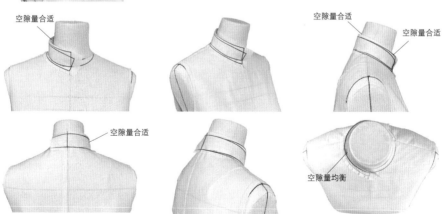

❷颈侧和前领区域的领底线位置改变后，在新的位置将领子与衣身领口固定，得到新的领底线；根据前领宽尺寸，绘制前中心线和领上口线，图中红色线条为修正后的领底线、前中心线和领上口线

图5-4 直条立领立体造型B

观察白坯布造型实验可知，后肩颈部斜方肌的形态较为平滑饱满，从后中心头、颈到后背的曲线向外突出，后领口的尺寸也较前领口小，因此后领口线的调整幅度较小；颈侧点区域涉及后颈向前颈的转折，并且位于水平断面图椭圆形曲度较大的位置点，因此在保证领子整体造型的情况下，颈侧区域进行了调整；前颈形态与后颈相比，前中心区域从下巴、前颈到前胸的曲线向内凹进，因此前领靠近前中心的区域做了较大的调整，以使前中心区域的领上口线尺寸收缩，造型符合上小下大的正圆台造型。

图5-5是基础立领立体裁剪拆解后的平面展开图，图中黑色线条是立体裁剪过程中画布的基础线，即直条立领的结构线，红色线是领底造型调整后，新的领底线、前中心线和领上口线，后中线位置不变。具体表现在：

①基础立领的领底线与直条立领的领底线相比，后中心区域不变，领底的整体形状从颈侧区域开始向前中心上翘，前颈点起翘位置最高。

②为保持后中心到前中心一致的领子宽度和造型，领上口线也随领底线上翘。

③从几何形图形分析来看，上翘后立领的平面轮廓图接近环状曲面，领底线尺寸大于领上口线尺寸，塑造上小下大的圆台体造型。

④平面轮廓图所形成的环状曲面，其上下口的曲度并不光滑，首先从后颈点开始向颈侧区域起翘较小的量，向前平滑一段后，再向前颈点起翘更多的量，整个领底线形态趋近波浪状。

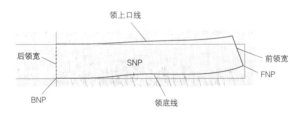

图5-5　基础立领平面展开图

领底线的形状特点一方面是与圆台体造型相关，另一方面是与人体颈根的骨骼肌肉构造有关，骨骼肌肉构造不同、脂肪的堆积特性不同、生活习惯不同，产生了多样的颈根形态。图5-6将颈根形态分为三种类型：颈根形态清晰、颈根形态一般、颈根形态平缓（《人体与服装》中泽愈）。

颈根形态清晰的类型，从正面观察颈部与肩部的轮廓线条呈明显的直线夹角，从侧面观察颈根线比较平直，所对应的领底线也比较平滑，颈侧点区域与图5-5不同，无明显的起翘，此类型的颈部形态，多见于肌肉发达的男性。颈根形态一般的类型，从正面观察颈部与肩部的轮廓线条在直线夹角的基础上略有曲度，从侧面观察颈根线在颈侧略有向上突起的圆弧，所对应的领底线在颈侧点区域有起翘，此类型的颈部形态不分男女，较为常见。颈根形态平缓的类型，从正面观察颈部与肩部的轮廓线条曲度较大，从侧面观察颈根

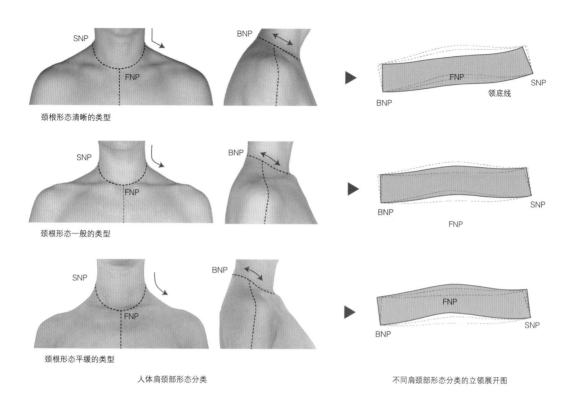

图5-6 不同颈根形态所对应的立领领底线变化规律

线弧度也较大，颈侧点向上突起，至前颈点锁骨窝处向下凹，形成反向曲线的构成，对应的领底线在颈侧点区域也有较大起翘，此类型的颈部形态多见于女性。

图5-5的基础立领是以人台为基础的立体造型平面展开图，领底线形状接近颈根形态一般的类型。领子的造型基础是衣身领口线，将前后衣身在肩斜线处拼合后，基础立领与衣身领口所形成的结构对应关系如图5-7所示，表5-2是相关尺寸测量结果：

①图中领底线与衣身领口线以点A为结构对位点，A点是从衣身前颈点沿前领口弧线测量5~6cm的位置点。A点位于肩颈部、前颈与颈侧的转折区域，因此将该点作为领子和衣身平面展开图的对位点，以观察前领、后领与衣身的结构关系。

②A点对合上后，使A点以下的前衣身领口与前领底基本重合；在前颈点领子与衣身形成少量的重叠，中间形成空隙，该区域的空隙量是为了塑造立领在颈部的环状立体度和饱满的廓型，重叠量是塑造前中心部位领子与颈部的空间关系。

③颈侧区域领子与衣身产生了较大的

表 5-2 立领与衣身的结构关系测量
单位：cm

序号	部位	数值
❶	前领宽	3
❷	后领宽	3.5
❸	颈侧重叠量	3.8~4
❹	前颈点重叠量	0.3
❺	空隙量	0.2~0.3
❻	前领宽倾斜度	13°

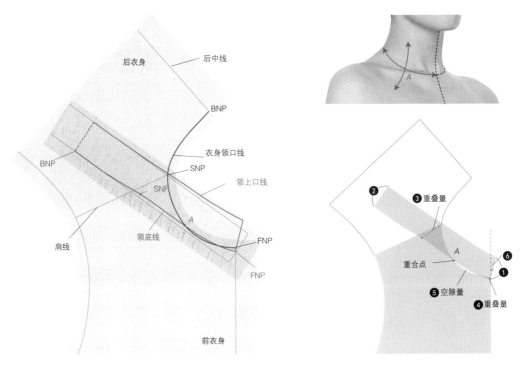

注：黑色文字对应衣身结构点（线）；红色文字对应领子结构点（线）。

图5-7　立领与衣身领口的结构关系

重叠关系，塑造颈侧、后领的领子立体度和空间量。

④在结构制图过程中，可以利用A点的对应关系、前领底的重合关系、颈侧的重叠关系来进行立领的结构制图。

5.1.3　基础立领结构设计

明确基础立领的立体造型特征、平面展开图与衣身的结构关系后，可以在此基础上总结基础立领的平面结构设计方法。表5-3是基础立领尺寸设计表，领子尺寸设计包括两个方面，一个是测量值，另一个是设计值。测量值表现领子与衣身在颈根处缝合的尺寸对应关系，设计值决定缝合线以上领子本身的造型设计，包括领宽、领角造型、领子廓型等。

图5-8是基于表5-3的尺寸完成的基础立领平面结构设计图。通过基础立领立体裁剪的平面展开图可知，领底前颈点区域由于圆台体领型的塑造呈上翘趋势，前领底在绘制过程中以A点为对位点，A点以下领底曲线形态参考衣身前领口设计空隙量和前颈点重叠量，线条曲度较大，A点以上参考颈侧重叠量的尺寸，线条较直；领底颈侧区域由于颈侧的肌肉形态而形成上翘，因此在绘制后领的过程中，在颈侧设计0.5cm左右上翘值，该上翘值塑造了颈侧点后侧区域上小下大的圆台体廓型。后领在绘制的过程中，保持领底线与后中心呈垂直状态，使整个领子从后中心开始向前围裹，领子结构更加稳定。

表5-3 基础立领结构制图规格尺寸表

单位：cm

部位	前领宽	颈侧领宽	后领宽	（衣身）前领口	（衣身）后领口	颈侧重叠量
尺寸	3	3.2	3.5	11.9	8.1	3.8~4
备注	设计值	设计值	设计值	测量值	测量值	设计值

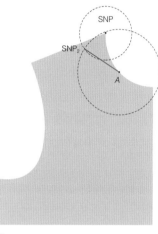

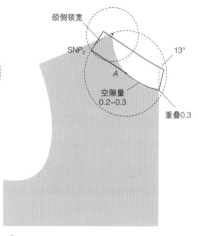

❶从前颈点沿领口弧量取5~6cm，找到A点位置；以A为圆心，A~SNP的领口弧线尺寸为半径作圆弧

❷以SNP点为圆心，3.8cm的颈侧重叠量为半径作圆弧，该圆与圆A相交于点SNP₂，直线连接A-SNP₂

❸从SNP₂点画颈侧领宽3.2cm，颈侧领宽与直线A-SNP₂垂直；设计前领底空隙量和重叠量，完成前领底线绘制；设计前领宽尺寸和倾斜度，完成领上口线的绘制

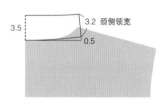

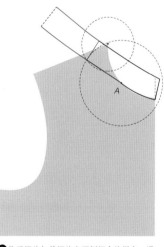

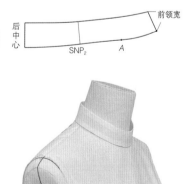

❹后颈点向上垂直绘制3.5cm后领宽，水平向右绘制后领口尺寸；设计后领颈侧上翘值0.5cm，颈侧领宽3.2cm，与上翘后的后领底垂直

❺将后领片与前领片在颈侧领宽处拼合，调整后领底、前领底曲线的圆顺度

❻完成基础立领结构图，见基础立领白坯布造型

图5-8 基础立领平面结构制图

5.1.4 基础立领造型变化规律

基础立领围裹颈部一圈后形成圆台体廓型，展开后的平面结构图呈上翘的环状曲面。在立领的造型设计中，领型可以设计为宽领子，也可以设计为窄领子，可以使领子呈现正圆台体特征，也能够呈现倒圆台体的特征，例如"元宝领"❶。

领子廓型由正圆台体向倒圆台体廓型的过渡，在结构上具有变化规律可循。图5-7中采用表5-3绘制的基础立领领上口尺寸为36.5cm，图5-9是基于基础立领廓型变化的纸样所进行的剪切实验，基础立领领底因与衣身领口缝合，因此尺寸不变，通过在基础立领上进行剪切重叠或展开，设计角度松量，改变领上口尺寸，来控制立领廓型的变化。剪切实验1在基础立领上设计角度重叠量，使领底尺寸不变，领上口尺寸缩小，完成后的白坯布造型领底尺寸合适，领上口较基础立领缩小，贴近颈部，领型的圆台体廓型更明显。剪切实验2在基础立领上设计角度展开量，领上口尺寸变大，完成后领子的圆台体廓型变弱，接近圆柱状领型。剪切实验3的剪切展开量大于实验2，完成后领子形成倒圆台体廓型，领上口与人体颈部的空间量最大。

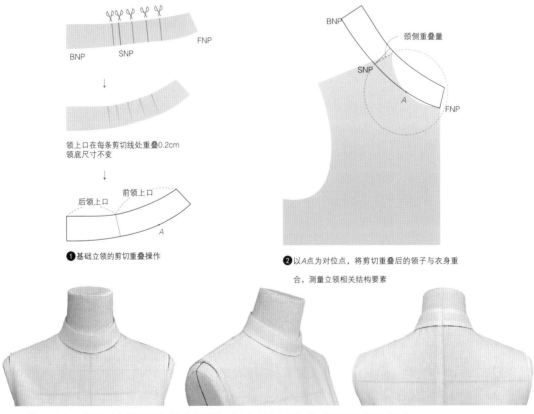

领上口在每条剪切线处重叠0.2cm
领底尺寸不变

❶基础立领的剪切重叠操作

❷以A点为对位点，将剪切重叠后的领子与衣身重合，测量立领相关结构要素

❸白坯布造型：将剪切完成后的纸样进行白坯布造型实验，缝合在对应的衣身领口处，观察立领立体形态的变化

剪切实验1

---

❶ 立领的一种，民国时期较为流行，立领上口宽大，形态呈倒梯形，高度至脸颊。

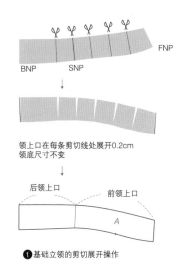

领上口在每条剪切线处展开0.2cm
领底尺寸不变

❶基础立领的剪切展开操作

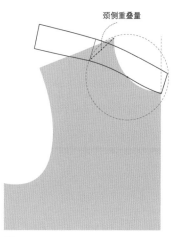

❷以A点为对位点，将剪切展开后的领子与衣身重合，测量立领相关结构要素

❸白坯布造型：将剪切完成后的纸样进行白坯布造型实验，缝合在对应的衣身领口处，观察立领立体形态的变化

剪切实验2

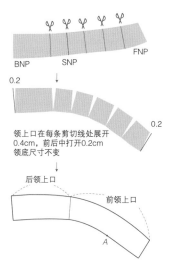

领上口在每条剪切线处展开
0.4cm，前后中打开0.2cm
领底尺寸不变

❶基于基础立领的剪切展开操作

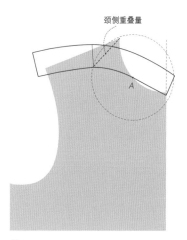

❷以A点为对位点，将剪切展开后的领子与衣身重合，测量立领相关结构要素

图5-9

❸白坯布造型：将剪切完成后的纸样进行白坯布造型实验，缝合对应的衣身领口，观察立领立体形态的变化

剪切实验3

图5-9　基础立领廓型变化剪切实验

表5-4是基础立领和三种剪切实验相关结构要素测量结果。图5-9中基础立领剪切重叠或展开完成后，将新的领子以A点对接在衣身领口线上，可以发现随着领上口展开量的加大，领子与衣身在颈侧的重叠量也越大；领底曲线由起翘状态，变成下弯状态，前领底空隙量和前领宽的倾斜度越来越大。白坯布造型从正面看：领底尺寸不变，随着颈侧重叠量和领底下弯度的变化，领上口与颈部的空间量也越来越大。表5-4中∠α是肩斜线与领子颈侧轮廓线的夹角，随着领子廓型由圆台体向倒圆台体的转变，该夹角也由钝角转变为锐角。

表 5-4　不同廓型立领结构要素尺寸测量　　　　　　　　　　　单位：cm

项目	剪切实验1	基础立领	剪切实验2	剪切实验3
纸样				
白坯布造型				
颈侧重叠量	3	3.8	4.8	5.7
后领上口尺寸	7.5	7.8	8.2	8.6
前领上口尺寸	9.7	10.4	11.2	12
前领宽倾斜度	11°	13°	17.65°	24.2°
前领底空隙量	0.2	0.25	0.3	0.33
∠α	147°	140	123°	85°

注　表中部分数据为测量值，因绘图尺寸、绘图方法不同，在复制过程中尺寸会稍有误差，数据仅供参考。

　　在实际制图中，可结合前述图5-8所示基础立领的平面制图方法，设计不同的颈侧重叠关系和前领造型关系，设计圆台体或倒圆台体廓型的立领。此外，剪切的部位不同，领子廓型的变化部位就不同；图中的剪切位置设计较为均衡，前、后、侧均涉及剪切重叠或展开量，在廓型设计中，也可将剪切量设计在局部，呈现局部廓型变化的立领造型。

　　立领的设计除了廓型的变化之外，领子的宽窄、领上口线形态、前领角造型等都是立领造型设计的关键部位。领子宽窄形成高立领、低立领的变化，对颈部的覆盖面积不同，形成的风格也不同；领上口线形态一般与领底形态趋同，在创意领型上，可通过改变领上口线的形状达成创意的上边缘轮廓；前领角造型也是立领设计的重要部位，是着装时视觉的焦点，该位置位于前颈点处，与门襟造型相关，可形成直角立领、曲线立领（旗袍领）、钝角立领等不同的立领款式。

5.2　立翻领结构设计原理

　　立翻领造型是领子与衣身缝合后，先从领口处立起一部分，再向外翻折的领子造型，分为底领和翻领两部分（图5-10），底领对领子造型起基础的支撑作用，翻领则塑造领子的外观形态，决定领子风格的设计和变化。翻领尺寸的宽度一般大于底领，在着装中看不到底领的形态，但也有缩小翻领、露出底领的创意领型案例［图5-11巴伦夏加（Balenciaga）］。

底领（立领）　　　　　　翻领　　　　　　立翻领

图5-10　立翻领基础构成

　　立翻领应用比较广泛，在衬衫、外套中都有选用。领角造型分为圆角、方角和尖角，普通的衬衫领即经典的立翻领造型，其领角方中略尖，领型对称，造型风格端庄沉稳，能够更好地衬托人的面部（图5-11 Alexander McQueen），在正式场合中较为多见；圆角领风格较为活泼，在女装、大童、休闲装中较为多见，圆角立翻领的圆角形态根据领角的角度，有尖圆、方圆和扁圆的形态划分。

亚力山大·麦昆（Alexander cQueen）　　德尔波佐（Delpozo）　　德尔波佐（Delpozo）　　巴伦夏加（Balenciaga）

图5-11　立翻领造型案例

基础立翻领分为基础连体立翻领和基础分体立翻领两种（下文简称连体立翻领和分体立翻领）。两种领型外观近似，但因构成不同，表现为不同的外观细节（图5-12）：

①连体立翻领的底领和翻领部分为一块布构成，如图5-12（a）所示。从几何图形上分析，领子的平面形状接近环状曲面，造型简洁，通过翻折线形成立翻的造型效果，翻折后底领塑造倒圆台体廓型，翻领则塑造圆台体廓型。

②分体立翻领的底领和翻领结构为两块布构成：从几何图形上分析，翻领和底领部分由两个方向相反的环状曲面构成，两个曲面方向相反，形成角度分割，翻折后底领塑造圆台体廓型，翻领也塑造圆台体廓型。分割的方式和缝合工艺使分体立翻领更能塑造挺括度和保型性良好的领子形态。图5-12（b）中因底领在前中心立起高度不同，形成两种底领形态。

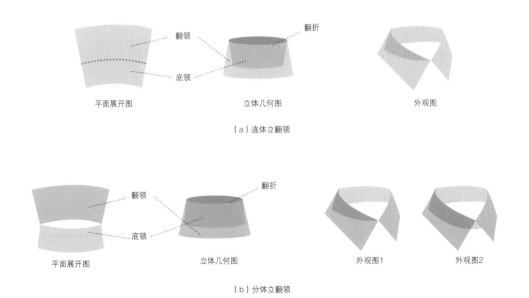

图5-12　连体立翻领、分体立翻领的构成与区别

　　表5-5是立翻领各部位结构要素名称，翻领翻下来的部分称为领外口线，领外口线造型是翻领造型设计的关键；翻领翻下来后盖住底领和装领线，在衣身上形成领底与领外口差，差量在前中、后中和颈侧区域各不相同，也是在结构设计中需着重考虑的。立翻领在前中心立起并翻折，为满足穿着舒适度，衣身FNP一般下落1.5~2.5cm，SNP、BNP根据款式可适度调整或不调整。

表 5-5　立翻领各部位结构要素名称

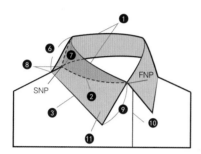 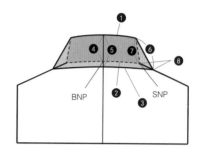

❶	翻折线	❼	颈侧底领宽
❷	领底线（装领线）	❽	颈侧领底与领外口差
❸	领外口（造型）线	❾	前领翻领宽
❹	后中底领宽	❿	门襟
❺	后中翻领宽	⓫	前领角造型
❻	颈侧翻领宽		

5.2.1　连体立翻领结构设计与造型规律

（1）连体立翻领立体造型结构设计

　　连体立翻领从款式设计、备布到立体造型的过程，如图5-13所示。尺寸设计，参考常用的连体立翻领造型规格，见表5-6。后中底领和翻领的尺寸配比、颈侧底领和翻领的尺寸配比、前领角的宽度和斜度是决定连体立翻领造型的关键。后中底领和翻领的尺寸为3cm和4cm的比例关系，使翻领翻下后，4cm的翻领能够恰好地覆盖底领，颈侧领底与翻领的尺寸设计也是基于此（图5-13）。此外，颈侧底领宽度小于后中底领宽度，也是基于人体颈部后高前低的状态而定（与基础立领原理相同）；前领翻领宽度和倾斜度是领子在前中的造型设计，变化较为灵活。图5-13（a）中的款式设计在人台上用标记线直接表现，能够更好地将款式与尺寸结合起来，领外口线尺寸是基于各部位领宽对造型线进行测量后的尺寸，在立体造型中，可将该尺寸作为造型设计参照。立翻领立体裁剪中使用斜丝坯布，充分利用斜丝的弹性，塑造连体立翻领翻折线"翻"和"转"的曲线效果，在成衣工艺中，领子缝制为双层，领面多采用直丝，领底采用斜丝。

表 5-6　连体立翻领立体造型规格尺寸设计　　　　　　　　　　　　　　单位：cm

部位	后中底领宽	后中翻领宽	颈侧底领宽	颈侧翻领宽	前领翻领宽	前领角倾斜度	领外口线
数值	3	4	2.5	4.5	7.5	40°	22.3
备注	设计值	设计值	设计值	设计值	设计值	设计值	测量值

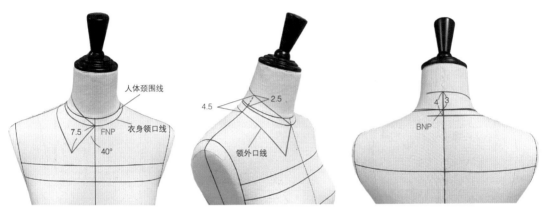

❶基于规格尺寸表，在人台上设计立翻领的翻折线、领外口线，用立体裁剪标记带标出

（a）连体立翻领立体造型款式线设计

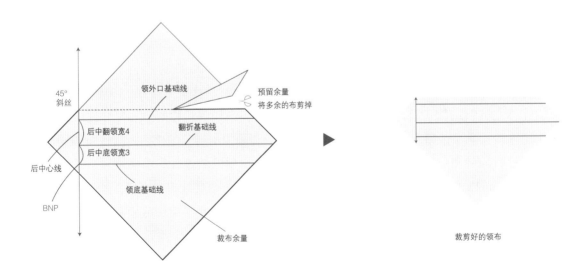

❷连体立翻领立体裁剪采用45°斜丝面料，在布料上确定后中心线，依据后中心线的位置、后中底领宽和翻领宽画领子基础线，并裁

剪多余布料

（b）连体立翻领立体造型备布与画布

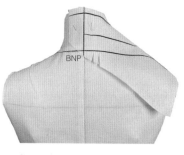

❸ 将裁剪好的领布BNP与衣身BNP对合，使衣身与领子的后中心线重合在一条垂直线上；从BNP沿衣身领口线对领底做剪口至衣身FNP处，使领子沿衣身领口圆顺围裹颈部

❹ 从后中心沿翻折线将翻领部分翻下来，翻折至FNP处，需要注意从颈侧区域开始翻折基础线位置发生变化，调整领子造型，并测量颈侧底领和翻领宽度设计是否合适，如不合适需上领面重新调整领底剪口的位置

❺ 领子造型调整好后，依据（a）设计前领翻领宽度和倾斜度，从前往后画领外口造型线

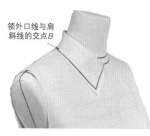

领外口线与肩斜线的交点B

❻ 领外口造型线画好后，修剪领外口，标记出领外口线与肩斜线的交点B，完成连体立翻领立体造型设计

翻折线　　B　SNP　领底线

❼ 立体造型完成后，将领片全部翻上去，拷贝新的翻折线、领底线

（c）连体立翻领立体裁剪操作步骤

图5-13　连体立翻领立体造型

连体立翻领的造型标准是翻折线部分在着装中与颈部保留足够的空间，且翻折线、底领、翻领从后中心经过颈侧再到前中心的转折必须光滑圆顺，其包含的转折关系有线的转折（领底线、翻折线、领外口线）、面的转折（底领、翻领），因此需对底领做剪切口，领子在从后中心向前中心的转折过程中，剪切口的位置、深度、疏密非常重要，对剪切口量的把握不足，容易导致领子翻下来后领子空间量分布不均衡，或领外口尺寸过紧导致的翻领抻拉、过松导致的与肩颈部形态服帖度不足等，这些都需要在立体造型实验中依据造型标准和尺寸标准不断操作和调整。

（2）**连体立翻领二维平面的转化**

图5-14是连体立翻领的立体裁剪布样平面展开图，图中黑色线为立体造型过程中的基础线，红色线为领子造型完成后，所对应领子的领底线、翻折线、领外口线和前领宽线，后中线位置不变。图5-13❼将完成后的立翻领全部上翻，观察其前、后、侧廓型呈上大下小的倒圆台状，因此其平面展开图中的领底线、翻折线和领外口线均从后中心开始逐渐下弯，图形形状呈向下的环状曲面。

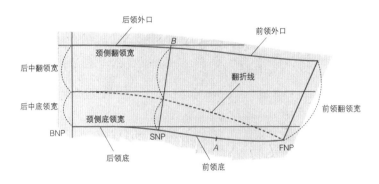

图5-14　连体立翻领平面展开图

如图5-16所示，将领子的平面图与衣身领口A点对合后，因立翻领底领为立领造型，因此翻折线以下的底领呈现与倒圆台廓型立领相同的结构特点，翻领部分是在底领的基础上增加后中、颈侧、前中的领宽获得。

从前后衣身的平面展开图拷贝出了领外口造型线（图5-15），能够较为清晰地观察领子的领外口线和衣身领外口造型线之间的对应关系，A点以下衣身领口与领底形态基本重合，领子的前领翻领宽与造型线的前领宽以翻折线为基准，呈对称状态。

表5-7是基于图5-16领子与衣身平面图的重叠关系，测量的颈侧重叠量、前颈点重叠量和空隙量；领子其余结构要素在表5-6中已作为设计值，因此在表5-7中未标出。表中的测量尺寸可作为连体立翻领平面结构制图中设计领底结构的经验值。

（3）**连体立翻领平面结构设计图**

图5-17是基于表5-8的设计尺寸完成的连体立翻领平面结构设计图及白坯布造型，表中的尺寸是以连体立翻领立体造型实验的设计尺寸、测量尺寸为参考。

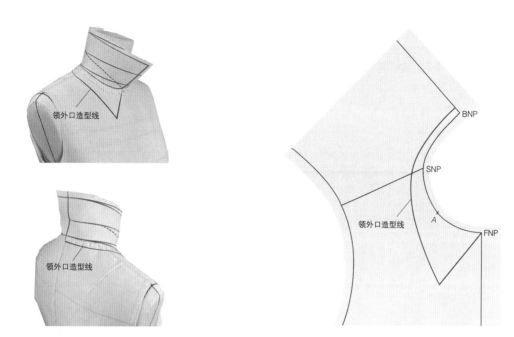

领子翻折下来后，在衣身上标出领外口造型线

图5-15 连体立翻领领外口造型线

表5-7 连体立翻领与衣身的平面结构关系相关结构要素测量 单位：cm

序号	部位	尺寸	序号	部位	尺寸
❶	颈侧重叠量	3.8~4.2	❸	空隙量	0.2~0.3
❷	前颈点重叠量	0.3~0.4	❹	后领底下弯	0.8~1

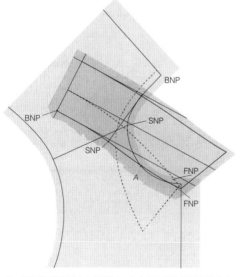

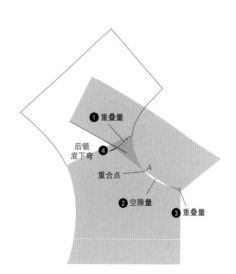

注：黑色字母缩写对应衣身结构点；红色字母缩写对应领子结构点。

图5-16 连体立翻领与衣身领口的结构关系

表 5-8　连体立翻领结构制图规格尺寸设计　　　　　　　单位：cm

部位	数值	备注	部位	数值	备注
后中底领宽	3	设计值	前领翻领款	7.5	设计值
后中翻领宽	4	设计值	前领角倾斜度	40°	设计值
颈侧底领宽	2.5	设计值	颈侧重叠量	4.2	设计值
颈侧翻领宽	4.5	设计值	后领底下弯	0.8~1	设计值

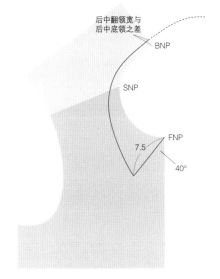

❶ 将前后衣身纸样在肩线处合并，根据尺寸设计前、后立翻领领外口造型，画线过程注意后中、颈侧曲线的圆顺

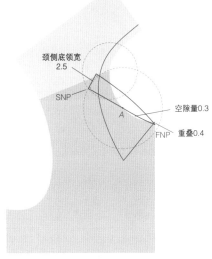

❷ 画前领底：作图方法与立领相同，找到 A 点，根据颈侧重叠量、前颈点重叠量、空隙量、颈侧底领宽确定领子 SNP、FNP 的位置，画出前领底线和翻折线

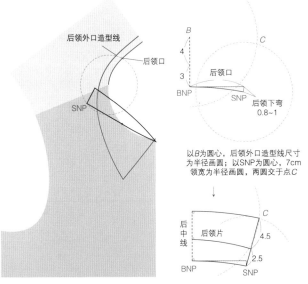

❸ 画后领片，测量后衣身领口尺寸和后领外口尺寸，结合表5-8后中底领宽、后中翻领宽、颈侧底领宽、颈侧翻领宽绘制后领的平面结构图

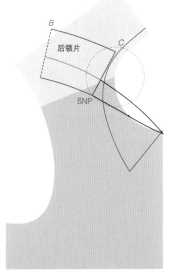

❹ 将绘制完成的后领结构图与前领底在颈侧底领宽处拼合

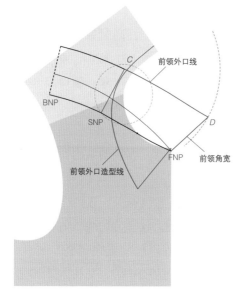

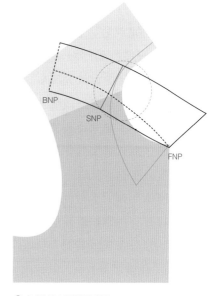

❺ 以C点为圆心，前领外口尺寸为半径画圆弧，从领子FNP点向圆C画长度线　　　　　　❻ 完成连体立翻领结构制图
交于点D，线段FNP~D=前领角宽，完成前领翻领部分的绘制

❼ 连体立翻领白坯布造型

图5-17　连体立翻领结构设计图及白坯布造型

　　运用平面制图的方法进行连体立翻领结构设计，首先需将前后衣身纸样在肩斜线处拼合成完整的领口弧线，并明确底领宽和翻领宽的尺寸比例、前领角的造型状态，然后在此基础上设计领外口造型线，该线是领子领外口线结构制图的前提。连体立翻领的底领为立领结构，因此前领的底领制图方式与立领制图相同，需要注意的是立领的前领有较高的领座，即前领宽，连体立翻领的前领无领座，翻折线从后中翻至前颈点FNP处，因此立翻领的翻折线在前领区域与立领的前领上口设计略有不同，画图过程中将此线从颈侧领宽处圆顺画至设计了重叠量的FNP点处即可。

　　后领外口造型线和后领口尺寸、后中底领宽和翻领宽、颈侧底领宽和翻领宽是后领结构制图的几个重要尺寸，画图方法如图5-17所示，后领外口造型线和后领口尺寸通过测量衣身获得，后领下弯是经验值也是可变量，对领子廓型有较大影响，下弯量越小，领子廓型越立体；下弯量越大，领子廓型越平坦，这一部分在后文立翻领造型变化规律中将具体阐述。

后领片完成后，将颈侧底领宽与前领片的颈侧底领拼接，同时以拼接后呈现的*B*点（即后领外口线与颈侧翻领宽线的交点）为参照，运用几何作图法画出前领外口线和前领翻领宽线。结构图设计完成后，测量并核对领子纸样的领外口线尺寸、领口尺寸与衣身纸样的领口、领外口造型线尺寸是否一致。

（4）连体立翻领造型变化规律实验

连体立翻领造型变化规律实验以平面制图方式改变基础立翻领的结构，采用白坯布进行立体造型实验，从以下两个角度进行：

①连体翻领的造型变化规律与颈侧重叠量、后领底下弯度有关，这两个尺寸影响底领的立起状态，也影响翻领的廓型。剪切实验在基础立翻领上设计剪切线，剪切线处领底尺寸不变，领外口尺寸设计三个剪切变量实验，分别是领外口尺寸重叠缩小0.3cm、角度展开0.6cm、角度展开1cm，以此改变连体立翻领环状曲面的曲线状态，剪切方式和完成后的白坯布造型、结构线的变化如图5-18所示。

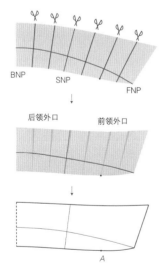

❶基于基础立翻领的剪切重叠操作，领外口处每条剪切线角度重叠0.3cm

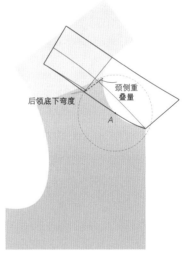

❷以*A*点为对位点，将剪切重叠后的领子与衣身重合，测量立翻领相关结构要素

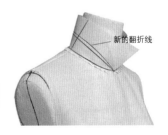

❸将剪切完成后的纸样进行白坯布造型实验，缝合在对应的衣身领口处，观察结构要素的变化；图中翻折线的位置发生变化，高于基础立翻领的翻折线位置

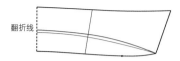

翻折线

❹布样展开：图中黑色线为原始翻折线位置，红色线
为变化后的翻折线

剪切实验1

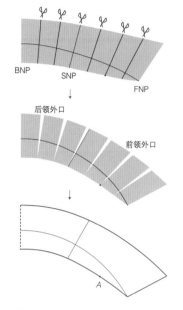

BNP SNP FNP

后领外口

前领外口

A

❶基于基础立翻领的剪切展开操作；领外口处每
条剪切线角度展开0.6cm

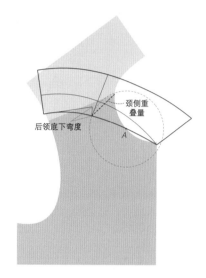

颈侧重叠量

后领底下弯度

A

❷以A点为对位点，将剪切展开后的领子与衣身重合，
测量立翻领相关结构要素

新的翻折线

❸将剪切完成后的纸样进行白坯布造型实验，缝合在对应的衣身领口处，观察结构要素的变化；图中翻折线的位置发生变化，低于基础立
翻领的翻折线位置

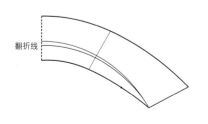

翻折线

❹布样展开：图中黑色线为原始翻折线位置，红色线
为变化后的翻折线

剪切实验2

图5-18

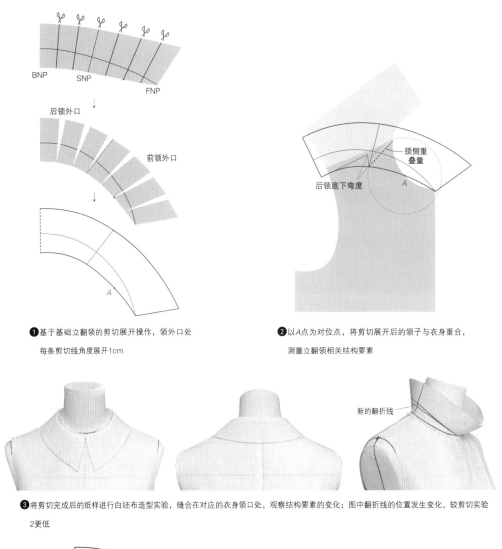

❶基于基础立翻领的剪切展开操作，领外口处每条剪切线角度展开1cm

❷以A点为对位点，将剪切展开后的领子与衣身重合，测量立翻领相关结构要素

❸将剪切完成后的纸样进行白坯布造型实验，缝合在对应的衣身领口处，观察结构要素的变化；图中翻折线的位置发生变化，较剪切实验2更低

❹布样展开：图中黑色线为原始翻折线位置，红色线为变化后的翻折线

剪切实验3

图5-18　连体立翻领廓型变化的剪切实验

②连体立翻领的领宽是领子造型设计中一个重要的结构要素，不同的领宽，形成的领子造型不同。

基于领宽的变化形成的立翻领造型变化规律，是以相同的颈侧重叠量、后领下弯度为前提，并且前领角造型不变，只改变领子的宽度，宽度变化依次从领外口线平行向上抬高

2cm，形成后中心9cm、11cm、13cm三种不同的领宽。领宽设计和完成后的白坯布造型、结构线的变化如表5-10所示。

　　表5-9是不同廓型的立翻领三个剪切实验的测量结果及其与基础立翻领相关结构要素的测量数据对比。从表中可以看出，在连体立翻领总领宽不变的情况下，颈侧重叠量和后领下弯设计量越大，领子纸样环状曲面的曲度越大，领子越弯；翻领与底领的比值越大，底领高度越矮，相对应的翻领宽度越大，翻领与肩斜线的夹角∠α也越大，领底造型的立体度越弱；前领角倾斜度∠β随着领子弯度的加大而减小。连体立翻领的结构设计，就是设计颈侧领底重叠量后领下弯度、底领与翻领的比值、领子的立体度等，在设计实践中需综合考虑。

表 5-9　不同廓型立翻领结构要素尺寸测量　　　　　单位：cm

项目	剪切实验1	基础立翻领	剪切实验2	剪切实验3
纸样				
白坯布造型				
后中总领宽	7	7	7	7
颈侧重叠量	3.7	4.2	5	5.6
后领下弯	0.4	0.8	1.4	1.8
后中底领宽	3.2	3	2	1.5
后中翻领宽	3.8	4	5	5.5
颈侧底领宽	3.2	2.5	2.2	1.7
颈侧翻领宽	3.8	4.5	4.8	5.3
前领角斜度∠β	45°	40°	25°	15°
∠α	135°	142°	154°	160°

注　表中部分数据为测量值，因绘图尺寸、绘图方法不同，在复制过程中尺寸会稍有误差，数据仅供参考。

表5–10为不同领宽的立翻领结构设计实验结果和测量数据。

表 5-10　不同领宽的立翻领结构设计实验结果和测量数据　　　　单位：cm

项目	基础立翻领	领宽变化1	领宽变化2	领宽变化3
纸样设计		领宽增加2	领宽增加4	领宽增加6
白坯布造型				
完成纸样				
后中总领宽	7	9	11	13
颈侧重叠量	4.2	4.2	4.2	4.2
后领下弯	0.8	0.8	0.8	0.8
后中底领宽	3.2	3.5	4	4.7
后中翻领宽	3.8	5.5	7	8.3
颈侧底领宽	3.2	3.5	3.8	4.5
颈侧翻领宽	3.8	5.5	7.2	8.5
后领外口	9.8	11.3	12.5	13.8
前领外口	12.7	11.2	10	8.7
前领角倾斜度∠β	40°	50°	58°	68°
∠α	142°	145°	147°	149°

注　表中部分数据为测量值，因绘图尺寸、绘图方法不同，在复制过程中尺寸会稍有误差，数据仅供参考。

　　从表5-10中可以看出，增加领宽尺寸，底领、翻领的宽度比例，前领外口、后领外尺寸比例，翻折线位置、前领角倾斜度均发生变化。其中，底领、翻领的宽度比例、翻领与肩斜线的夹角∠α变化较小，这是由于颈侧重叠量、后领下弯不变，形成相对稳定的廓型状态。领宽尺寸增加，领外口尺寸不变，前领角倾斜度则越大。在结构设计中，如果想要增加领宽，同时保持前领角倾斜度不变，前领外口尺寸也需增加。表中领外口尺寸不变，随着领宽加宽，前、后领外口的比例发生变化，领宽越宽，后领外口尺寸逐渐变大。

5.2.2　分体立翻领结构设计与造型规律

（1）分体立翻领的立体造型

分体立翻领与连体立翻领在结构上的区别是两块布构成和一块布构成，在外观上，两者的区别主要体现在前领底领、翻折线的形态。连体立翻领没有前领的底领部分，分体立翻领则由于分割线的作用，使前领的底领能够设计一定的高度，并且底领部分在前领点向外延伸与搭门相同的尺寸，就形成最基本的衬衫领结构。

表5-11是基础分体立翻领的常用尺寸，底领宽、翻领宽、前领角造型与连体立翻领一致，表中增加了前领底领宽和搭门尺寸，图5-19（a）是结合表5-11的尺寸数据，将立翻领的款式造型线在立体的人台上表现出来，与连体立翻领一样，领外口造型线的尺寸为最终款式线标记完成后的测量值。分体立翻领底领为立领造型，可参照表5-11的底领尺寸，采用立体裁剪或平面制图的方式制作出立领并固定在衣身领口处，在此基础上进行翻领部分的立体造型。翻领的备布如图5-19（b）所示，底领采用横丝，翻领采用45° 斜丝，确定后中翻领宽4cm后，与连体立翻领相同，修剪多余布料。

表 5-11　分体立翻领立体造型规格尺寸设计　　　　　　　　　　　　　单位：cm

部位	数值	备注	部位	数值	备注
后中底领宽	3	设计值	前领翻领宽	7.5	设计值
后中翻领宽	4	设计值	前领角倾斜度	40°	设计值
颈侧底领宽	2.5	设计值	衣身搭门宽	2	设计值
颈侧翻领宽	4.5~5	设计值	领外口线	22.4	测量值
前领底领宽	2.5	设计值			

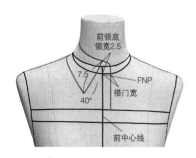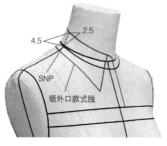

❶基于规格尺寸表，在人台上设计立翻领的翻折线、领外口线、搭门造型，用立体裁剪标记带标出

（a）分体立翻领立体造型款式线设计

图5-19

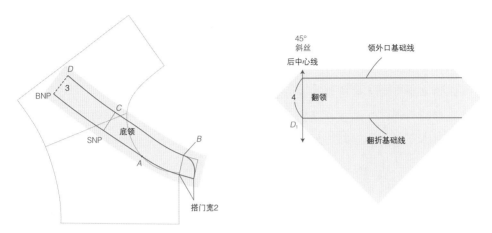

❷立体裁剪或平面绘制底领，翻领部分采用45°斜丝面料，在布料上确定后中心线，依据后中心线的位置、后中翻领宽画领子基础线，并
裁剪多余布料

（b）分体立翻领立体造型备布与画布

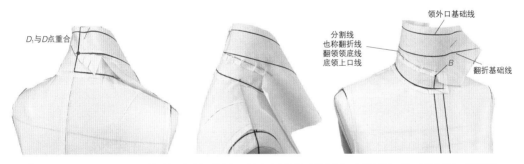

❸将底领装在衣身领口上，翻领D_1点与底领D点重合，使翻领、底领与衣身的后中心线重合在一条垂直线上；从D_1点沿底领上口线将翻领
布片底部做剪口塑造翻领造型，同时固定剪口处，使翻领沿底领上口线圆顺围裹颈部，至B点停止

❹从后中心沿分割线将翻领部分翻下来，颈侧区域开始，翻折基础线的位置发生变化；调整领子造型，并测量颈侧底领和翻领宽度设计
是否合适，如不合适需翻上领面重新调整翻领底部剪口的位置；领子造型调整好后，设计前领翻领宽度和倾斜度，从前往后画领外口
造型线

❺领外口造型线画好后，修剪领外口，将C点与领外口和肩斜线的交点E相连，标记出颈侧领宽线，完成连体立翻领立体造型设计

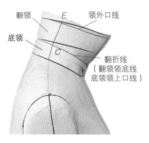
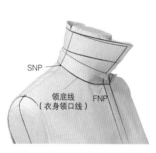

❻立体造型完成后，将领片全部翻上去，拷贝新的翻折线、领底线

（c）分体立翻领立体裁剪操作步骤

图5-19 分体立翻领立体造型

  分体立翻领的造型标准与连体立翻领相同，在着装中领子与颈部需保留足够的空间，并且翻折线、底领、翻领从后至前的转折须光滑圆顺。此外，由于底领、翻领的分体结构以及前领搭门的设计，使分体立翻领具有独特的造型结构特征：

  ①图5-19❻将完成后的领子翻折上去，红色线表示翻领，底领和翻领的廓型组合接近沙漏状，即圆台体和倒圆台体的组合，符合前图5-12分体立翻领的构成原理。

  ②分体立翻领上下领片的分割线、翻折线、翻领的领底线、底领的上口线是同一条结构线，领子翻下来后，翻折线略高于分割线0.2cm左右，使领子着装后底领与翻领的缝合线不外露。

  ③分体立翻领在立体裁剪过程中，也需要根据底领、翻领宽度的设计尺寸，结合造型需求，调整翻领领底线在不同位置的剪切口深度以塑造合适的翻领廓型，以防翻领翻折下来后，出现与连体立翻领类似的领外口尺寸过紧或浮起的问题。

  ④底领在前中心设计搭门尺寸2cm，翻领在前中心无搭门尺寸，因此翻领在前领部位的端点止于底领前中心B点位置。

  （2）分体立翻领二维平面的转化

  在完成后的分体立翻领造型翻折线处做标记，取下整理后形成如图5-20所示的平面展开图。将翻领、底领的后中心线垂直摆正后，可以看出翻领的图形形状呈向下的环状曲面，底领是向上的环状曲面，两个曲面方向相反，就能够塑造图5-19❻的沙漏状廓型，当翻领翻折后，底领、翻领均呈圆台体廓型。

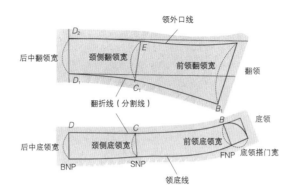

图5-20 分体立翻领立体造型平面展开图

将底领的平面图与衣身领口A点对合，得到底领与衣身的结构关系。翻领的环状曲面形状塑造适合颈部形态的圆台体廓型，人体颈部呈扁圆形，因此靠近颈侧区域的翻领领底线曲度较大，后中心、前中心翻领领底较平直，将翻领与底领在C点、B点对合，易于观察底领领上口曲线和翻领领底曲线的结构关系。如图5-21所示，底领与翻领在前领处表现为空隙量，在后中表现为重叠量，共同塑造立翻领从后往前转折的圆顺度和廓型特点；与连体立翻领相同，领子的前领翻领宽与造型线的前领宽以翻折线（分割线）为基准，呈对称状态。表5-12是翻领和底领结构关系相关要素的测量值，该尺寸可作为分体立翻领平面结构制图的经验值。

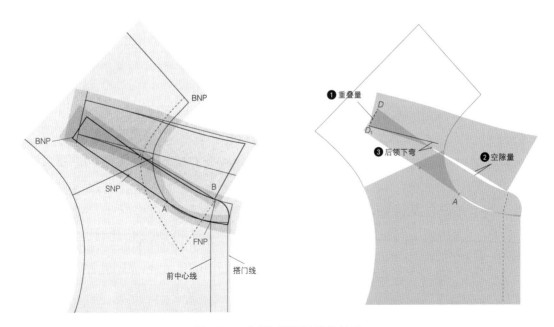

图5-21 底领与翻领的结构关系

表5-12 分体立翻领与衣身的平面结构关系相关结构要素测量

单位：cm

序号	部位	尺寸	序号	部位	尺寸
❶	底领与翻领重叠量	2.4	❸	颈侧翻领下弯	1
❷	底领与翻领空隙量	0.4			

（3）分体立翻领的结构制图

图5-22所示是根据表5-13的规格尺寸完成的基础款分体立翻领平面结构设计图，表5-13中的尺寸是以分体立翻领立体造型实验的经验值为参考。分体立翻领的底领结构制图与立领结构制图相同，区别在于领宽和前领造型的变化，在保持立领颈侧与衣身重叠量不变的情况下设计后中、颈侧、前领的领宽。当衣身设计为前开、系扣的款式，需要加入搭门尺寸，底领也从FNP点延长2cm设计搭门，并设计曲线状的底领前中心造型。

表5-13 分体立翻领结构制图规格尺寸设计

单位：cm

部位	数值	备注	部位	数值	备注
后中底领宽	3	设计值	前领翻领宽	7.5	设计值
后中翻领宽	4	设计值	前领角倾斜度	40°	设计值
颈侧底领宽	2.8	设计值	衣身搭门宽	2	设计值
颈侧翻领宽	4.5~5	设计值	底领与衣身重叠量	3.8	设计值
前领底领宽	2.5	设计值	底领与翻领重叠量	2.4	设计值

翻领结构设计的关键是后中底领和翻领的重叠量以及前后领外口线尺寸的对合。首先根据后领外口造型线尺寸和绘制完成的立领结构图后领片的底领上口尺寸绘制翻领的后领片，在制图过程中颈侧翻领下弯尺寸是设计值，完成后的翻领后领片满足环状曲面的廓型需要，满足后中领宽、翻领领底、领外口的尺寸要求。翻领后领片绘制完成后，与立领、连体立翻领制图方法相同，将后领片与颈侧对接，注意分体立翻领对接方式的设计，是依据后中底领和翻领的重叠量来完成的，通过重叠量来对接翻领后领片，比较容易控制翻领领底线的下弯度和翻领的廓型需求。

翻领前领片的结构线设计，则是根据前领外口尺寸和前领翻领宽两个尺寸共同完成，在制图方法上采用两圆相交于一点的几何形作图法，找到前领角B_2点，最后修顺翻领领上口曲线和领底曲线。将完成后的底领和翻领纸样取出，以后中心线为基准垂直摆正，能够清楚看到底领和翻领两个不同方向的环状曲面，与立体裁剪布样展开图形状一致。

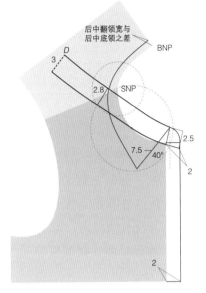

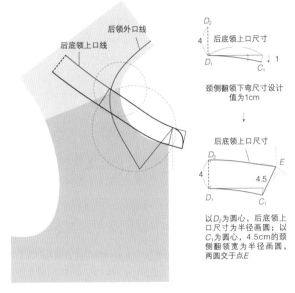

❶画底领：根据表5-13确定后中、颈侧、前领底领
宽，绘制基础立领；设计衣身、立领的搭门宽度和
立领前领角造型，设计领外口造型线

❷画翻领后领片：测量后领外口和后底领上口尺寸，根据表5-12中后中翻领
宽、颈侧翻领宽和颈侧翻领下弯尺寸的经验值，绘制翻领后领的纸样

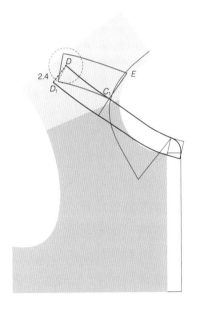

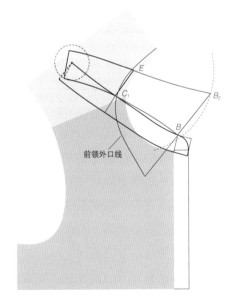

❸设计底领与翻领的结构关系：以D为圆心，2.4cm的底领与翻领重叠
量为半径画圆；将绘制完成的翻领后领片与底领对合，C_1点与底领
C点重合，D_1点与圆弧相切

❹画翻领前领片：以E点为圆心、前领外口尺寸为半径画圆，从
B点向圆E画长度线交于点B_2，直线BB_2=前领翻领宽，完成前
领翻领部分的绘制

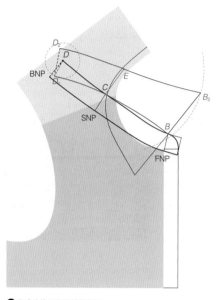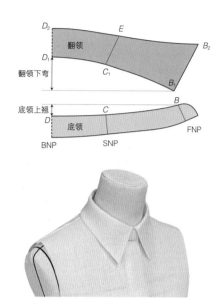

❺完成分体立翻领结构制图

图5-22　分体立翻领结构制图

分体立翻领由立领和翻领两部分构成，其造型规律的变化可参考立领的造型规律和连体立翻领的造型规律。从*B*点引水平基准线，在后中心形成两个与分体立翻领造型规律变化有关的结构要素：翻领下弯与底领上翘（图5-22）。基于这两个结构要素，分体立翻领又具有如下特征：

①当领宽不变、底领上翘不变，翻领下弯从大于底领上翘逐渐变成小于底领上翘的状态时，底领与翻领之间的空间量逐渐缩小；因人体的自然肩斜度，落在肩部的领外口尺寸由合适变为不足；底领与翻领之间的空间量不足，领外口尺寸不足，容易使领子造型出现牵拉而不平服。

②底领上翘或下弯，影响分体立翻领翻折线尺寸与颈部的空间关系，这一点与立领造型变化规律相同；分体立翻领的结构设计在于底领弯度、翻领弯度的匹配度设计，以及弯度变化对领宽的影响、对领外口尺寸的影响等，在结构设计中需综合把握这些因素。

5.3　平翻领结构设计原理

平翻领的领子形态同样是从领围线立起一部分、再翻折下来，与立翻领不同之处在于平翻领领子立起的量较小，大部分领子宽度以翻领的造型平铺在肩部，因此平翻领与立翻领的区别在于底领和翻领宽度的比例。因为平翻领立起的高度较矮，适合较短的颈部形态，此款领型在婴幼儿服装中应用也较多（图5-23）。

Comme Des Garcons Shirt

香奈儿（Chanel）

香奈儿（Chanel）

图5-23　平翻领造型案例

平翻领的领角造型也分为圆领、方领和尖领，领子随宽度、领口形状、领外口造型线的变化呈现多样的风格，如娃娃领、水手领、披肩领等。

5.3.1　平翻领的基本结构

平翻领的基本结构是没有底领、只呈现翻领的领子形态，即领子部分全部平铺在肩部，领宽和前领角造型是平翻领的基本设计要素。表5-14是平翻领相关设计要素的尺寸设计，图5-24是参考表5-14的规格尺寸完成的平翻领基本结构制图和白坯布造型。

表 5-14　平翻领基本结构规格尺寸设计　　　　　　　　　　　　　　　单位：cm

部位	数值	备注	部位	数值	备注
后中翻领宽	6	设计值	前领翻领宽	7.5	设计值
颈侧翻领宽	6	设计值	前领角倾斜度	33°	设计值

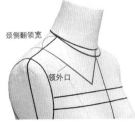

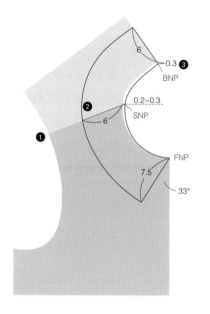

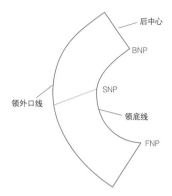

❶ 衣身前后颈侧点重合，肩斜线拼合

❷ 在拼合后的前后衣片领口处，参照翻领宽、前领角倾斜度绘制平翻领领外口造型线

❸ 后颈点、颈侧点设计领子翻折时的厚度损耗量0.3cm，并依据衣身领口弧线绘制领子领底线

（a）平翻领基本结构制图

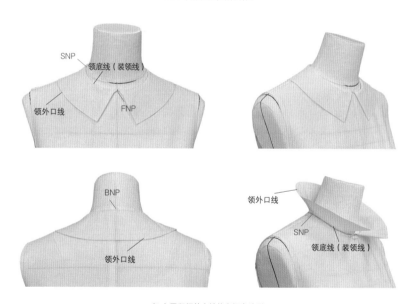

（b）平翻领基本结构白坯布造型

图5-24 平翻领基本结构

5.3.2 平翻领造型变化规律

图5-24的平翻领基本结构纸样图中领子的领底线与衣身领口线曲度基本相同，领子后中心与衣身后中心重合，完成的领子造型无立领部分，领子完全平铺在肩部。在此基础上改变平翻领的领口线曲度，可以观察在领宽不变的情况下，不同曲度的平翻领领口所对应的领子造型及其变化规律，如图5-25所示。

　　图5-25所示的平翻领基础纸样剪切实验为纸样重叠。图中的剪切线设计在颈侧区域，并设计三种不同的重叠量，分别进行白坯布实验：实验1中颈侧的三条剪切线，各重叠1cm，使领外口尺寸一共收缩3cm；实验2中颈侧的三条剪切线各重叠1.5cm，使领外口尺寸一共收缩4.5cm；实验3中颈侧的三条剪切线各重叠2cm，使领外口尺寸一共收缩6cm。通过立翻领的造型规律可知，底领、翻领宽度比例不变，领外口尺寸缩小，则领子出现抻拉、不服帖的现象，因此图5-25中的平翻领纸样重叠实验，在白坯布造型阶段，需将变化后平翻领纸样的领外口整理成合适平整的状态，重新确定底领、翻领宽度比例和新的领子翻折线位置，并在平翻领纸样上表现出来。

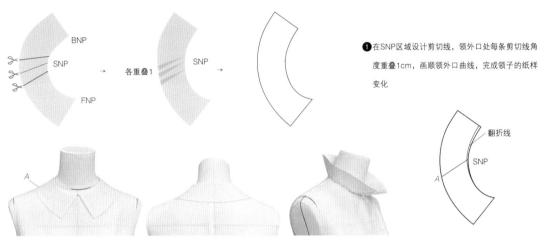

❶在SNP区域设计剪切线，领外口处每条剪切线角度重叠1cm，画顺领外口曲线，完成领子的纸样变化

❷将剪切完成后的领子纸样进行白坯布造型实验，缝合在对应的衣身领口处，调整完成领子翻折的合适效果；图中A点为领外口线与衣身肩斜线的交点

❸布样展开：图中红色线为白坯布造型过程中拷贝的领子翻折线、颈侧领宽线

剪切重叠实验1

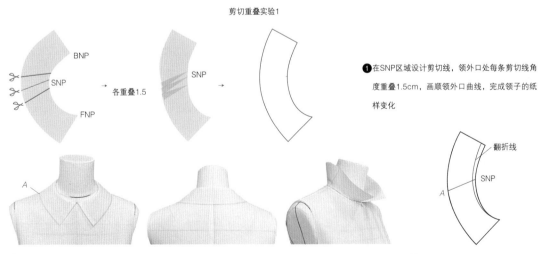

❶在SNP区域设计剪切线，领外口处每条剪切线角度重叠1.5cm，画顺领外口曲线，完成领子的纸样变化

❷将剪切完成后的领子纸样进行白坯布造型实验，缝合在对应的衣身领口处，调整完成领子翻折的合适效果，观察结构要素的变化

❸布样展开：图中红色线为白坯布造型过程中拷贝的领子翻折线、颈侧领宽线

剪切重叠实验2

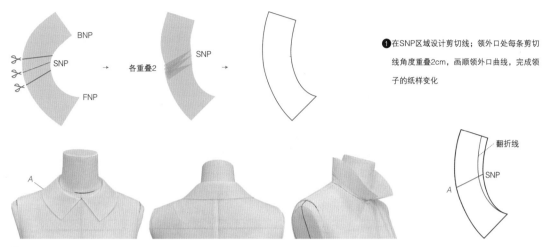

① 在SNP区域设计剪切线；领外口处每条剪切线角度重叠2cm，画顺领外口曲线，完成领子的纸样变化

② 将剪切完成后的领子纸样进行白坯布造型实验，缝合在对应的衣身领口处，调整完成合适的领子翻折效果；观察结构要素的变化

③ 布样展开：图中红色线为白坯布造型过程中拷贝的领子翻折线、颈侧领宽线

剪切重叠实验3

图5-25　平翻领基础纸样剪切重叠实验

　　三种不同重叠量的平翻领剪切实验，相关要素的测量结果如表5-15所示。通过图5-25的白坯布造型实验及表5-15的测量结果可知，基础平翻领完全平铺在肩部，随着领外口剪切重叠尺寸减小、翻领宽度变窄、底领出现，领子逐渐立起形成有领座的领型。领外口剪切重叠量增大，领外口尺寸越小、底领的宽度增加，形成领子的立体度就越高（∠α表现领子的立体度），前领角倾斜度（∠β）也随着领外口尺寸的缩减而增大。

表 5-15　平翻领基本结构纸样剪切重叠实验尺寸测量　　　　　　　　单位：cm

项目	基础平翻领	剪切重叠实验1	剪切重叠实验2	剪切重叠实验3
纸样				
白坯布造型				

续表

项目	基础平翻领	剪切重叠实验1	剪切重叠实验2	剪切重叠实验3
白坯布造型				
后中总领宽	6	6	6	6
领外口重叠量	0	3	4.5	6
后中底领宽	0	0.5	1	1.5
后中翻领宽	6	5.5	5	4.5
颈侧底领宽	0	0.5	1	1.3
颈侧翻领宽	6	5.5	5	4.7
后领外口	16	14.9	13	12.7
前领外口	14.8	12.9	13.3	12.1
前领角倾斜度∠β	33°	35°	38°	44°
∠α	180°	168°	163°	156°

注 表中部分数据为测量值，因绘图尺寸、绘图方法不同，在复制过程中尺寸会稍有误差。

图5-26的平翻领基础纸样剪切实验为纸样展开，领口尺寸不变，以领外口线的角度展开为例。图中的剪切线分布在前后领区域，设计三种不同的展开量，分别进行白坯布实验：实验1与实验2的剪切线分布较为均衡，在前后领片共设计7条剪切线，实验1每条剪切

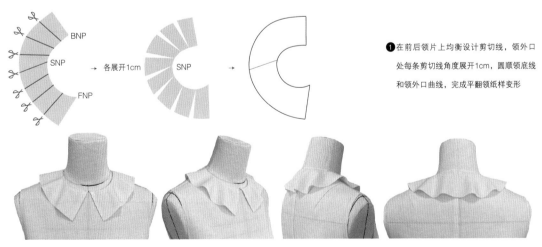

❶在前后领片上均衡设计剪切线，领外口处每条剪切线角度展开1cm，圆顺领底线和领外口曲线，完成平翻领纸样变形

❷将剪切完成后的领子纸样进行白坯布造型实验，缝合在对应的衣身领口处，可观察到领底线尺寸合适否，领外口在前后肩部浮起形成波浪状造型

剪切展开实验1

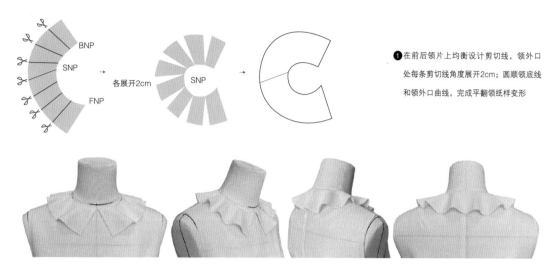

❶在前后领片上均衡设计剪切线，领外口
处每条剪切线角度展开2cm；圆顺领底线
和领外口曲线，完成平翻领纸样变形

❷将剪切完成后的纸样进行白坯布造型实验，缝合在对应的衣身领口处，领底线尺寸合适，领外口在前后肩部浮起形成波浪
状造型

剪切展开实验2

❶在颈侧区域设计剪切线，领外口处每条
剪切线角度展开2cm；圆顺领底线和领外
口曲线，完成平翻领纸样变形

❷将剪切完成后的纸样进行白坯布造型实验，缝合在对应的衣身领口处，领底线尺寸合适，领外口在颈侧区域浮起形成波
浪状造型

剪切展开实验3

图5-26 平翻领基础纸样剪切展开实验

线在领外口处各展开1cm，实验2每条剪切线在领外口处各展开2cm，领外口尺寸增加量为
实验1的一倍，纸样展开原理为加量设计，因此纸样展开白坯布实验中的领子造型呈现出
波浪状的效果；实验3的剪切线设计在颈侧区域，每条剪切线在领外口处各展开2cm，完
成后白坯布造型波浪起伏集中在颈侧区域，领后中与前领角处造型较为平坦。

表5-16是平翻领基本结构纸样展开实验的测量结果，通过图5-26和表5-16可知，实验2的展开量大于实验1，实验2的白坯布造型波浪的数量与立体度均大于实验1。实验1与实验2的剪切线、剪切量设计都较为均衡，领子浮起波浪的位置、波浪的立体度也很均衡。实验3的剪切线和剪切量集中在颈侧，完成后领子浮起波浪的位置、波浪的立体度也集中在颈侧区域。因此，在平翻领纸样展开造型设计中，剪切线的位置决定了浮起波浪或余量的位置，展开量则决定了波浪的立体度，如果想要均衡的造型，剪切线的分布和剪切量的设置也需考虑其均衡性。

表 5-16　平翻领基本结构纸样剪切展开实验尺寸测量　　　　　　单位：cm

项目	基础平翻领	剪切展开实验1	剪切展开实验2	剪切展开实验3
纸样				
白坯布造型				
后中总领宽	6	6	6	6
剪切展开量	0	7	14	6
后中底领宽	0	0	0	0
后中翻领宽	6	6	6	6
颈侧底领宽	0	0	0	0
颈侧翻领宽	6	6	6	6
前领角倾斜度 $\angle\beta$	33°	33°	33°	33°

注　表中部分数据为测量值，因绘图尺寸、绘图方法不同，在复制过程中尺寸会稍有误差。

剪切线和剪切量的变化规律同样也适用于纸样重叠操作。在图5-25的纸样重叠操作中，剪切线主要集中在颈侧区域，立体造型中颈侧因角度变化形成了底领厚度，前领区域无立起的底领厚度，后中心的底领厚度也主要靠折叠实现。

立领、立翻领、平翻领的纸样变化规律都采用了纸样的剪切重叠和展开操作，这两种纸样处理方法一个表现减量，另一个表现加量，是使平面图形产生形态变化的主要方式，在领子结构制图中可根据领型设计灵活应用。

5.4 翻驳领结构设计原理

翻驳领是领子与衣身的局部缝合并共同向外翻折形成的领子结构，衣身翻折的部分称为驳头，翻驳领是立翻领与驳头的组合造型（图5-27）。立翻领在翻驳领中可应用为分体立翻领或连体立翻领，驳头也可应用为连体结构或分体结构。

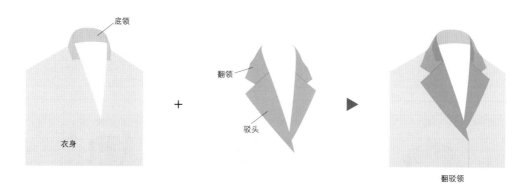

图5-27　翻驳领的基本构成

翻驳领在西服中应用较多，属于正装外套类的领型类别，其中平驳领在西服中是常见的翻驳领类型。除平驳领外，翻驳领还包括青果领、戗驳领等经典领型（图5-28）。女装中的翻驳领结构来源于男西服，并比男西服翻驳领基本结构变化产生了更多的领型。

5.4.1　翻驳领的基本结构

平驳领在西服中是常见的翻驳领类别，因此本章以平驳领作为翻驳领的基本结构，表5-17是平驳领不同角度的外观透视图及各部位结构要素名称。翻驳领与立翻领相比，具有与立翻领相同的结构部位，同时又具有独特的结构特征：

①翻驳领与立翻领后领形态相同、结构近似，在结构制图中可作为参考。

Gabriela Hearst

平驳领：驳领领角和翻领领角形成的领嘴角度一般在40°~90°，造型沉稳，应用最多

Delpozo

戗驳领：驳领领角造型向上翘起，翻领领角与驳领领角之间的夹角较小，礼仪场合应用较多

Elie Saab

青果领：驳领领角和翻领领角不构成领嘴造型，领外口线、驳头外口线圆顺连接呈一片式

驳领变化领型：基于翻驳领领子、驳头的基础造型关系，结合衣身结构线，衍生出驳领的变化款式

图5-28 翻驳领造型类别

②翻驳领与立翻领同为翻领结构，在领子形态的变化规律上相同，本节不再讨论驳领翻领的变化规律。

③翻驳领的翻折线贯穿领子与衣身，领与驳头共同翻折；普通立翻领的翻折线在领子上，衣身不受领子翻折造型的影响。

④翻驳领的领底线与衣身领口线、串口线缝合；领子翻折后领底线被覆盖并隐藏，串口线则外露，成为翻驳领领子外观造型的一部分，也是翻驳类领子独有的结构特征。

表5-17 平驳领各部位结构要素名称

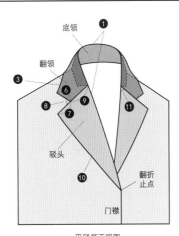
平驳领正视图

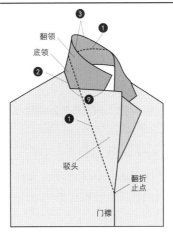
领子与驳头上翻图

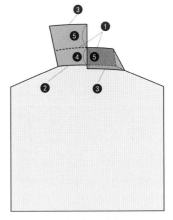
后领 正视图、上翻图

❶	翻折线	❼	驳领领角宽
❷	领底线（装领线）	❽	领嘴
❸	领外口（造型）线	❾	串口线
❹	后中底领宽	❿	驳头外口（造型）线
❺	后中翻领宽	⓫	串口线倾斜度
❻	翻领领角宽		

5.4.2　平驳领立体造型与二维平面的转化

图5-29是平驳领从款式设计、备布到立体造型的过程。平驳领款式线设计参照表5-18的设计尺寸，在人台上标识出来：后领的相关尺寸设计与立翻领相同，前领设计了搭门、翻折止点的高度、领嘴造型、驳头造型的相关尺寸；立体造型标记线在粘贴过程中，需注意翻折线、领外口线、驳头外口线自后向前的自然衔接。

平驳领立体裁剪需准备领子用布、前衣身和后衣身用布。后衣身的画布方法与第2章中衣身基础型相同，因此图5-29（b）中不体现后衣身布片的画法。领子立体裁剪与立翻领相同，使用斜丝坯布；前衣身画布过程中除绘制胸围线、腰围线、前中心等基准线，还需确定搭门的宽度，绘制搭门线。

表 5-18　平驳领立体造型规格尺寸设计　　　　　　　　　　　　　　　　　单位：cm

部位	数值	备注	部位	数值	备注
后中底领宽	3	设计值	搭门宽	2~2.5	设计值
后中翻领宽	4	设计值	驳领领角	4	设计值
颈侧底领宽	2.5	设计值	翻领领角	3.5	设计值
颈侧翻领宽	4.5~5	设计值	串口线倾斜度	73°	设计值
驳头宽	8	设计值	领嘴	45°	设计值

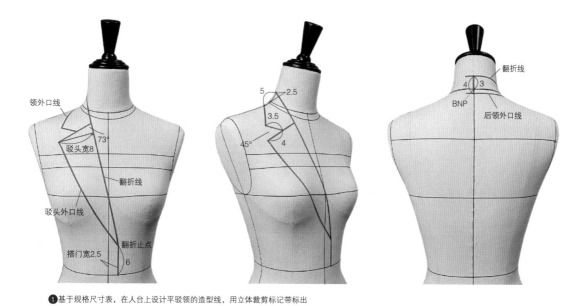

❶基于规格尺寸表，在人台上设计平驳领的造型线，用立体裁剪标记带标出

（a）平驳领立体造型款式线设计

图5-29

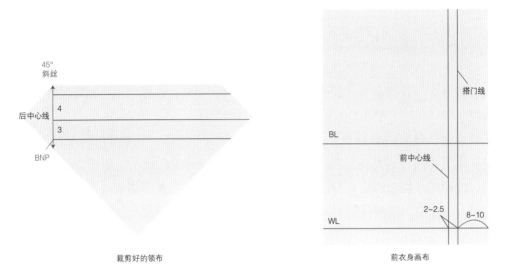

裁剪好的领布   前衣身画布

❷领子采用45° 斜丝面料，裁剪方法与立翻领相同；前衣身备布尺寸与表现胸腰关系的衣身基础纸样相同，在此基础上绘制搭门线

（b）平驳领立体造型备布与画布

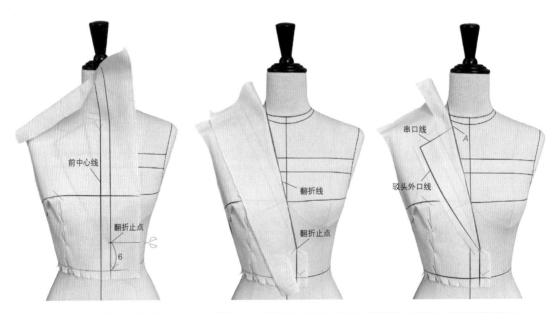

❸前衣身立体裁剪：将布片基础线与人台基础线重合对齐，塑造宽松或合体的衣身造型；找到翻折止点的位置，从布片边缘做剪口至
止点，并沿衣身翻折线翻折布片，依据人台标记线塑造驳头造型；驳头外口线为向外凸的曲线，修剪布片，图中翻折线与串口线交
点记作A点

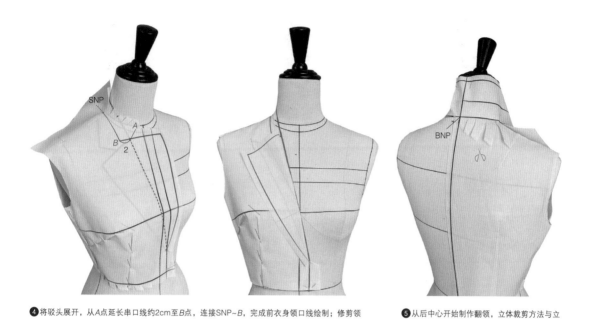

❹ 将驳头展开，从A点延长串口线约2cm至B点，连接SNP~B，完成前衣身领口线绘制；修剪领口，完成驳头造型

❺ 从后中心开始制作翻领，立体裁剪方法与立翻领相同

❻ 领子剪口剪至颈侧区域，将领子沿翻折线下翻，从正面塑造领子翻折线的角度位置，领子翻折线需与驳头翻折线角度一致；将驳头翻折，检验领子翻折线与驳头翻折线连接是否顺畅，同时修剪领外口造型，使领子平整

图5-29

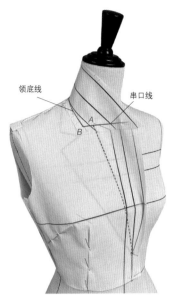
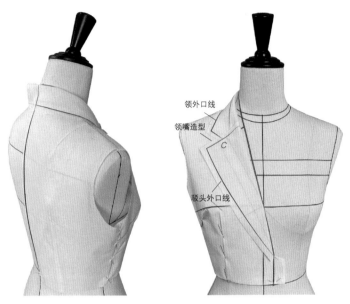

❼ 将领子、驳头上翻，根据翻折线角度在领底及串口线处打剪口，使领子底部平整；沿衣身标记线位置，将领子领底线、串口线标记出来

❽ 领子与驳头沿翻折线翻折平整，绘制领外口造型线、领嘴造型、驳头外口线，修剪多余布片；翻领领角与驳领领角的交点记作点C，该点也称绲领止点；完成平驳领立体造型

（c）平驳领立体裁剪操作步骤

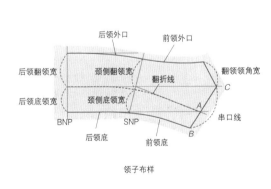

领子布样

将领子与衣身展开形成平面图，图中红色为领子、衣身轮廓线，黑色线为辅助、标记线

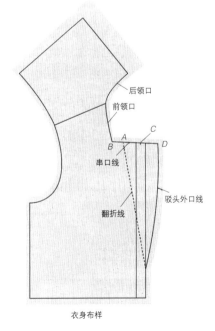

衣身布样

（d）平驳领立体造型平面展开

图5-29　平驳领立体造型设计

图5-29（c）中平驳领的领子造型标准与
立翻领相同，翻折线、底领、翻领从后至前的
转折须光滑圆顺，立翻领的翻转关系是从后中
心、颈侧直至前中心，平驳领的翻转关系则从
颈侧圆顺至驳头翻折止点处，前中心呈深V领
型。平驳领在立体裁剪过程中，也需要根据设
计尺寸和造型需求，调整翻领领底线在不同位
置的剪切口深度，以塑造合适的翻领廓型及驳
头翻折线合适的翻折角度，避免翻领翻折下来
后领外口线、驳头外口线过紧或浮起。

　　将完成后的平驳领取下整理后，形成如
图5-29（d）所示的平面展开图，各部位名称
如图所示。图5-30将领子串口线与衣身串口
线重合，可以看到领子与衣身的结构关系：翻
折线与领底线形状趋同，自领子后中心曲线下
弯，与驳头翻折线自然衔接，A点至翻折止点
的翻折线较为平直；领子与衣身在颈侧出现重

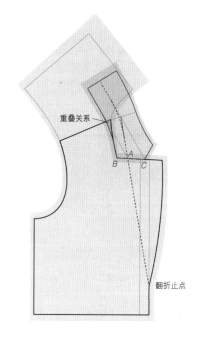

图5-30　平驳领领子与衣身布样重合图

叠量，在重叠角度的基础上，整个领子基于串口线，呈后倾趋势，该趋势也称领子的"倾
斜尺寸""倒伏量"。❶ 倒伏量原理与立翻领下弯原理相同（前表5-10、表5-11），因此领底
下弯度、领宽变化形成的立翻领造型规律，在平驳领中同样适用。

5.4.3　平驳领结构设计

　　图5-31是完成的平驳领平面结构设计图及白坯布造型实验。领子尺寸设计参考前
表5-18立体造型尺寸。运用平面制图的方法进行平驳领结构设计，与连体立翻领的设
计思路相同，在前后衣身肩斜线拼合的基础上设计领外口、驳头外口造型线，造型设
计线是领外口、驳头外口结构制图的前提。与连体立翻领相比，平驳领翻折止点位置
较低，领子从后向前转折的曲度没有立翻领大，因此在绘制平驳领翻折线时，先以颈
侧底领宽确定翻折线，最后表现领子在颈侧的重叠关系。而连体立翻领是先设计重叠
关系，再绘制翻折线；根据对折原理，以翻折线为对称轴翻转对称驳头外口造型线，
完成驳头即前领部分的结构制图；后领画法、后领与前领的拼接方式与连体立翻领
相同。

---

❶ 《服装造型学理论篇》中道友子P326。

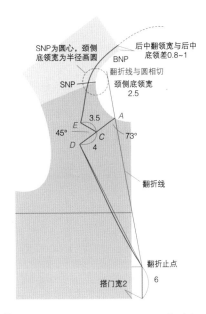

❶ 以SNP为圆心，颈侧底领宽为半径画圆，从翻折止点向圆形画切线，切线即驳头翻折线；前后衣身肩线拼合，根据后中翻领宽与底领宽的差、串口线倾斜度、领嘴尺寸从后向前设计前后领外口、驳头外口造型线

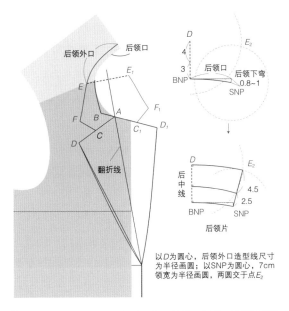

❷ 以翻折线为对称轴，将前领外口造型线、驳头外口造型线、领嘴造型翻转对称；将对称后的串口 D_1A 延长2~2.5cm至 B 点，绘制前衣身领口线；E 点为领外口造型线与肩斜线的交点，翻转对称后连接 EE_1；后领制图方法与连体立翻领相同

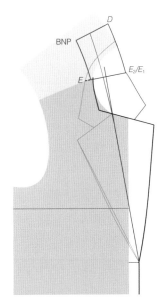

❸ 将绘制完成的后领颈侧领宽对接在 EE_1 直线上，点 E_2 与 E_1 重合

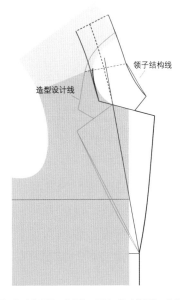

❹ 前后领底线顺接，前领外口圆顺，核对前领外口结构线尺寸与造型设计线是否一致

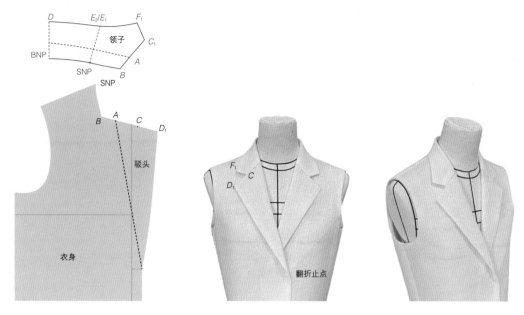

⑤分离领子与衣身，完成平驳领结构制图，完成白坯布造型实验

图5-31 平驳领平面结构制图及白坯布造型

图5-31完成后的平驳领白坯布造型，从正面、前侧面观察，底领在颈侧区域转折圆顺，领子翻折线、领外口线造型线、驳头外口造型线也较为圆顺平服。平驳领是最基础的驳领领型，在平驳领的基础上，通过改变驳领领角和翻领领角的尺寸及造型、改变串口线的位置和形态，改变驳领的宽窄及领嘴角度，即可产生驳领领型的丰富变化（图5-32）。

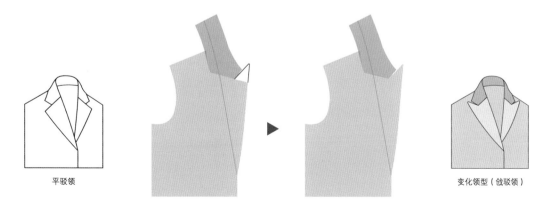

领型变化1

图5-32

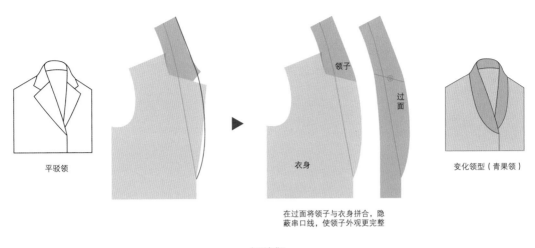

平驳领

领子

过面

衣身

变化领型（青果领）

在过面将领子与衣身拼合，隐
蔽串口线，使领子外观更完整

领型变化2

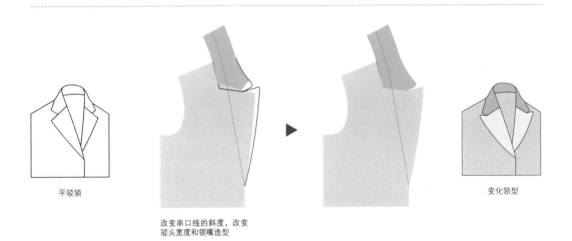

平驳领

改变串口线的斜度，改变
驳头宽度和领嘴造型

变化领型

领型变化3

图5-32　驳领领型的变化

第6章

袖子结构设计原理

袖子是覆盖人体上肢部的服装部件。袖子结构设计属于女上装的局部或部件设计，与领子相比，袖子构成上衣整体造型的比例更大，并且由于手臂运动的特殊性，使袖子结构设计中对功能和造型的综合考虑更加突出。

袖子是在肩部区域与衣身组合的部件，包括装袖线设计和袖身设计。装袖线位置不同，肩袖构成不同，形成了不同的袖子类别：装袖、插肩袖、落肩袖、插角袖等；袖身结构设计包括袖身廓型设计和袖身内部结构细节设计。本书对于袖身的结构设计，主要以基础廓型变化为主，所匹配的衣身为衣身基础型、箱形基础型。在实际应用中，可结合不同的袖子廓形，设计省道、分割线或皱褶等结构细节。

6.1 装袖线设计原理

装袖线是衣身袖窿与袖子袖山缝合后，在服装上呈现的结构线。装袖线根据位置的设计不同分为以下几个类别，如图6-1所示，图中浅灰色代表衣身、深灰色代表袖子，红色线为装袖线设计：

①装袖线在臂根部：即衣身袖窿与袖子袖山的缝合线环绕人体臂根，装袖线从前后腋点区域向上至肩峰点及其附近区域。袖子基础纸样的结构就属于这一类型，这一类型的袖子结构又称装袖、绱袖，装袖线称绱袖线。

②装袖线在衣身：衣身与袖子缝合后，装袖线从前后腋点区域向上至衣身肩线、领口、前中心部位，衣身的一部分区域并入袖子，袖子构成上衣整体造型的比例增大，这一类型的袖子结构又称插肩袖，装袖线称插肩线。

③装袖线在袖子部位：衣身与袖子缝合后，装袖线从前后腋点区域向外至袖子袖中线部位，袖子的一部分并入衣身，袖子构成上衣整体造型的比例缩小，这一类型的袖子结构又称落肩袖，装袖线称落肩线。

④无装袖线结构：该类型的袖子从立体造型上观察不到装袖线，袖子与衣身结构为连体形态，根据袖底结构和立体度需求不同，这一类型的袖子结构包括平面袖、插角袖、插片袖等（图中深灰色为插角和插片）。

装袖线的位置设计是袖型变化的基础，明确了装袖线形式，才能在此基础上考虑装袖角度、袖子松量以及袖子内部的结构设计，装袖线形式不同，这些结构要素的考虑及设计也不同。

标准肩宽，服装肩峰点与人体对应　　　　肩宽缩小，服装肩峰点内移　　　　肩宽加大，服装肩峰点外移

❶ 装袖线在臂根

插肩线自前腋点向上至领口　　　　插肩线自前腋点向上至肩线　　　　插肩线自前腋点至前中心

❷ 装袖线在衣身

落肩线形状向上倾斜　　　　落肩线形状水平　　　　落肩线形状向下倾斜

❸ 装袖线在袖子

平面袖　　　　插角袖　　　　插片袖

❹ 无装袖线

图6-1　基础装袖线的分类

6.2 装袖线在臂根的袖子类型

本节装袖线在臂根的袖子类型，包括合体一片袖、两片袖、短袖，在纸样处理上围绕袖子基础型展开。装袖线本质上是分割线、断开线，人体臂根处是肩关节，运动范围较大，在此处设置装袖线，能够通过断缝塑造肩袖部的立体度，同时在合体袖型的基础上，保持肩部、手臂的运动。

第2章袖子基础纸样属于装袖线在臂根的袖子类型，从造型上看袖山部塑造自然的肩部曲线，袖筒形态为直线，在着装状态下，袖肥合适，袖口的松量较大。与袖子基础型相比，这三类袖型都属于合体类袖子，通过省道、分割线塑造人体手臂的合体状态，因分割形式不同，结构设计中对纸样的处理也不同。

与衣身的纵向分割原理相同，一片袖、两片袖袖身的分割都为纵向结构线，袖长至手腕，合体一片袖通过一条纵向的结构缝，结合省道、归拔工艺塑造适体的袖身造型；合体两片袖则通过两条纵向的结构缝塑造适体的袖身造型，结合衣身纵向结构线的设计原理，两片式分割袖对袖身合体性的塑造能力优于一片式；短袖结构属于合体一片袖结构，因袖长的变化，使其在纸样处理上与合体一片式长袖有所区别。

6.2.1 合体一片袖结构设计

合体类袖子的造型包裹人体手臂，塑造适体的袖子形态。与袖基础型相比，合体类袖型除表现手臂的前斜，还需表现肘部的弯曲、袖口的适体状态。图6-2是手臂前倾状态及上肢部形态模型图，从图6-2中可以看出，手臂自然下垂状态下前臂的前斜角度大于上臂，上臂自肩峰点处开始前斜，前臂则从肘部开始前斜；基于上臂、前臂前斜角度的差异，模型图中两个倒圆台体在中间衔接的部分呈现出角度差，使手臂后长大于前长；这种角度差和长度差对于手臂来说，皮肤的抻拉与收缩能够满足这种变化，对于袖子来说，需要充分考虑面料性能、纸样的结构处理、松量的预留等。

本节将合体一片袖的袖缝设计在袖山底，与袖子基础型位置相同，该位置设计较为隐蔽，能保持整个袖筒造型的完整度，也是一片式袖型较常用的位置。图6-3是基于直筒袖的合体一片袖结构设计原理：直筒袖造型是圆柱体，其平面展开为矩形；在矩形基础上通过角度剪切使袖口尺寸缩小，形成扇形，塑造倒圆台体造型；在扇形上通过横向剪切并做角度展开，塑造前肘线重叠、后肘线展开的图形形状，表现自肘部以下向前倾斜的倒圆台体造型。前肘线的重叠量，通过工艺"拔开"的手法塑造前袖弯的曲面造型，后肘线展开的角度量，可以设计为省道，或者通过工艺"归拢"的手法塑造肘部凸出的形态。

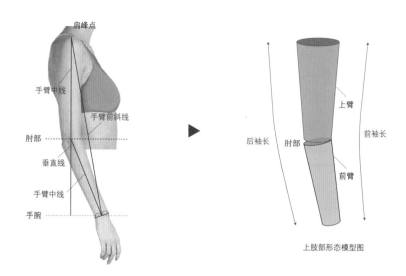

图6-2　人体上肢部前斜及肘部的前倾状态

图6-3　基于直筒袖的合体一片袖结构设计原理

　　表6-1是合体一片袖的尺寸设计，袖身尺寸设计包括袖长和袖口尺寸，合体袖袖口尺寸一般为24~26cm。图6-4中一片袖的结构制图是在袖子基础型上展开的，因此袖山部分尺寸不变，完成后的合体一片袖对应的衣身袖窿结构是第2章的上衣基础型。如衣身袖窿形态和尺寸发生变化，对应的袖山结构也需重新设计。本节装袖类袖型的袖山都以上衣基础型的袖窿尺寸和形态为基准进行设计。

表 6-1　合体一片袖尺寸设计　　　　　　　　　　单位：cm

部位	前后袖窿	袖窿圆高	袖窿宽	袖长	袖口
尺寸	从衣身测量	从衣身测量	从衣身测量	58	24~26

　　图6-4所示是基于表6-1的尺寸完成的合体一片袖结构设计及白坯布造型实验。结构设

计的方法是将袖子基础型划分不同的区域切展变形。袖肘线以上在靠近前后袖缝的位置设计纵向剪切线，在肘线处角度重叠，塑造肘线以上倒圆台体的造型，因袖子整体造型向前倾斜，后袖在肘部的重叠量大于前袖；袖肘线以下通过旋转中心D点和C点将前袖缝肘线处重叠、后袖缝肘线处打开，塑造袖子前弯和肘凸的造型，重叠和展开量越大，袖子前弯的造型越明显，在实际应用中，可根据袖子造型需求，设计肘线处的重叠量和打开量，并根据量的大小设计归拔量或肘省量。完成后的白坯布造型袖山部形态圆润饱满，袖肥适

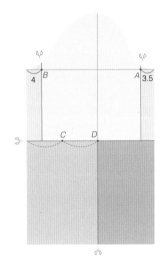

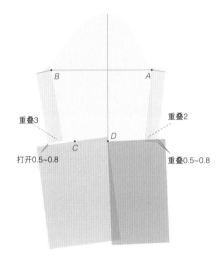

❶ 在袖子基础纸样上设计剪切线，沿红色线将纸样剪开，分成五个区域

❷ 袖肘线以上以A、B两点为旋转中心，肘线处角度重叠；肘线以下以C、D两点为旋转中心，前袖缝处角度重叠，后袖缝处角度展开

❸ 依据变化后的袖中线及袖长设计袖口尺寸，绘制前袖缝线和后袖缝线，完成合体一片袖基本结构制图

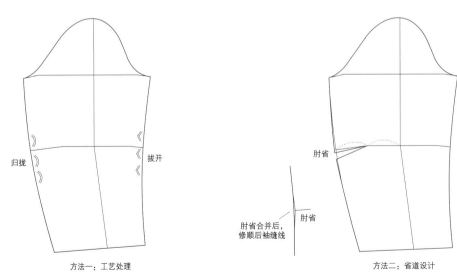

❹ 前后袖缝尺寸差处理：完成后的前后袖缝向前弯，塑造袖子的前弯造型，后袖缝尺寸大于前袖缝，在结构设计上，可以采取两种方法，一种是采用工艺方法将前袖缝拔开、后袖缝归拢塑造肘部的凸起，使前后袖缝尺寸相等；另一种是设计肘省，计算前后袖缝的差量，将差量设计为省量，注意省道缝合后袖缝线的圆顺调整

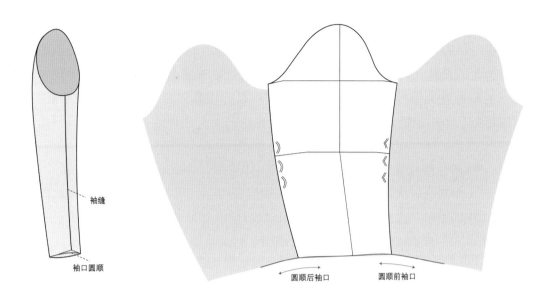

袖缝

袖口圆顺

圆顺后袖口　　圆顺前袖口

❺袖口线调节：合体一片袖的前后袖缝缝合后，袖子呈前弯的筒状，在纸样上可以把前后袖缝拼接后调整前后袖口线，使袖子
缝合后袖口线圆顺

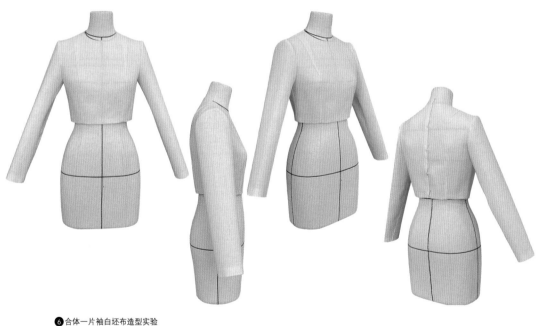

❻合体一片袖白坯布造型实验

图6-4　合体一片袖结构设计与白坯布造型

中，袖筒造型适体。从前侧、后侧和正侧面看，袖子向前倾斜，袖肘部有一点曲度，与袖
子基础型相比，袖子廓型、肘部形态、袖口尺寸及袖子的弯曲度都有了一定的变化。

6.2.2 合体两片袖结构设计

合体两片袖与一片袖相比多了一条分割线（缝合后的袖缝），一片袖的分割线设计以隐蔽为主，设计在袖山底；两片袖将分割线设计在袖筒前侧和后侧，能够更好地塑造袖子的前弯效果和后肘立体度，两条分割线设计使合体两片袖由大袖和小袖构成，大袖需转折后与小袖缝合成筒状立体，因此在工艺上，大袖缝合工艺需要"归拢"和"拔开"。

图6-5中两片袖的结构设计基于一片袖的立体结构，后袖分割线通过一片袖的肘省，肘省量并入分割线，大袖后袖缝与小袖后袖缝缝合后，塑造后袖弯的曲面及肘凸立体形态。小袖缝合工艺不需要"归拢"和"拔开"，在结构变化中还原前袖肘重叠量（图6-5❷），沿一片袖袖缝拼合前袖和后袖部分，形成小袖纸样。

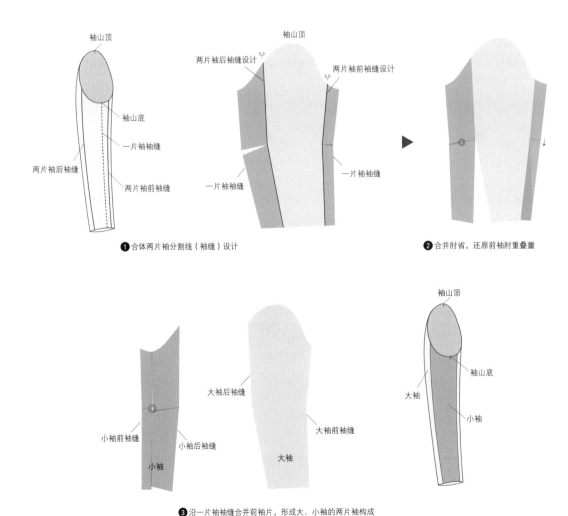

❶合体两片袖分割线（袖缝）设计

❷合并肘省，还原前袖肘重叠量

❸沿一片袖袖缝合并前袖片，形成大、小袖的两片袖构成

图6-5　合体两片袖结构原理

　　合体两片袖的大袖位于袖筒外侧，小袖位于袖筒内侧，在缝合后前后袖缝都能隐藏
在内侧，保持袖筒外观造型的完整，在结构制图中需考虑大小袖的袖肥、袖口尺寸设
计及比例关系。图6-6是合体两片袖结构设计及白坯布造型实验，在结构设计中，大小
袖的比例划分是在前后袖肥二等分点的基础上，大袖袖肥增加约5cm，小袖袖肥减掉约
5cm，大袖袖肥比小袖袖肥大出10cm左右；大小袖前袖缝线在肘线处收进，袖口处加量，
塑造袖子整体的弯曲度，后袖缝根据袖口尺寸设计；大小袖的袖口尺寸比例设计与袖肥
设计相同，相差约10cm；因大袖片需转折后与小袖缝合，因此大袖前后袖缝设计"拔

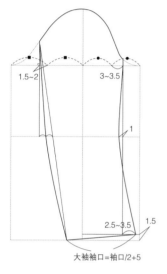

❶以袖子基础纸样的前后袖肥二等分点为
基准，分配大小袖的袖肥关系和比例设
置，绘制大袖前后袖缝和袖口

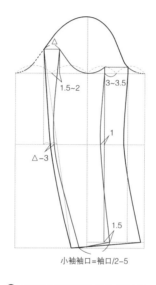

❷小袖袖肥在前后袖肥二等分点处内收，绘
制小袖前后袖缝线和袖口，完成合体两片
袖结构图绘制

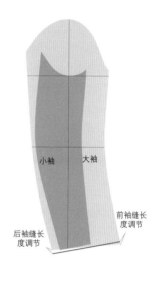

❸调节大袖前后袖缝长度，使大袖后袖缝比
小袖后袖缝长0.5cm，大袖前袖缝比小袖
前袖缝短0.8~1.2cm

❹袖口线调节：将大小袖纸样前后袖缝拼接后调整前后袖口线，使袖子缝合后袖口线圆顺

图6-6

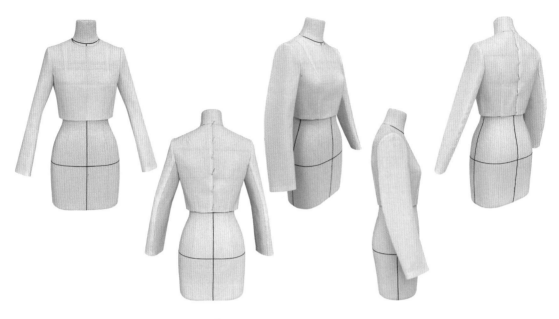

❺合体两片袖白坯布造型实验

图6-6　合体两片袖结构设计与白坯布造型

开"和"归拢"工艺，需参考小袖袖缝长度来调节大袖前后袖缝的尺寸，设计出"拔开量"和"归拢量"；大小袖袖缝长度确定后，拼合袖缝，核对袖口线是否圆顺。完成后的白坯布造型与合体一片袖相比，袖子前弯效果更明显，前袖缝的位置也比较隐蔽，整个袖筒立体度更强。

6.2.3　短袖结构设计

短袖的构成为一片袖结构，长度在肘部以上。短袖的结构设计与一片式长袖相比较为单纯，不需要考虑肘线以下前臂的前弯状态，只需满足袖子前斜、袖山造型、肘部以上的倒圆台造型。表6-2是短袖尺寸设计，同样参照上衣基础型的袖窿尺寸和形态；袖口尺寸参照臂围尺寸（臂围26~28cm），保留2~3m松量，设计尺寸为28~30cm较为合适；袖长设计为20cm，可根据实际需求增加或缩短袖长；合体袖型的袖长与袖口尺寸制约袖子的造型，人体手臂上臂粗、前臂较细，手腕最细，因此袖子越长，袖口尺寸越小，在合体类袖子设计中，需根据袖子的长短设定合适的袖口尺寸。

表6-2　短袖尺寸设计　　　　　　　　　　　　　　　　　单位：cm

部位	前后袖窿	袖窿圆高	袖窿宽	袖长	袖口
尺寸		从衣身测量		20	28~30

图6-7是短袖的结构设计和白坯布造型实验，仍然是以袖子基础型为模板展开结构变化。在结构设计上参考合体一片袖肘部以上袖结构的纸样处理方式：短袖袖长设计较短，不考虑前臂的前斜和前弯造型，因此剪切线设计在前后袖肥各二等分点处，如图*A*、*B*两点，并以*A*、*B*两点为旋转中心重叠、缩小袖口尺寸，使袖筒纸样形态为扇形，塑造袖筒

❶袖子基础纸样的前后袖肥二等分点处设计剪切线，以二等分点*A*、*B*为旋转中心旋转前后袖纸样，使前袖口中线处重叠1cm，后袖口中线处重叠1.8~2cm

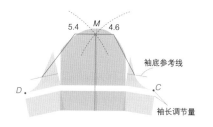

❷分别以*C*、*D*点为圆心，前AH−0.5cm、后AH+0.5cm为半径画圆，确定新的袖山顶点位置*M*、袖山顶宽度10cm，袖筒纸样平行下移，调节袖长

❸根据新的袖山顶点和袖山顶宽度，绘制短袖袖山曲线，参考袖口尺寸，调节并画顺袖口线

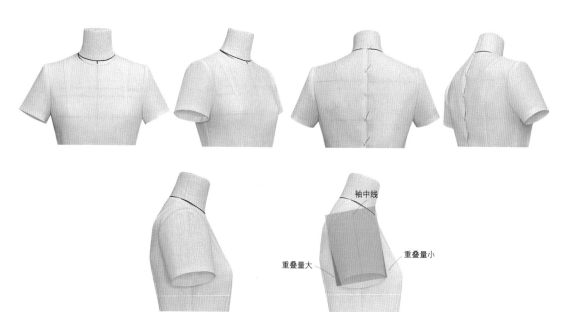

❹短袖白坯布造型实验

图6-7 短袖结构设计与白坯布造型

的倒圆台造型；后袖口重叠量大于前袖口，使完成后的倒圆台形袖筒产生前斜的造型效果；袖口尺寸重叠缩小后，袖山底位置发生变化，为保证袖山造型能够与衣身前后袖窿尺寸合适，需根据变化后的袖山底点C、D来重新确定袖山顶点的位置；袖山顶点位置发生变化，袖长也发生变化，因此需根据新的袖山顶点确定袖口位置。短袖的袖口尺寸除了在前后袖肥二等分剪切线处，通过重叠方式去掉多余的量，还可以在袖缝线处调节，在袖口内收0.3~0.5cm。完成后的短袖白坯布造型从正侧面看，后袖前斜度大于前袖，这是由于后袖口纸样重叠量大于前袖、重叠量的差异形成的角度差异；短袖白坯布造型袖山部分缝缩量合适，袖筒造型饱满圆润，该款短袖属于基础类合体短袖。

6.2.4 肩宽的变化对袖山结构的影响

装袖线在臂根的袖子类型，肩峰点附近可进行微调设计，从款式造型上沿肩斜线将肩峰点收进或外加，改变衣身袖窿形态，形成缩小肩宽或增大肩宽的肩部设计，如果设计尺寸较大，则变为插肩袖或落肩袖设计。

肩宽加宽或缩小后，袖窿形态也随之发生变化，对应的袖山结构需要作出调整。图6-8❶是肩宽缩小的肩部设计（图中灰色区域为基础纸样，包括衣身基础型和袖子基础型，黑色、红色粗线为设计后的纸样轮廓线），将肩端沿前后肩斜线分别缩进1.5cm，向下画顺新的袖窿线，袖子纸样需要在改变后的袖窿弧线上，重新量取前后袖窿弧线、袖窿宽AB、袖窿圆高QS来绘制。从图6-8中可以看出，袖窿形状改变后，袖窿宽增加，袖窿圆高基本不变，形成的袖子纸样袖肥增大（与宽袖窿匹配），因肩宽缩小，袖山顶的宽度也略加宽，以包覆肩端的球面，塑造饱满的肩部造型。图6-8❷是肩宽加宽的肩部设计，第一

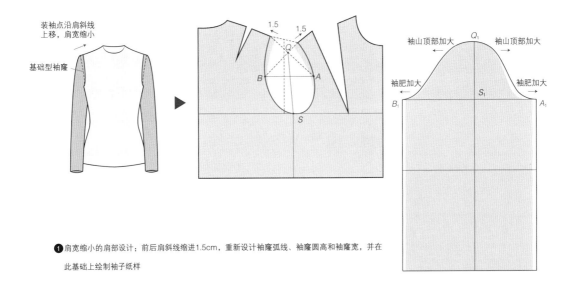

❶肩宽缩小的肩部设计：前后肩斜线缩进1.5cm，重新设计袖窿弧线、袖窿圆高和袖窿宽，并在此基础上绘制袖子纸样

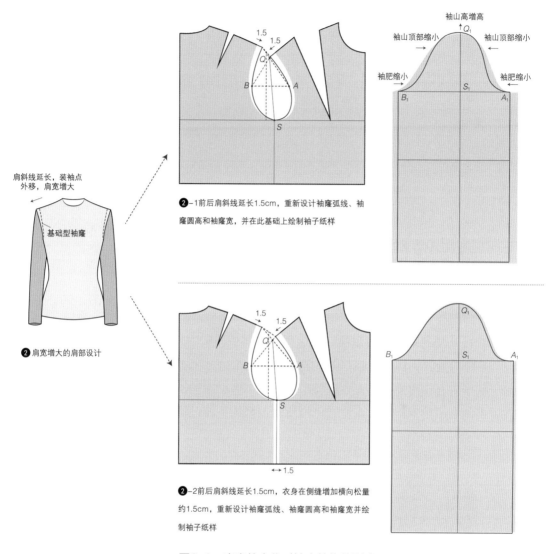

图6-8 肩宽的变化对袖山结构的影响

种情况是肩斜线延长1.5cm，向下画顺新的袖窿线，胸宽和背宽增大，袖窿宽AB缩小，袖窿圆高QS相对基础型较高，对应的袖子纸样袖山高增高，袖肥缩小，整个袖筒造型较为瘦长，会导致袖肥不足（袖子基础型的袖肥为32~33cm，已属于较瘦的袖子）；第二种情况是肩斜线延长后，为匹配合适的袖窿宽和袖肥尺寸，增加衣身横向松量约1.5cm，形成的袖子纸样袖肥、袖山高与基础纸样基本相同，变化不大。表6-3是图6-8所示几种肩部设计的衣身、袖子结构要素测量结果，方式为计算机CAD制图与测量，并进行白坯布实验。通过数据对比能够比较明确地了解在合体类袖型中，衣身肩宽的变化对袖窿圆高、袖山高、袖窿宽、袖肥等结构要素的影响。

表 6-3　不同肩宽设计的袖窿、袖子结构要素测量　　　　　　　　单位：cm

项目	衣身结构要素		袖子结构要素	
	袖窿圆高QS	袖窿宽AB	袖山高Q_1S_1	袖肥A_1B_1
基础型	15.5	11~11.5	14.7	32~33
结构变化❶	15.4	12.7~13	14.6	35.4~36
结构变化❷–1	15.8	9.2~10	15	28.5~30.5
结构变化❷–2	15.2	11.1~11.5	14.4	32.5~33.5

6.3　装袖线在衣身的袖子类型

　　装袖线在衣身的袖子类型以插肩袖为主。图6-9是插肩袖袖型的构成原理，将装袖点位置设计在领口处，袖窿底向领口处的连线形成插肩线，沿插肩线分离出肩部并将衣身原始袖窿与袖子拼合，使袖子与衣身在臂根部连为一体，则袖子形成插肩袖结构。上一节装袖线在臂根的袖子类型，装袖点位置可沿肩峰点微调进行造型设计，肩端部分通过袖山缝

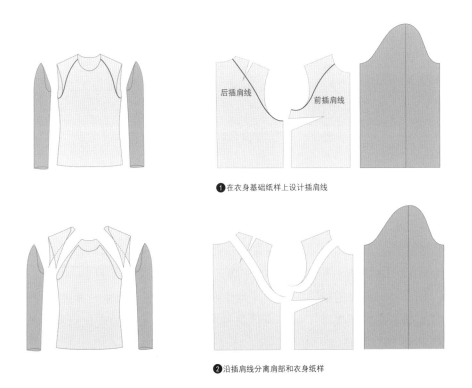

❶在衣身基础纸样上设计插肩线

❷沿插肩线分离肩部和衣身纸样

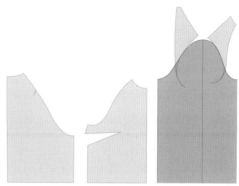

❸从衣身分离出来的肩部纸样对接在袖子上，改变袖山造型（后
　衣身肩省合并）

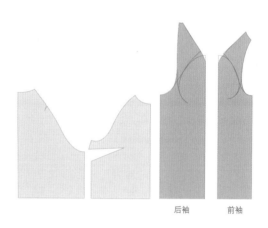

后袖　　　前袖

❹沿袖中分成前袖和后袖两个部分，形成插肩袖纸样的
　基本结构

图6-9　插肩袖的基本构成原理

缩形成球面造型，插肩袖肩部的球面造型则通过省道或分割线构成，因此对于合体插肩袖
来说，袖中线通常采用断缝的结构形式。

6.3.1　基础插肩袖结构

　　图6-10所示是基础插肩袖的立体裁剪过程，立体裁剪的衣身为箱形基础型（第3章第
5节），通过在完成的衣身上进行插肩袖立体裁剪，对平面布样进行数据分析，总结基础插
肩袖的结构设计方法和规律。基础插肩袖的合体度适中，绱袖角度设计在33°~40°，衣身
肩宽38cm，袖长58cm；与装袖线在臂根的袖型相比，插肩袖衣身的袖窿宽在原始袖窿宽
的尺寸上增大（图6-10❷），袖肥相对宽松，袖肥尺寸设计为34~36cm。袖筒造型设计为
直筒袖结构，袖口尺寸与袖肥相同。

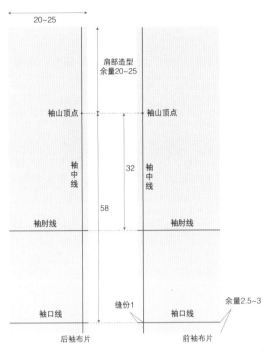

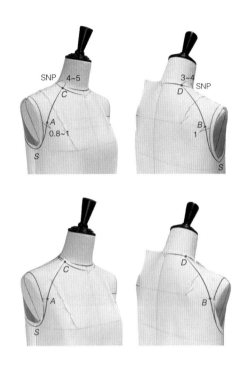

❶ 准备基础插肩袖的前、后袖布片，长度约为80cm，宽度约为25cm，并按上图绘制袖子基础结构线，纵向线与横向线垂直

❷ 在H廓型基础衣身上设计插肩线：从颈侧点SNP沿前后领口设计插肩线的位置C、D点；人体前后腋点向内设计插肩袖前后腋点的位置A和B，连接C–A–S绘制前插肩线，连接D–B–S绘制后插肩线

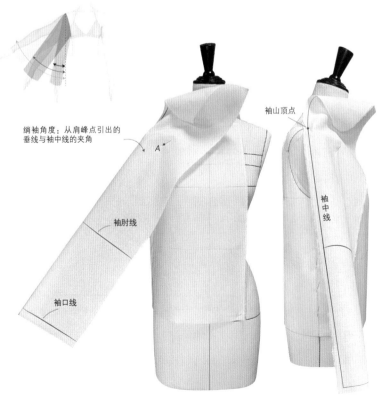

袖前斜角度

❸ 将前袖片的袖山顶点与人体肩峰点对接，沿袖中线将布片拉起，将袖筒塑造呈圆筒状，从正面观察，塑造袖子的肩袖角度约33°～40°；从侧面观察，塑造袖子的前斜角度约4°～5°，袖筒造型、绱袖角度和袖前斜角度确定好后，在A点将袖布与衣身固定

 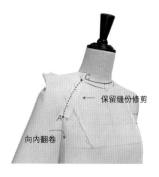 

❹剪开袖布至A点，沿AC修剪袖布，保留缝份并用大头针固定；A点以下的袖布向袖窿底翻卷，塑造前袖窿底的造型，并在衣身袖窿底线AS
  处固定袖布

❺用盖别法整理AC之间的缝份，完成插肩
  袖前袖片立体造型

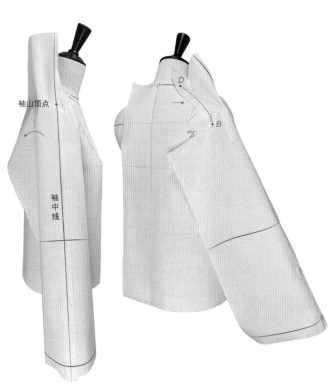

❻制作插肩袖后袖片：将后袖布片的袖山顶点与前袖片袖山顶点、袖中线对接，塑造与前袖相同
  的绱袖角度和前斜角度；插肩线部分制作方法与前袖相同，剪开袖布至B点，沿BD修剪袖布并
  固定

图6-10

❼ 左图：将后袖布片B点以下向袖窿底翻卷，通过调整合适的袖肥尺寸塑造后袖窿底的造型，确定袖布上S点的位置，并在衣身袖窿底线BS处固定袖布，前后袖山底在S点对接；将前后袖的袖内缝从S点向袖口处缝合，塑造直筒状的袖筒造型

❽ 右图：前后袖布在肩线处缝合，塑造肩部造型，减去多余的布片，在插肩袖各缝合线处做标记点

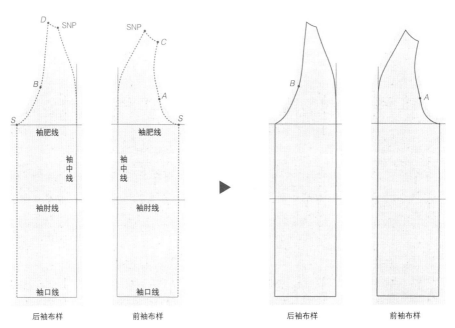

后袖布样　　　　前袖布样　　　　　　　　　　后袖布样　　　　前袖布样

❾ 将基础插肩袖立体造型的前后袖片拆开，在平面上根据标记点的位置整理布样，左图中实线是绘制的基础结构线，虚线是立体裁剪过程中塑造的新的结构线；右图中粗实线是完成后的基础插肩袖前后袖片轮廓线，细实线是基础结构线

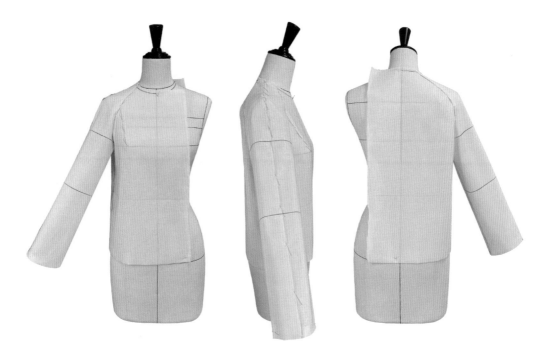

❿ 将整理好的袖子布样再次缝合，与衣身组合，完成基础插肩袖立体裁剪造型设计

图6-10　基础插肩袖立体裁剪

　　基础插肩袖的立体裁剪过程需要注意绱袖角度、袖前斜角度和袖肥尺寸，这三个要素是插肩袖造型的重点。绱袖角度原理与装袖线在臂根的袖子类型相同，绱袖角度越大，袖子越容易抬起手臂，放下手臂时袖子垂褶较多；绱袖角度越小，袖子越不容易抬起手臂，放下手臂时袖筒较为平整，袖前斜角度一般为4°~5°，与装袖线在臂根的袖子类型相同；袖肥在立体裁剪过程中需注意核对上述设计的尺寸，为34~36cm，通过改变袖子袖山底形态和S点的位置来调整袖肥尺寸，前后袖肥的尺寸差约在4cm以内，为保证袖子与衣身的结构平衡，后袖肥需大于前袖肥。图6-10❿为完成的基础插肩袖立体造型，肩部的插肩造型平整适体，肩袖的转折较为圆顺，袖筒造型饱满，松量合适；从袖长、袖肥、绱袖角度、袖前斜度、合体度和适用性等几个方面来看，该袖型属于中性插肩袖。

　　图6-11所示是基础插肩袖立体裁剪的衣身、袖子布样平铺重合图，图中红色阴影是衣身和袖子的重叠区域。在平面图上可测量出前后袖的袖肥尺寸、袖山高尺寸，测量结果如表6-4所示。将前后衣身的肩斜线延长，可观察肩斜线与袖中线的夹角大小，该角度为"肩袖角度"，表6-4的测量结果显示后肩袖角度小于前肩袖角度，是因袖中线在立体造型上的前斜形态所致。前肩袖角度大，使袖子与衣身纸样在袖底的重叠区域大于后衣身。

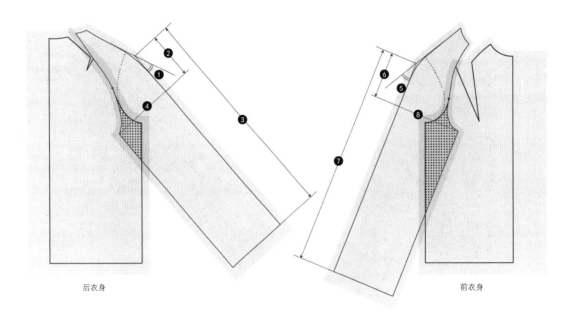

后衣身

前衣身

注：图中红色阴影是衣身与袖子的重叠区域。

图6-11　基础插肩袖立体裁剪衣身布样与袖子布样重合图

表6-4　基础插肩袖立体裁剪布样相关结构要素测量　　　　　　　　　　单位：cm

序号	后插肩袖测量	数值	序号	前插肩袖测量	数值
❶	后肩袖角度	21°~25°	❺	前肩袖角度	28°~32°
❷	后袖袖山高	12	❻	前袖袖山高	12
❸	后袖袖长	58	❼	前袖袖长	58
❹	后袖袖肥	16.5~16.9	❽	前袖袖肥	16.4~16.7

　　图6-12所示是结合布样重合图相关结构要素测量结果绘制的基础插肩袖平面结构图。该制图方法在箱形衣身基础纸样上直接绘制插肩袖结构，易于设计插肩线造型和肩袖角度。其中袖肥、肩袖角度为设计值，通过计算、测量或经验值获得；袖山高为制图结果。在插肩袖制图过程中，前后袖肥经公式计算，尺寸合适，但该袖肥不一定与袖山尺寸匹配，使前后袖山高、前后袖缝线尺寸不对等，影响缝制和造型效果，因此在满足衣身袖窿底和袖子袖山底曲线对等的基础上，调整袖肥尺寸，使前后袖的袖山高E_1H_1、E_2H_2相等、袖下线S_1G_1、S_2G_2（袖下线即袖子内侧的缝合线）相等；调整完成后，袖肥整体尺寸不变，前后袖肥的比例发生变化。袖肥调整过程中，需注意前后袖肥的差值在4cm以内，并且后袖肥大于前袖肥。有的情况下，因衣身松量的变化和影响，也会导致后袖肥小于前袖肥。

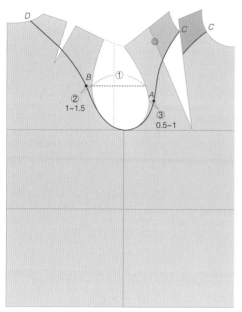

箱形基础纸样

❶ 将箱形衣身基础纸样前后身侧缝拼合，设计插肩线前后腋点的位置A、B和前后领口的位置C、D点，绘制插肩线；插肩线绘制时将胸省拼合，使插肩线圆顺

❷ 设计插肩袖袖肥尺寸：箱形衣身基础纸样的袖肥计算公式为"袖窿宽①×2+（4~6cm）×2"，在此公式上增加插肩袖前后腋点缩进的尺寸②③为1.8~2.5cm，为插肩袖袖肥的尺寸设计范围，因此，插肩袖袖肥=袖窿宽①×2+（4~6cm）×2+②+③

插肩袖分前后袖，前袖袖肥=袖肥/2-（0.5~2cm），后袖袖肥=袖肥/2+（0.5~2cm）

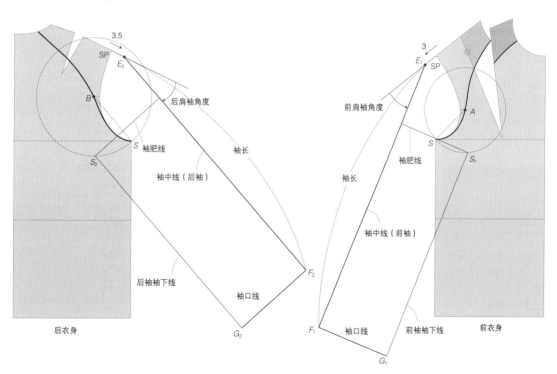

❸ 从前后衣身的肩峰点SP延长肩斜线，前肩斜在延长线3cm处的E_1点，向下设计前肩袖角度为28°~32°，从E_1点绘制袖长$E_1F_1$58cm；后肩斜在延长线3.5cm处的E_2点，向下设计后肩袖角度为21°~25°，从E_2点绘制袖长$E_2F_2$58cm

分别以A、B为圆心，AS、BS为半径画圆

画前后袖中线的平行线，平行间隔尺寸为前袖肥、后袖肥；该平行线为前后袖下线，分别与圆弧相交于点S_1、S_2，分别从点S_1、S_2向袖中线画垂线，该线为前后袖的袖肥线；前后袖口线F_1G_1、F_2G_2与袖中线垂直

图6-12

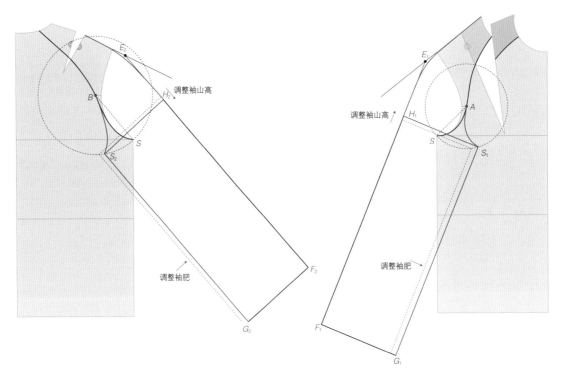

❹调整前后袖肥的比例：改变S_1、S_2点在圆弧上的位置，使前后袖的袖山高$E_1H_1=E_2H_2$；移动前后袖下线，分别从A、B点向改变位置后的S_1、S_2点画

袖山底曲线AS_1、BS_2；袖山底曲线AS_1、BS_2与衣身袖窿底曲线AS、BS曲率接近

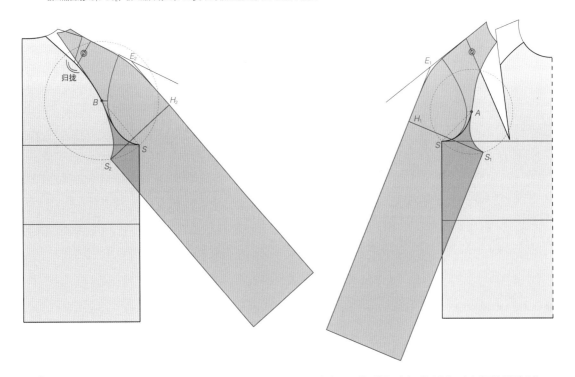

❺圆顺连接前后身的肩斜线和袖中线，合并肩胛省，完成基础插肩袖结构制图，图中浅红色区域为袖子，灰色区域为衣身，衣身剩下的肩胛省量较

小，采用归拢工艺处理该处的省量

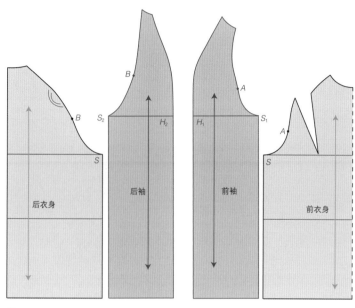

❺基础插肩袖纸样分解图和裁剪纱向标识

图6-12　基础插肩袖平面结构制图

6.3.2　插肩袖造型变化规律

（1）插肩袖肩袖角度的变化与设计

插肩袖肩袖角度的变化对袖子造型的适体度和舒适度影响较大。肩袖角度的变化对袖子造型的影响，与装袖类袖子的绱袖角度变化原理相同，肩袖角度越大，袖筒形态越往下垂，符合人体站立时手臂自然下垂的体态，袖子在肩、臂较为平整，造型美观，但手臂抬起或做运动时较为不便；肩袖角度越小，袖筒形态越往上抬，手臂较容易做抬起运动，当手臂下垂时，肩、臂处会储存较多褶量，造型不够美观。图6-13是插肩袖基础纸样的两种肩袖角度结构设计，一种是袖山高不变，改变肩袖角度，袖肥发生变化，图中肩袖角度越向下垂，袖肥越大，越向上抬，袖肥越小；另一种是袖肥不变，改变肩袖角度，袖山高发生变化，图中肩袖角度越向下垂，袖山高越高，越向上抬，袖山高越矮。这两种纸样处理手法，可综合起来使用，在肩袖角度不同的情况下调节袖山高和袖肥的配比关系。

基础插肩袖的前后肩袖角度差为7°~8°，前肩袖角度大于后肩袖角度，使完成后的袖子袖中线和袖筒形态从侧面观察向前倾斜4°~5°，满足了人体手臂前斜的状态。当前、后袖的肩袖角度配比发生变化，袖筒前斜的角度和造型也会随之发生变化，如图6-14所示。配比①为基础插肩袖的纸样，配比②的前后肩袖角度差3°~4°，配比③的前后肩袖角度差0°~2°，且后袖大于前袖；观察从同一角度拍摄的白坯布造型可知：配比①的袖中线位置前斜为4°~5°，袖筒向前倾斜的趋势最明显；配比②的袖中线位置前斜为2°~3°，袖筒略微向前倾；配比③的袖中线位置前斜约1°，基本趋于垂直的袖筒状态。在插肩袖肩袖角度

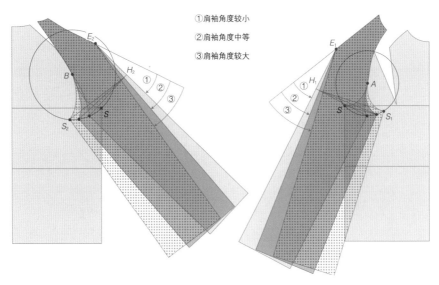

①肩袖角度较小
②肩袖角度中等
③肩袖角度较大

变化1

肩袖角度从E_1、E_2点做插肩袖结构的角度变化,袖山高E_1H_1、E_2H_2保持不变,袖底S_1、S_2点随肩袖角度的变化在圆弧上不断调整袖肥尺寸,使$AS=AS_1$、$BS=BS_2$

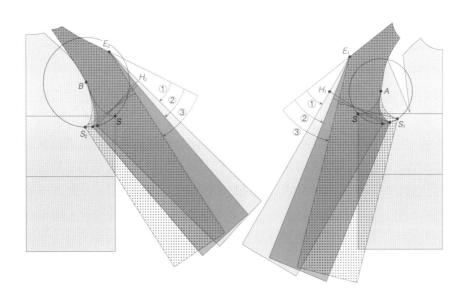

变化2

肩袖角度从E_1、E_2点做插肩袖结构的角度变化,袖肥S_1H_1、S_2H_2保持不变,S_1、S_2点随肩袖角度的变化在前后袖下线的上下区域调整袖山高尺寸,同时保持S_1、S_2点仍然在圆弧上

肩袖角度较小的插肩袖纸样

基础插肩袖,肩袖角度中等的插肩袖纸样

肩袖角度较大的插肩袖纸样

图6-13 插肩袖肩袖角度的变化

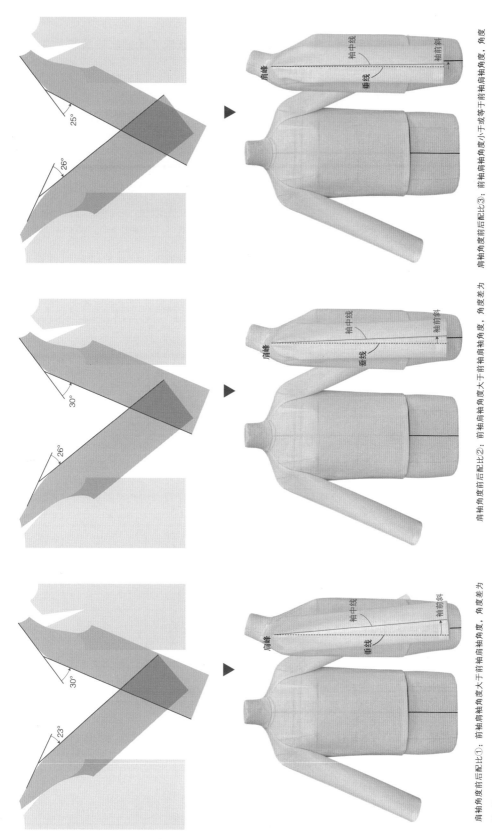

肩袖角度前后配比①：前袖肩袖角度大于后袖肩袖角度，角度差为 7°~8°

肩袖角度前后配比②：前袖肩袖角度大于后袖肩袖角度，角度差为 3°~4°

肩袖角度前后配比③：前袖肩袖角度小于或等于前袖肩袖角度，角度 差为0°~2°

图6-14 插肩袖肩袖角度的变化对袖前斜的影响

设计中，可结合设计款式的需求设计前后袖肩袖角度的配比状况，一般7°~8°的肩袖角度配比适合合体类插肩袖服装，3°~4°的肩袖角度配比适合较宽松类的插肩袖服装，在一些宽松类的插肩袖服装中，前后肩袖角度设计也可相等。

（2）**插肩袖袖窿与袖山底部的设计与变化规律**

图6-15（a）中，当肩袖角度不变，袖山高与袖肥的配比关系可参照第2章袖子结构设计原理，袖山高越高，袖肥越大；袖山高越矮，袖子越窄，在结构设计中，可依据两者的配比关系设计袖山尺寸和袖肥尺寸。

在插肩袖结构中，衣身袖窿底的形态也影响插肩袖袖山底的结构设计。图6-15（b）中，当衣身松量、袖窿深发生变化，对应的袖底S点位置也发生改变，为使衣身袖窿底与袖子袖山底达成尺寸、形态上的匹配，A、B点的位置、袖山高、袖肥也发生相应变化。一般来说，衣身越宽松、袖窿深越深，A、B点较靠下，对应的袖山高较高、袖肥也较宽大；衣身越合体、袖窿深越浅，A、B点较靠上，对应的袖山高较矮、袖肥也较瘦。

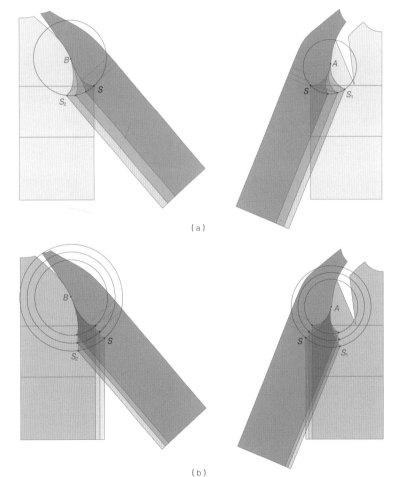

袖山高与袖肥的配比变化：保持 $AS=AS_1$、$BS=BS_2$，袖山越高，袖肥越小；袖山越矮，袖肥越大

（a）

衣身松量、袖窿深变化对袖肥、袖山高的影响：衣身松量增加、袖窿下落导致S点位置发生变化，袖底需保持 $AS=AS_1$、$BS=BS_2$

（b）

图6-15　插肩袖袖窿与袖山底部的结构变化

　　肩袖角度、袖山高、袖肥、袖底形态是插肩袖结构设计的基本要素，在实际应用中，可综合考虑这些要素的变化规律，将肩袖角度的变化与袖底形态的变化组合起来。例如，在插肩袖结构设计中，在袖山高合适、前后袖肥配比不合适的情况下，可通过调整前衣身或后衣身的横向松量调节前后袖肥尺寸，形成合适的配比关系。图6-16是两款插肩袖结构设计案例，均以图6-12完成的基础插肩袖纸样为基本图形，通过改变基础插肩袖纸样的肩袖角度、胸围、袖窿深等尺寸，来设计衣袖的立体度和宽松度，形成合体的或宽松的插肩袖造型。

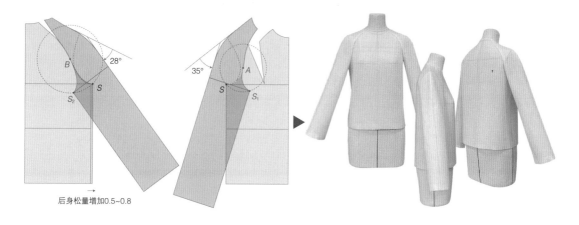

合体插肩袖结构设计与白坯布造型

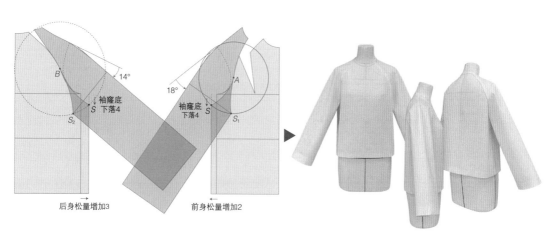

宽松插肩袖结构设计与白坯布造型

图6-16　插肩袖结构设计案例

6.4 装袖线在袖子的袖子类型

　　装袖线在袖子的类型以落肩袖为主，落肩袖与插肩袖相反，其装袖点设计在袖子上。图6-17所示是落肩袖的结构变化原理，袖窿底向袖中线肩缝点下落区域的连线形成落肩线，沿落肩线分离出肩部并将袖子与衣身袖窿拼合，使袖子上半部与衣身连为一体，形成落肩结构。落肩线的绱袖点位置在袖中线上，沿袖中线上下可设计不同的落肩位置（前图6-1❸）。

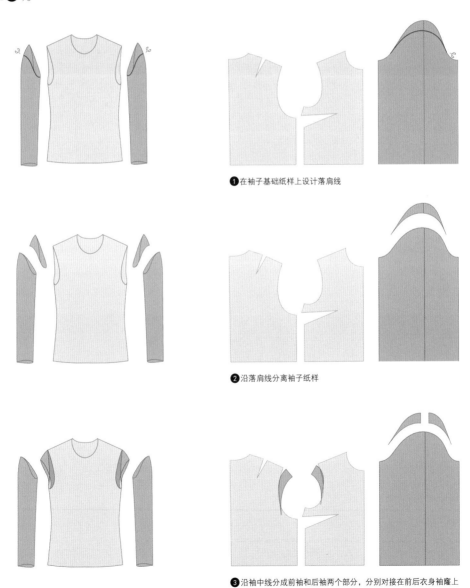

❶在袖子基础纸样上设计落肩线

❷沿落肩线分离袖子纸样

❸沿袖中线分成前袖和后袖两个部分，分别对接在前后衣身袖窿上

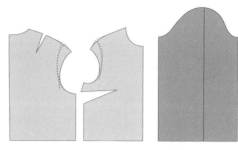

❹圆顺肩袖线和袖窿线，完成落肩袖纸样基本结构

图6-17 落肩袖的基本构成

6.4.1 基础落肩袖结构设计

图6-18所示是基于基础插肩袖的衣身、肩袖角度和袖山高、袖肥配比关系设计的落肩袖结构。袖子基本尺寸、制图方式均与插肩袖相同。袖长58cm、前后肩袖角度相差约7°，不同的是落肩线的位置设计：绱袖点K_1、K_2自肩端落下约3cm，下落量适中，形成的衣身肩宽约41cm；A、B两点是连身袖类结构设计中衣身与袖的转折点，因绱袖点位置、方向不同，落肩袖中此转折点与插肩袖相反，前后在基础型腋点处分别外移设计A、B点（插肩袖是内移）。此外，落肩袖袖长在设计时，需考虑绱袖点下落的位置，自肩峰点向下量取的袖长减去落肩量，为落肩袖的袖长尺寸，这一点与插肩袖袖长设计区别开；落肩袖绱袖点下落，使前后袖的袖中线部分较为平直，在纸样设计中可将前后袖沿袖中线拼接，形成一片袖结构。

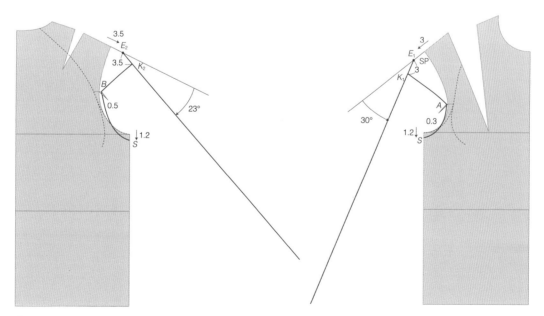

❶肩袖角度设计与基础插肩袖相同，前肩袖角度30°，后肩袖角度23°；分别从E_1、E_2点沿袖中线下落3cm至点K_1、K_2作为落肩袖绱袖位置点；基础型衣身前腋点外移0.3cm、后腋点外移0.5cm设计落肩袖的A、B点；衣身袖窿底S点下落1.2cm，连接K_1–A–S、K_2–B–S，设计落肩线

图6-18

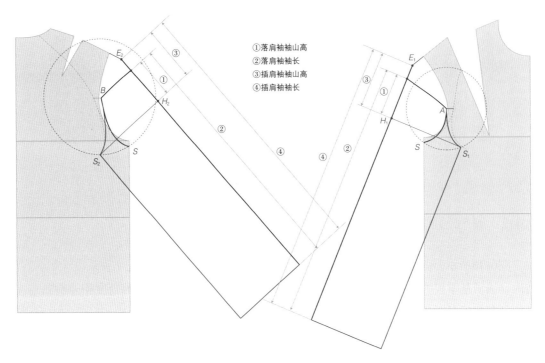

①落肩袖袖山高
②落肩袖袖长
③插肩袖袖山高
④插肩袖袖长

❷前后袖分别以 AS、BS 为半径画圆，袖山高 E_1H_1、E_2H_2 与基础插肩袖袖山高相等，绘制袖肥线 H_1S_1、H_2S_2 与袖中线垂直并与圆 A、圆 B 相交，该落肩袖袖肥基本与基础插肩袖相等；绘制落肩袖袖山底曲线、前后袖缝、袖口，画法与基础插肩袖相同

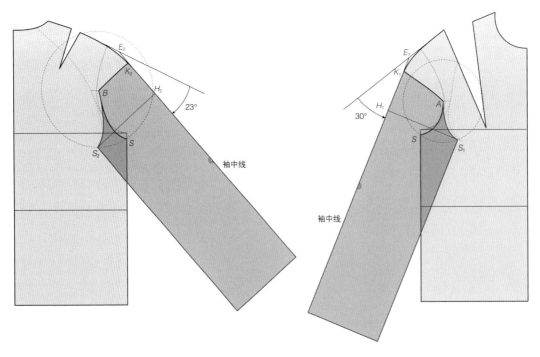

❸圆顺连接肩斜线与袖中线，图中灰色区域为衣身，浅红色区域为袖子

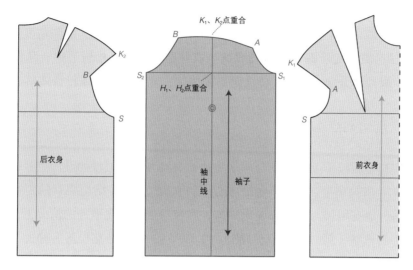

❹ 沿袖中线拼合前后袖，修顺袖山曲线AB，完成落肩袖结构制图；上图为落肩袖纸样分解图和裁剪纱向标识

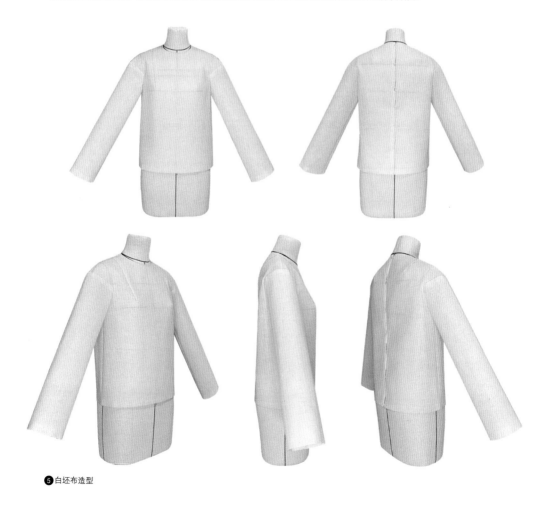

❺ 白坯布造型

图6-18 基础插肩袖构成形式的落肩袖结构设计及白坯布造型

从完成的白坯布造型实验可以看出，一片袖构成相对两片袖构成造型更为简洁。从正面观察白坯布造型，袖子抬起的形态与基础插肩袖相同；从前侧、后侧角度看，衣身与袖子转折的A、B区域较为顺畅，前后袖窿区域衣片造型平整，松量适中；从侧面看袖子前斜角度合适，肩袖部分饱满平整。作为落肩袖服装，此款落肩袖属较合体落肩袖袖型。

6.4.2　宽松落肩袖结构设计

宽松落肩袖是相较于上一节较合体落肩袖袖型而言的。松量的设计主要以衣身横向松量、袖肥尺寸、肩袖角度、衣身与袖的转折点A和B的位置等结构要素的变化为主。落肩袖绱袖点下落，肩宽增加与臂根部连为一体，在衣身横向松量增加的情况下，胸省、肩胛省角度均需作出调整（第4章第3节）。图6-19、图6-20是两种宽松落肩袖的结构设计，设计1的肩袖角度比合体落肩袖小，设计2的袖中线自肩斜线延长，肩袖角度为0°；因绱袖点位置下落量较大，袖窿底S点位置也下移，形成衣袖的深度松量；衣身与袖的转折点A、B，因衣身横向松量加大并且袖窿底下移，A、B点基于前后腋点设计外移尺寸和下落尺寸，构成肩袖部的结构平衡。袖底结构的制图方法与插肩袖制图相同，袖肥尺寸除了可以通过袖山高与袖肥的配比来调整，衣身横向松量也在一定程度上影响袖肥。落肩袖袖长的设计均以E_1、E_2点沿中线量取58cm的基础袖长，再设计绱袖点，形成落肩袖袖长。观察白坯布造型可知，肩袖角度缩小、衣身横向松量增加后，袖筒自然下垂，袖子与衣身的衔接较为平整，衣身在人体前后腋点处形成纵向的松量皱褶。

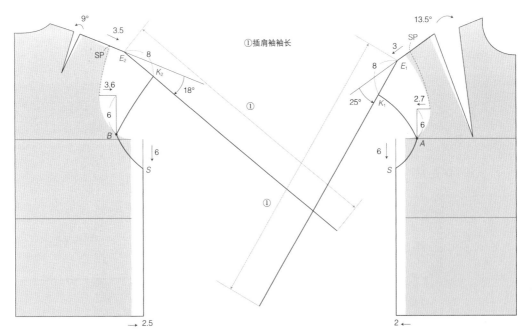

❶缩小衣身肩胛省、胸省角度；肩袖角度设计较合体落肩袖小，前肩袖角度25°，后肩袖角度18°；分别从E_1、E_2点沿袖中线下落8cm至点K_1、K_2作为落肩袖绱袖位置点；在前后衣身横向松量加宽的基础上，胸宽增加约2.7cm，背宽增加约3.6cm，同时下落6cm确定A、B点；基础型衣身袖窿底S点下落6cm，连接K_1–A–S、K_2–B–S设计落肩线

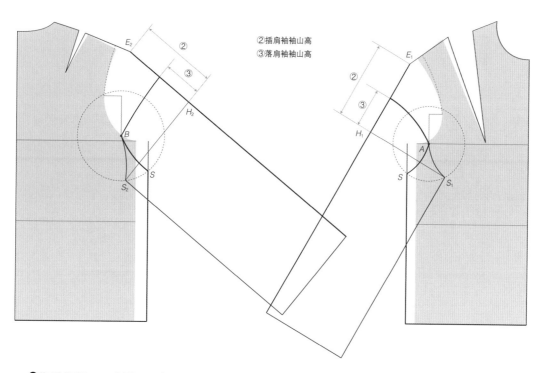

②插肩袖袖山高
③落肩袖袖山高

❷ 前后袖分别以AS、BS为半径画圆，参照插肩袖袖底设计原理，设计袖山高、袖肥的配比关系，绘制落肩袖袖山底曲线、前后袖缝和袖口

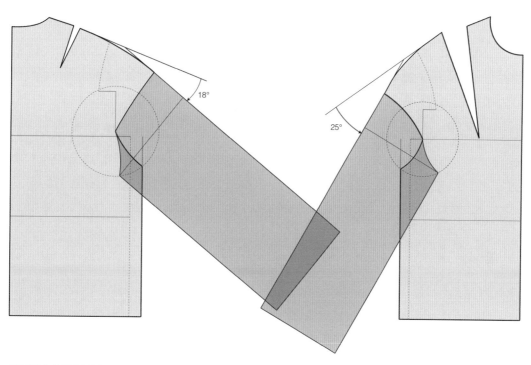

❸ 圆顺连接肩斜线与袖中线，图中灰色区域为衣身，浅红色区域为袖子

图6-19

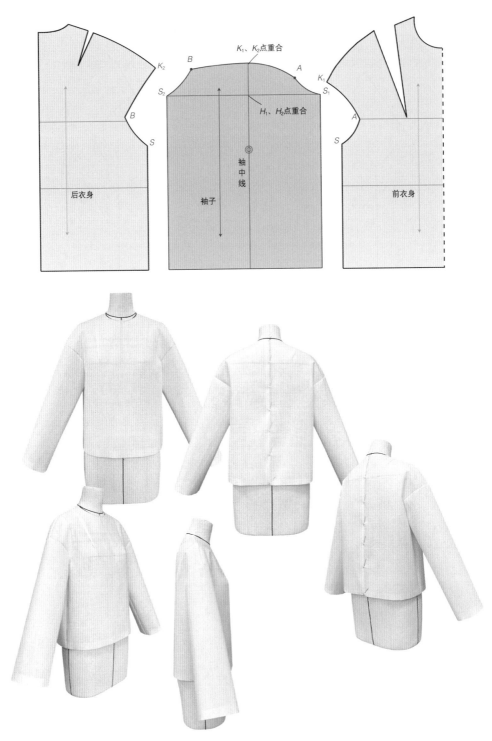

❹沿袖中线拼合前后袖，上图为落肩袖纸样分解图、裁剪纱向标识和白坯布造型

图6-19　宽松落肩袖结构设计A

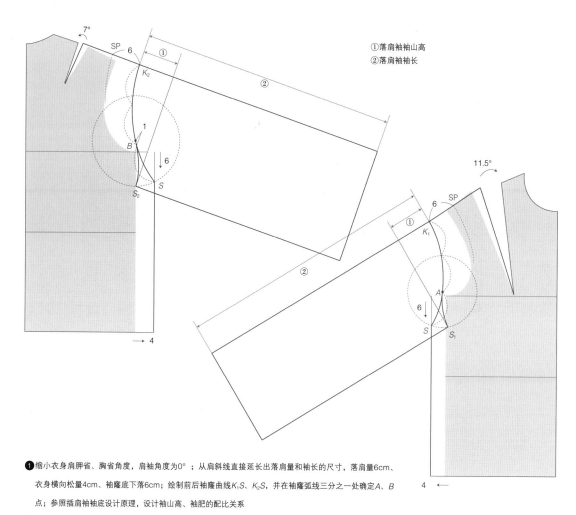

①落肩袖袖山高
②落肩袖袖长

❶缩小衣身肩胛省、胸省角度，肩袖角度为0°；从肩斜线直接延长出落肩量和袖长的尺寸，落肩量6cm、衣身横向松量4cm、袖隆底下落6cm；绘制前后袖隆曲线K_1S、K_2S，并在袖隆弧线三分之一处确定A、B点；参照插肩袖袖底设计原理，设计袖山高、袖肥的配比关系

❷袖子绘制完成，下图中灰色区域为落肩袖衣身，浅红色区域为袖子

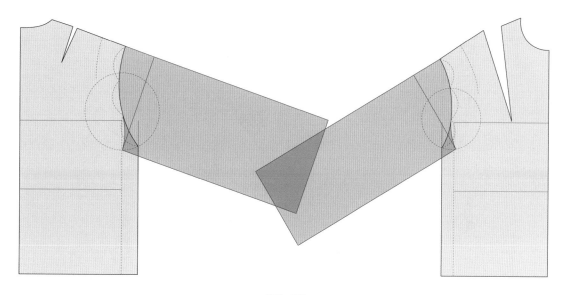

图6-20

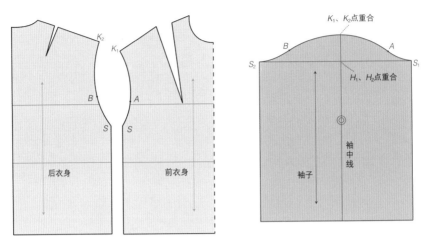

❸沿袖中线拼合前后袖，上图为落肩袖纸样分解图和裁剪纱向标识

❹白坯布造型

图6-20　宽松落肩袖结构设计B

6.5　无装袖线的袖子类型

　　无装袖线的袖子是指衣身与袖子呈一片式构成，前后衣身在袖下缝、侧缝处缝合（图6-21），这种类型的袖子衣身侧面的立体感比装袖类、插肩类袖子弱，属于平面造型，在中国传统服装中较常使用。图6-21所示20世纪30~40年代的旗袍肩斜度为0°，袖中线自肩端延长，无肩袖角度，着装后在腋下呈现自然的皱褶。Delpozo PreFall 2017年的一款连衣裙，同样采用这样的袖型，不同的是设计了肩斜度和肩袖角度，同时在袖底设计插片，着装后腋下平整，呈现出一定的立体感，这类型的袖子以插角袖、插片袖为主。

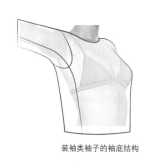

装袖类袖子的袖底结构　　　　　插肩袖的袖底结构　　　　　无装袖线的袖底结构

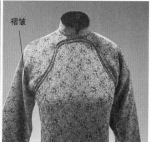

20世纪30~40年代旗袍（图片来源：《旗袍
艺术》）

Delpozo PreFall 2017

图6-21　无装袖线衣袖构成原理

6.5.1　基础插角袖结构设计

　　肩袖呈水平状的衣身结构，前后衣片在袖下缝、侧缝处缝合，穿着后在腋下形成的皱褶是必要的活动量，在此基础上可改变肩斜度和肩袖角度，使衣袖造型适体。为便于活动，通常会在袖下加入菱形插角，如图6-22所示，从外观上看肩袖为一片式，腋下平整，同时又满足一定的活动量。图中红色区域为菱形插角，点1至点2的宽度增加了袖底侧面的宽度和厚度，使衣身的侧面呈现出一定的立体感，但该宽度不宜设计太宽，否则插片容易外露，看起来不美观；点3至点4是插角的长度，可根据需求设计这两个点在袖下缝和侧缝的位置，原则也是以隐蔽为主。

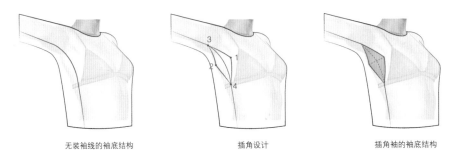

无装袖线的袖底结构   插角设计   插角袖的袖底结构

图6-22　插角袖构成原理

表6-5是基础插角袖结构图的尺寸设计，结构制图如图6-23所示，插角袖肩袖角度、袖长、袖肥与袖山高的配比关系、袖底结构的制图方法与插肩袖相同。前肩袖角度25°、后肩袖角度18°，袖口尺寸24~26cm，与第3节、第4节的基础插肩袖、落肩袖袖筒相比，此款插角袖设计为合体的袖筒结构，在制图过程中袖下缝的线条也表现肘部的适体度，使插角袖整个肩袖造型较为合体（图6-23、图6-24）。插角袖衣身切口的位置R_1、R_2点视肩袖角度形成的袖底重叠区域而定，一般在前衣身侧缝线与前袖下缝的交点附近确定；因衣身与袖子是一片式构成，R_1与Q_1点的间距需考虑缝份量的大小，间距以大于或等于1cm为宜；后衣身因肩袖角度偏小、袖子上抬，对缝份量的影响不大，因此R_2、Q_2点参考前衣身的袖下线尺寸和侧缝尺寸。此外，前后身的剪切口A_1R_1、A_1Q_1、B_1R_2、B_1Q_2线绘制成向外凸的曲线，为衣身切口保留充足的缝份。

表6-5　基础插角袖尺寸设计　　　　　　　　　　　　单位：cm

部位	胸围	袖肥	肩宽	袖长	袖口
尺寸	102	36~38	38	58	24~26

插角袖中A_1、B_1点一般设计在前后腋点之外，位置较为隐蔽，这两点到侧缝的间距之和构成了菱形插角中A_1B_1的宽度，也决定了衣身侧面的厚度，观察白坯布造型，衣身、袖子造型均衡，衣身围度、长度尺寸合适。图6-24是在图6-23的基础上，将衣身切口上抬，整个插角位置均上移，从白坯布造型上看整个袖底位置抬高，臂根处更加适体。这两种不同位置的剪切口设计，其原理与装袖类服装袖窿底的高矮变化相通，在插角袖结构设计中，可根据对衣身宽松程度的要求，灵活变化A_1、B_1点的上下位置。

图中的插角属于平面插角，随着袖子的抬起和下落，菱形插角QB_1RA_1沿折叠线A_1B_1自由开合，给予衣袖较大的活动空间。在插角结构设计中，也可设计曲面立体插角，使袖底形状接近曲线袖窿，造型更加适体（图6-25）。

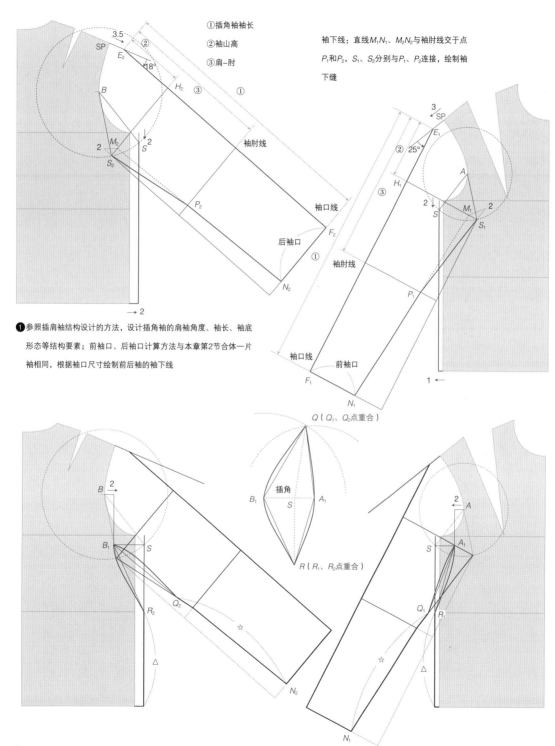

①插角袖袖长
②袖山高
③肩-肘

袖下线：直线M_1N_1、M_2N_2与袖肘线交于点P_1和P_2，S_1、S_2分别与P_1、P_2连接，绘制袖下缝

❶ 参照插肩袖结构设计的方法，设计插角袖的肩袖角度、袖长、袖底形态等结构要素；前袖口、后袖口计算方法与本章第2节合体一片袖相同，根据袖口尺寸绘制前后袖的袖下线

❷ 设计衣身切口：前衣身R_1点位置设计在侧缝腰线处，Q_1点在袖下缝，Q_1、R_1的间距需大于或等于1cm，连接A_1R_1、A_1Q_1；后身R_2至底摆的侧缝尺寸等于前身R_1至底摆尺寸，袖下缝Q_2N_2=Q_1N_1，连接B_1Q_2、B_1R_2

设计插角：分别从前后衣身上提取三角形SA_1R_1、SB_1R_2并沿直线SR拼合，构成衣身部分的插角A_1B_1R；分别以A_1、B_1为圆心，衣身上的A_1Q_1、B_1Q_2为半径画圆，绘制袖子部分的插角A_1B_1Q，完成整个菱形插角QB_1RA_1的绘制

图6-23

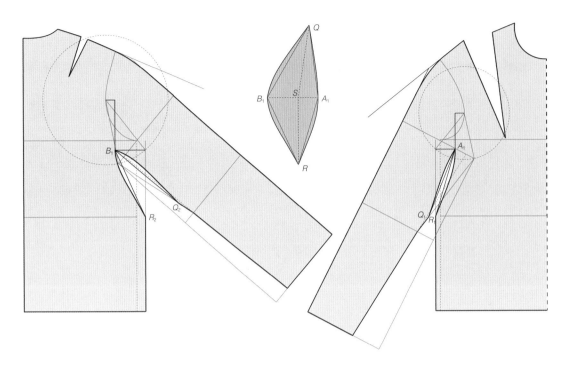

❸ 圆顺连接肩斜线与袖中线，图中灰色区域为衣身和袖子，浅红色区域为插角

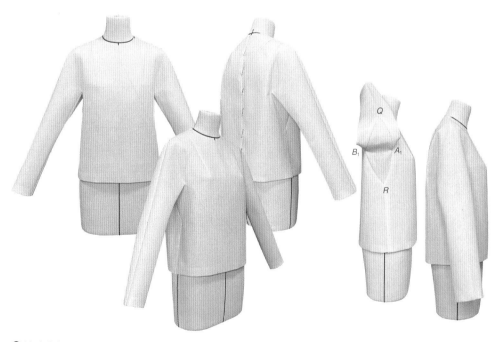

❹ 白坯布造型

图6-23　基础插角袖结构设计

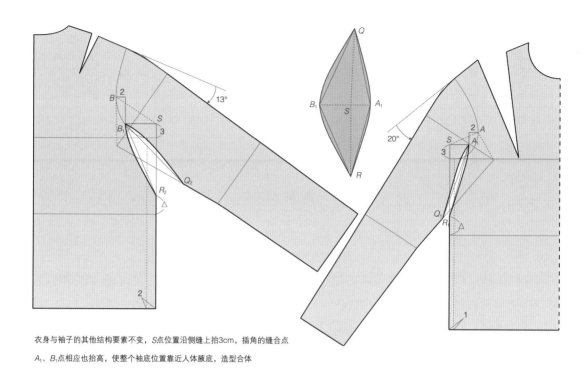

衣身与袖子的其他结构要素不变，*S*点位置沿侧缝上抬3cm，插角的缝合点

*A*₁、*B*₁点相应也抬高，使整个袖底位置靠近人体腋底，造型合体

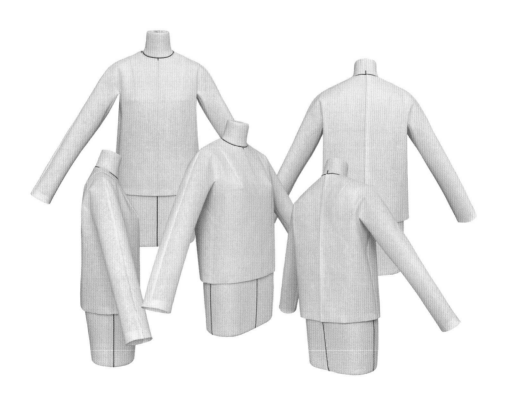

图6-24　袖底位置抬高的插角袖结构设计

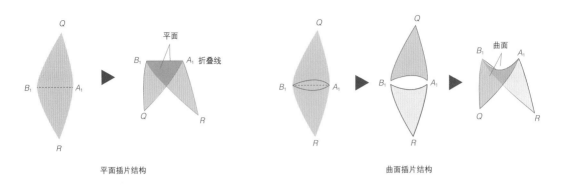

图6-25 插角的结构变化

6.5.2 插片袖结构设计

在插角袖结构设计中，还可将插角进行结构变化，形成袖底插片，与衣身插片组合起来，构成多样化的无装袖线衣身款式。如图6-26所示，基于基础插角袖的菱形结构，可组合变化为袖子插角、衣身插片，衣身插角、袖子插片或衣身、袖子均为插片等几种形态。在设计变化过程中，从A_1、B_1向衣身底摆、袖口的纵向分割线是结构变化的关键，其形状、位置均可做出任意变化。分割线将衣身、袖子的局部从衣身分离出来，拼合在插角上，形成插片结构。对于不同类型的袖底插片，平面插片结构和曲面插片结构均可应用。插片袖的结构设计变化原理见图6-26。

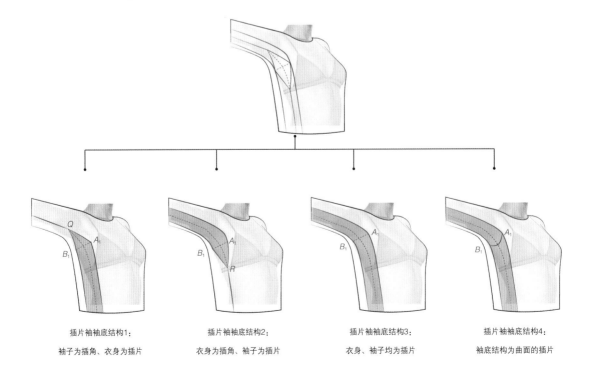

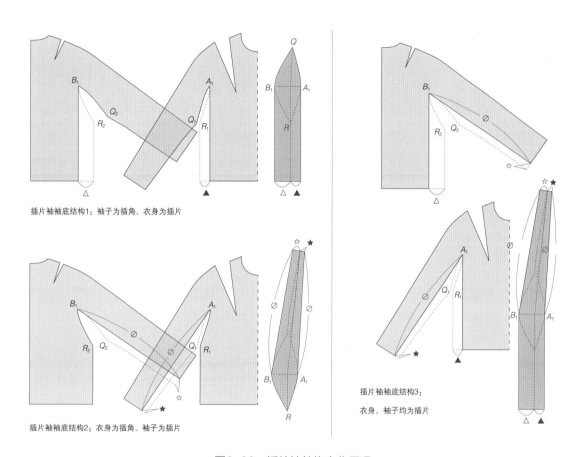

插片袖袖底结构1：袖子为插角、衣身为插片

插片袖袖底结构2：衣身为插角、袖子为插片

插片袖袖底结构3：
衣身、袖子均为插片

图6-26　插片袖结构变化原理

　　图6-27是基于表6-6在三面构成衣身上设计的合体插片袖结构。肩袖角度较大，造型适体，袖筒采用合体两片袖的画法，经袖中线断缝，形成三片式合体袖型。衣身的纵向分割线与袖子分割线拼合，小袖与衣身侧片形成曲面插片，使袖底造型更为适体。观察白坯布造型，袖子下垂角度较大，衣身、袖子较为合体，松量合适；肩袖部的连接较为自然，造型平整，在前后腋点处形成少量的皱褶，便于手臂运动；从侧面观察，袖子前斜角度适中，较好地表现出前袖肘部的弯曲和后袖肘部的凸起形态。

　　这种袖身结构设计的方式也可应用在插肩袖、落肩袖等肩斜线、袖中线相连的制图方式上。此外，本章前述章节中的合体一片袖、短袖等结构设计方法，也可参考应用在此类袖型的袖身设计当中。

表6-6　插片袖尺寸设计　　　　　　　　　　　　　单位：cm

部位	胸围	腰围	臀围	肩宽	袖肥	袖长	袖口
尺寸	95~96	80	100~102	38	36~38	58	24~26

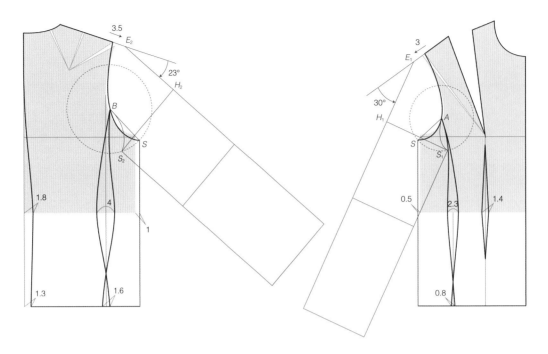

❶ 三面构成衣身结构设计：分解转移肩胛省，前后肩部通过省道转移塑造垫肩厚度；前衣身侧缝设计0.5cm松量，后衣身侧缝设计1cm松量，分别在后中、后侧、前侧和前腰设计腰部收省量和底摆重叠量，尺寸设计与表6–6的尺寸相符；绘制袖子基础框架：参照基础插肩袖的制图方法，依据尺寸表设计肩袖角度、袖长、袖肥、袖下线和袖底结构

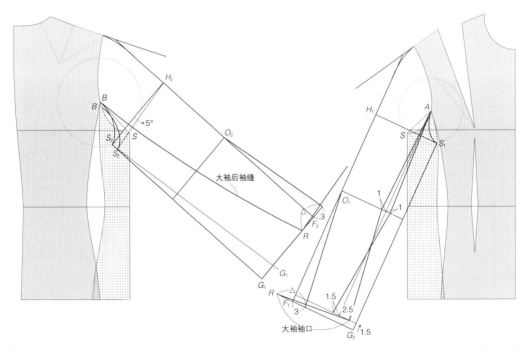

❷ 设计袖子纵向分割线：前后袖袖中线自肘部O_1、O_2点向袖口前斜3cm；自A点向袖口做袖中线的平行线，基于此基准线绘制前袖缝肘部收省量和袖口的重叠量，并参照合体两片袖结构绘制大袖袖口=袖口/2+5cm；根据大袖袖口尺寸，在后袖找到对应的R点，曲线连接B、R两点，绘制后袖缝曲线；以H_2点为旋转中心，将后袖肥、袖山底和后袖下线旋转5°，S_2、G_1点位移（图中红色线为位移后的点和线）

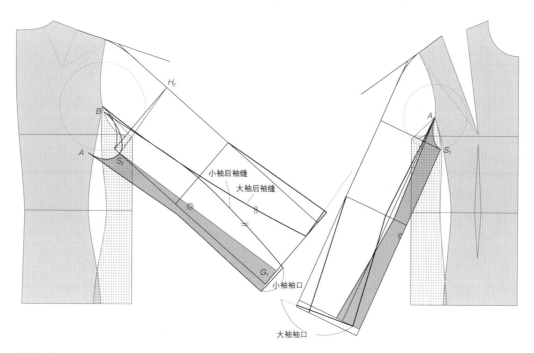

❸ 绘制小袖：将前袖中浅红色区域取出，沿后袖直线S_2、G_1拼合；小袖袖口=袖口/2–5cm，根据小袖袖口和大袖后袖缝的尺寸，绘制小袖后袖缝

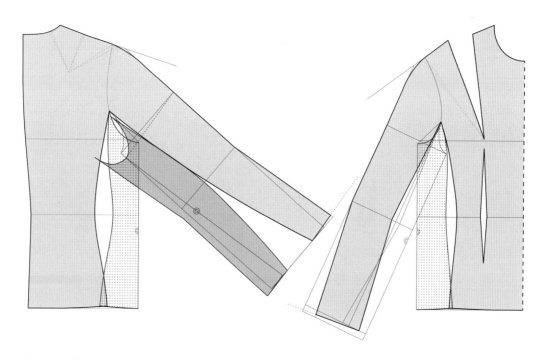

❹ 圆顺连接肩斜线与袖中线，图中灰色区域为衣身，浅红色区域为小袖，袖子结构为三片式

图6-27

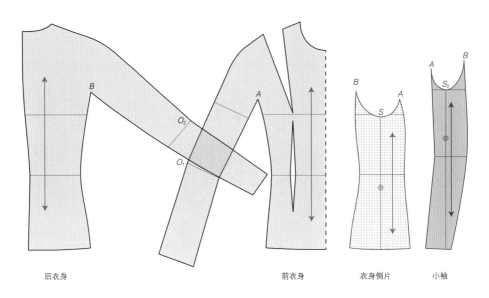

| 后衣身 | 前衣身 | 衣身侧片 | 小袖 |

❺ 落肩袖纸样分解图和裁剪纱向标识

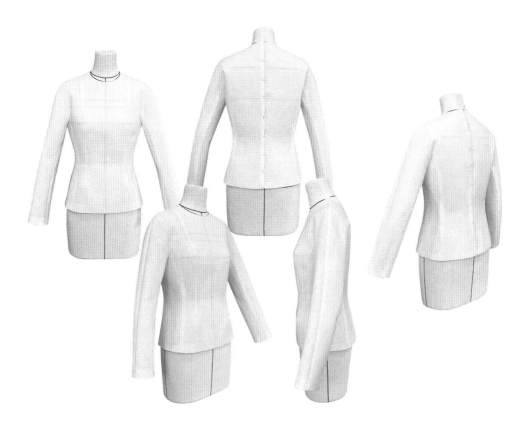

❻ 白坯布造型

图6-27　合体插片袖结构设计

参考文献

［1］三吉满智子.服装造型学·理论篇［M］.北京：中国纺织出版社，2006.

［2］李当岐.服装学概论［M］.北京：高等教育出版社，1998.

［3］刘瑞璞.服装纸样设计原理与技术·女装编［M］.北京：中国纺织出版社，2005.

［4］丸山晴美.服装版型研究室·上衣篇［M］.台北：睿其书房，2018.

［5］海伦·约瑟夫阿姆斯特朗.美国时装样板设计与制作教程［M］.北京：中国纺织出版社，2010.

［6］中泽愈.人体与服装［M］.北京：中国纺织出版社，2003.

［7］张文斌，方方.服装人体工效学［M］.上海：东华大学出版社，2015.

［8］中华人民共和国国家质量监督局　中国国家标准化管理委员会.中华人民共和国国家标准GB/T 1335.2—2008 服装号型　女子［S］.北京：中国标准出版社，2008.

［9］Antonio Donnanno. Fashion Patternmaking Techniques［M］. Promopress，2016.

后 记

从2018年年底着手撰写这本书开始，历时三年完成。写作之前，在六年的教学工作中积攒了数百件服装结构、立体裁剪等课程的教学讲义，以及在授课过程中获得的教学经验，这些成为我撰写这本书的基础。

这本书的定位是女上装结构设计的相关原理性知识，以女上装基础型的研究为重点展开。服装结构设计的方法讲究系统性和规律性，通过基础型构建结构设计方法，使学习者形成结构设计思维和创新变化的能力。目前对服装结构基础相关理论的研究非常丰富，本书的创新点在于从立体和平面两个角度深入探讨结构设计的原理和方法，理论分析与造型实验相结合，使理论分析在造型实验的验证下具有较强的可行性和适用性，并通过大量图片直观地展示结构设计原理，使读者在学习过程中更易于理解。

在此，要感谢刘娟教授对我多年来的教诲，在学习、工作和本书的撰写过程中不断给予我帮助和支持。刘娟教授1991年前往日本文化女子大学访学，多年来致力于日本新文化原型的研究，并在此基础上通过大量的造型实验和成衣应用，对其进行数据和设计方法的修正，使之更适应中国人的体型和穿衣习惯。本书第2章对女上装衣身基础型的研究和论述，是我跟随刘娟教授在研究生学习期间和在服装结构设计相关课程的助教工作过程中积累的理论知识和应用成果。本书后续章节对衣身结构的设计原理、衣身的松量设计原理等，均以第2章衣身基础型展开。

感谢中国纺织出版社有限公司张晓芳女士大力协助本书的出版，并对本书引用的文献作者以及本书撰写过程中给予我帮助的各位老师致以诚挚的谢意。

许勃

2021年10月于北京服装学院